高职高专"十二五"规划教材

组态软件应用项目开发

程龙泉　编著
许志军　主审

北　京

冶金工业出版社

2022

内 容 提 要

本书选用目前企业广泛使用的组态软件 WinCC 作为内容载体，全书共分为 8 个部分，主要内容包括组态软件概述和项目背景需求分析、WinCC 的 C 语言基础、组态软件项目管理、画面组态和变量组态、组态软件通信和通信组态、WinCC 编辑器、组态软件网络操作系统、组态软件在恒压智能供水监控系统中的应用。

本书在教学实践的基础上编写而成，通俗易懂、条理清晰。采用教学情境和任务驱动的方式来安排内容结构，编写过程中重点突出内容的实用性、适用性、典型性、先进性及职业教育特色，精选了部分实际应用案例，贴近生产实际。

本书是针对高职高专院校、成教学院、技工学校电类专业学生及企业工程技术人员编写的教材或参考书，既可作为高职高专电类相关专业组态控制监控软件方面的教材，也可以作为本科生的教学参考书，还可供相关应用开发的工程技术人员参考。

图书在版编目（CIP）数据

组态软件应用项目开发／程龙泉编著．—北京：冶金工业出版社，2015.8（2022.8 重印）

高职高专"十二五"规划教材

ISBN 978-7-5024-6979-5

Ⅰ．①组…　Ⅱ．①程…　Ⅲ．①软件开发—高等职业教育—教材　Ⅳ．①TP311.52

中国版本图书馆 CIP 数据核字（2015）第 149980 号

组态软件应用项目开发

出版发行	冶金工业出版社		**电　话**	(010)64027926
地　址	北京市东城区嵩祝院北巷 39 号		**邮　编**	100009
网　址	www.mip1953.com		**电子信箱**	service@ mip1953.com

责任编辑　俞跃春　杜婷婷　美术编辑　吕欣童　版式设计　葛新霞
责任校对　禹　蕊　责任印制　李玉山
北京富资园科技发展有限公司印刷
2015 年 8 月第 1 版，2022 年 8 月第 4 次印刷
787mm×1092mm　1/16；14.25 印张；344 千字；221 页
定价 39.00 元

投稿电话　(010)64027932　投稿信箱　tougao@cnmip.com.cn
营销中心电话　(010)64044283
冶金工业出版社天猫旗舰店　yjgycbs.tmall.com
（本书如有印装质量问题，本社营销中心负责退换）

前　言

组态监控网应用技术是近年来出现在智能操控 + 互联网领域的新兴事物，在智能交通、安防、机电制造工业、化工等流程工业、智能建筑和小区、现代设施农业、环保和水处理企业、微电子工业等方面获得了非常成功的应用，提高了组态与监控系统的集成度及生产和管理的效率。

本书以 WinCC 作为组态软件应用项目开发的平台，分 8 个学习情景安排内容。情景 1～情景 7 详细介绍了 WinCC 监控软件的界面、菜单、组态方法、属性事件动态化及网络操作应用；情景 8 详细介绍了工程项目实例中组态监控软件 HMI 界面及实际应用。计划 64 学时，任课教师可根据实际情况灵活取舍有关内容。

为培养适应企业需要的高等技术技能型人才，2010 年以来，我们组成了由行业专家、企业工程技术人员、课程专家构成的课程改革团队，深入企业进行调研，着力编写贴近企业生产实际的教材。本书的主要特点是：选取企业广泛应用的 WinCC 组态软件作为教学载体；在广泛、深入分析组态软件应用典型工作任务的基础上，以教学情景为主线选取教学内容，每个教学情景由若干任务组成；全面介绍了组态软件应用项目的功能，几乎每个对象属性和事件动态化都得到详细介绍；安排了精选典型工程项目开发的应用实例。

本书在基于软件应用项目开发的基础上，采用"教学做"一体形式编写而成。在编写过程中，力求通俗易懂、条理清晰，既有对菜单命令的详细讲解，又有大量精选任务案例，重点突出实用性、适用性、典型性、先进性及职业教育特色。

本书由四川机电职业技术学院程龙泉副教授编著并统稿，四川机电职业技术学院许志军教授担任主审。许志军教授对本书提出了许多宝贵意见，在此表示衷心的感谢。

本书在编写过程中得到了满海波、向守均等老师的大力支持，还得到许多朋友和同事的帮助，在此一并表示衷心感谢。

由于水平有限，书中存在不妥之处，敬请读者批评指正。

编　者
2015 年 5 月

目　录

学习情景1 组态软件概述和项目背景需求分析

本情境主要介绍项目软件开发过程概述和项目背景分析。

任务1.1 组态软件概述

1.1.1 概述

WinCC 是进行廉价和快速组态的 HMI 系统，从其他方面看，它是可以无限延伸的系统平台。WinCC 的模块性和灵活性为规划和执行自动化任务提供了全新的可能。

在 WinCC 中有三种解决方案：（1）使用标准 WinCC 资源的组态；（2）利用 WinCC 通过 DDE、OLE、ODBC 和 ActiveX 使用现有的 Windows 应用程序；（3）开发嵌入 WinCC 中的用户自己的应用程序（用 Visual C++或 Visual Basic 语言）。

WinCC 是基于 Microsoft 的 32 位操作系统（Windows NT 4.0，Windows 2000 和 Windows 2000 XP）。该操作系统是 PC 平台上的标准操作系统。

WinCC 为过程数据的可视化、报表、采集和归档以及为用户自由定义的应用程序的协调集成提供了系统模块。此外，用户还可以合并自己的模块。

WinCC 的特点如下：

（1）WinCC 的开放性。WinCC 对用户所添加的任何形式的扩充是绝对开放的。该绝对开放性是通过 WinCC 的模块结构及其强大的编程接口来获得。

（2）将应用软件集成到 WinCC 中。WinCC 提供了一些方法将其他应用程序和应用程序块统一地集成到用于过程控制的用户界面中。OLE 应用程序窗口和 OLE 自定义控件（32 位 OCX 对象）或 ActiveX 控件可以集成到 WinCC 应用软件中，就好像是真正的 WinCC 对象一样。

（3）WinCC 中的数据管理。WinCC 中的默认数据库 Sybase SQL Anywhere 从属于 WinCC，该数据库用于存储（事务处理保护）所有面向列表的组态数据（例如变量列表和消息文本），以及当前过程数据（例如消息、测量值和用户数据记录）。该数据库具有服务器的功能，WinCC 可以通过 ODBC 或作为客户通过开放型编程接口（C – API）来访问数据库，也可以将同样的权限授予其他程序。因此，不管应用程序是在同一台计算机上运行，还是在联网的工作站上运行，Windows 中的应用程序均可访问 WinCC 数据库的数据资源，在数据库查询语言 SQL 和相关连接的工具（例如 ODBC 驱动程序）的帮助下，其他客户端程序（例如 UNIX 数据库、Oracle、Informix、Ingres 等）也可以访问 WinCC 数据库的数据资源。

（4）在项目开始之前规定组态分类。在项目开始之前，组态规定分为：WinCC 项目的名称，变量的名称，WinCC 画面的名称，创建脚本和动作的规则，组态规则（共同标准、库函数、按组工作），归档项目和方法。

运行项目的规定：这些规定很大程度上取决于应用领域（例如冶金、汽车工业、机械制造等）。规定有：用户界面（画面安排、字体和字体大小、运行语言、对象显示等）；控制概念（画面体系、控制原理、用户权限、有效键操作等）；用于消息、限制值、状态、文本等的颜色；通信模式（连接类型、更新的周期和类型等）；数量表（报警、归档值、趋势、客户端程序等的数目）；消息和归档的方法。

在使用工控软件中，经常提到"组态"一词，"组态"英文是"Configuration"，其意义究竟是什么呢？简单的讲，组态就是用应用软件中提供的工具、方法、完成工程中某一具体任务的过程。与硬件生产相对照，组态与组装类似。如要组装一台电脑，事先提供了各种型号的主板、机箱、电源、CPU、显示器、硬盘、光驱等，那么工作就是用这些部件拼凑成自己需要的电脑。当然软件中的组态要比硬件的组装有更大的发挥空间，因为它一般要比硬件中的"部件"更多，而且每个"部件"都很灵活，因为软部件都有内部属性，通过改变属性可以改变其规格（如大小、性状、颜色等）。

组态软件是有专业性的。一种组态软件只能适合某种领域的应用。组态的概念最早出现在工业计算机控制中。如 DCS（集散控制系统）组态，PLC（可编程控制器）梯形图组态。人机界面生成软件称为工控组态软件。其实在其他行业也有组态的概念，人们只是不这么叫而已。如 AutoCAD、PhotoShop、办公软件（PowerPoint）都存在相似的操作，即用软件提供的工具来形成自己的作品，并以数据文件保存作品，而不是执行程序。组态形成的数据只有其制造工具或其他专用工具才能识别。但是不同之处在于，工业控制中形成的组态结果是用在实时监控的。组态工具的解释引擎，要根据这些组态结果实时运行。从表面上看，组态工具的运行程序就是执行自己特定的任务。

组态软件，又称监控组态软件，译自英文 SCADA，即 Supervision, Control and Data Acquisition（数据采集与监视控制），组态软件的应用领域很广，它可以应用于电力系统、给水系统、石油、化工等领域的数据采集与监视控制以及过程控制等诸多领域。在电力系统以及电气化铁道上又称远动系统 RTU System（Remote Terminal Unit System）。

虽然说组态就是不需要编写程序就能完成特定的应用。但是为了提供一些灵活性，组态软件也提供了编程手段，一般都是内置编译系统，提供类 C 语言，有的支持 VB。

组态软件是指一些数据采集与过程控制的专用软件，它们是在自动控制系统监控层一级的软件平台和开发环境，使用灵活的组态方式，为用户提供快速构建工业自动控制系统监控功能的、通用层次的软件工具。

组态软件应该能支持各种主流工控设备和常见的通信协议，并且通常应提供分布式数据管理和网络功能。对应于原有的人机接口软件 HMI（Human Machine Interface）的概念，组态软件应该是一个使用户能快速建立自己的 HMI 的软件工具或开发环境。在组态软件出现之前，工控领域的用户通过手工或委托第三方编写 HMI 应用，开发时间长，效率低，可靠性差；或者购买专用的工控系统，通常是封闭的系统，选择余地小，往往不能满足需求，很难与外界进行数据交互，升级和增加功能都受到严重的限制。组态软件的出现，把用户从这些困境中解脱出来，可以利用组态软件的功能，构建一套最适合自己的应用系统。随着它的快速发展，实时数据库、实时控制、SCADA、通讯及联网、开放数据接口、对 I/O 设备的广泛支持已经成为它的主要内容，随着技术的发展，监控组态软件将会不断被赋予新的内容。

组态软件在国内是一个约定俗成的概念，并没有明确的定义，它可以理解为"组态式监控软件"。"组态（Configure）"的含义是"配置"、"设定"、"设置"等意思，是指用户通过类似"搭积木"的简单方式来完成自己所需要的软件功能，而不需要编写计算机程序，也就是所谓的"组态"。它有时候也称为"二次开发"，组态软件就称为"二次开发平台"。"监控（Supervisory Control）"，即"监视和控制"，是指通过计算机信号对自动化设备或过程进行监视、控制和管理。

1.1.2　组态软件特点

随着工业自动化水平的迅速提高，计算机在工业领域的广泛应用，人们对工业自动化的要求越来越高，种类繁多的控制设备和过程监控装置在工业领域的应用，使得传统的工业控制软件已无法满足用户的各种需求。在开发传统的工业控制软件时，当工业被控对象一旦有变动，就必须修改其控制系统的源程序，导致其开发周期长；已开发成功的工控软件又由于每个控制项目的不同而使其重复使用率很低，导致它的价格非常昂贵；在修改工控软件的源程序时，倘若原来的编程人员因工作变动而离去，则必须同其他人员或新手进行源程序的修改，因而更是相当困难。通用工业自动化组态软件的出现为解决上述实际工程问题提供了一种崭新的方法，因为它能够很好地解决传统工业控制软件存在的种种问题，使用户能根据自己的控制对象和控制目的的任意组态，完成最终的自动化控制工程。

组态（Configuration）为模块化任意组合。通用组态软件主要特点：

（1）延续性和可扩充性。用通用组态软件开发的应用程序，当现场（包括硬件设备或系统结构）或用户需求发生改变时，不需作很多修改而方便地完成软件的更新和升级。

（2）封装性（易学易用）。通用组态软件所能完成的功能都用一种方便用户使用的方法包装起来，对于用户，不需掌握太多的编程语言技术（甚至不需要编程技术），就能很好地完成一个复杂工程所要求的所有功能。

（3）通用性。每个用户根据工程实际情况，利用通用组态软件提供的底层设备（PLC、智能仪表、智能模块、板卡、变频器等）的 I/O Driver、开放式的数据库和画面制作工具，就能完成一个具有动画效果、实时数据处理、历史数据和曲线并存、具有多媒体功能和网络功能的工程，不受行业限制。

组态软件的功能：

组态软件指一些数据采集与过程控制的专用软件，它们是在自动控制系统监控层一级的软件平台和开发环境，能以灵活多样的组态方式（而不是编程方式）提供良好的用户开发界面和简捷的使用方法，它解决了控制系统通用性问题。其预设置的各种软件模块可以非常容易地实现和完成监控层的各项功能，并能同时支持各种硬件厂家的计算机和 I/O 产品，与高可靠的工控计算机和网络系统结合，可向控制层和管理层提供软硬件的全部接口，进行系统集成。组态软件通常有以下几方面的功能：（1）强大的界面显示组态功能。目前，工控组态软件大都运行于 Windows 环境下，充分利用 Windows 的图形功能完善界面美观的特点，可视化的 m 风格界面、丰富的工具栏，操作人员可以直接进入开发状态，节省时间。丰富的图形控件和工况图库，既提供所需的组件，又是界面制作向导。提供给用户丰富的作图工具，可随心所欲地绘制出各种工业界面，并可任意编辑，从而将开发人员从繁重的界面设计中解放出来，丰富的动画连接方式，如隐含、闪烁、移动等等，使界面生动、直观。（2）良好的开放性。社会化的大生产，使得系统构成的全部软硬件不可能出自一家公司的产品，"异构"是当今控制系统的主要特点之一。开放性是指组态软件能与多种通信协议互联，支持多种硬件设备。开放性是衡量一个组态软件好坏的重要指标。组态软件向下应能与低层的数据采集设备通信，向上能与管理层通信，实现上位机与下位机的双向通信。（3）丰富的功能模块。提供丰富的控件功能库，满足用户的测控要求和现场需求。利用各种功能模块，完成实时监控，产生功能报表，显示历史曲线、实时曲线、提供报警等功能，使系统具有良好的人机界面，易于操作，系统既要适用于单机集中式控制、DCS分布式控制，也可以是带远程通信能力的远程测控系统。（4）强大的数据库。配有实时数据库，可存储各种数据，如模拟量、离散量、字符型等，实现与外部设备的数据交换。（5）可编程的命令语言。有可编程的命令语言，使用户可根据自己的需要编撰程序，增强图形界面。（6）周密的系统安全防范。对不同的操作者，赋予不同的操作权限，保证整个系统的安全可靠运行。（7）仿真功能。提供强大的仿真功能使系统并行设计，从而缩短开发周期。

1.1.3　国外进口品牌组态软件

（1）InTouch：Wonderware（万维公司）是Invensys plc "生产管理"部的一个运营单位，是全球工业自动化软件的领先供应商。

Wonderware的InTouch软件是最早进入我国的组态软件。在20世纪80年代末、90年代初，基于Windows3.1的InTouch软件曾让我们耳目一新，并且InTouch提供了丰富的图库。但是，早期的InTouch软件采用DDE方式与驱动程序通信，性能较差，最新的InTouch 7.0版已经完全基于32位的Windows平台，并且提供了OPC支持。

（2）iFIX：GE Fanuc智能设备公司由美国通用电气公司（GE）和日本Fanuc公司合资组建，提供自动化硬件和软件解决方案，帮助用户降低成本，提高效率并增强其盈利能力。

Intellution公司以FIX组态软件起家，1995年被爱默生收购，现在是爱默生集团的全资子公司，FIX6.x软件提供工控人员熟悉的概念和操作界面，并提供完备的驱动程序（需单独购买）。20世纪90年代末，Intellution公司重新开发内核，并将重新开发新的产品系列命名为iFIX。在iFIX中，Intellution提供了强大的组态功能，将FIX原有的Script语言改为VBA（Visual Basic For Application），并且在内部集成了微软的VBA开发环境。为了解决兼容问题，iFIX里面提供了程序叫FIX Desktop，可以直接在FIX Desktop中运行FIX程序。Intellution的产品与Microsoft的操作系统、网络进行了紧密的集成。Intellution也是OPC（OLE for Process Control）组织的发起成员之一。iFIX的OPC组件和驱动程序同样需要单独购买。

2002年，GE Fanuc公司又从爱默生集团手中，将intellution公司收购。

2009年12月11日，通用电气公司和Fanuc公司宣布，两家公司完成了GE Fanuc自动化公司合资公司的解散协议。根据该协议，合资公司业务将按照其起初来源和比例各自归还给其母公司，该协议并使股东双方得以将重点放在其各自现有业务，谋求在其各自专长的核心业内的发展。目前，iFIX等原intellution公司产品均归GE智能平台（GE – IP）。

（3）Citech：悉雅特集团（Citect）是世界领先的提供工业自动化系统、设施自动化系统、实时智能信息和新一代 MES 的独立供应商。

CiT 公司的 Citech 也是较早进入中国市场的产品。Citech 具有简洁的操作方式，但其操作方式更多的是面向程序员，而不是工控用户。Citech 提供了类似 C 语言的脚本语言进行二次开发，但与 iFIX 不同的是，Citech 的脚本语言并非是面向对象的，而是类似于 C 语言，这无疑为用户进行二次开发增加了难度。

（4）WinCC：西门子自动化与驱动集团（A&D）是西门子股份公司中最大的集团之一，是西门子工业领域的重要组成部分。

Siemens 的 WinCC 也是一套完备的组态开发环境，Simens 提供类 C 语言的脚本，包括一个调试环境。WinCC 内嵌 OPC 支持，并可对分布式系统进行组态。但 WinCC 的结构较复杂，用户最好经过 Siemens 的培训以掌握 WinCC 的应用。

（5）ASPEN-tech（艾斯苯公司）：艾斯苯公司（AspenTechnology Inc.）是一个为过程工业（包括化工、石化、炼油、造纸、电力、制药、半导体、日用化工、食品饮料等工业）提供企业优化软件及服务的领先供应商．

（6）Movicon：是意大利自动化软件供应商 PROGEA 公司开发。该公司自 1990 年开始开发基于 Windows 平台的自动化监控软件，可在同一开发平台完成不同运行环境的需要。特色之处在于完全基于 XML，又集成了 VBA 兼容的脚本语言及类似 STEP-7 指令表的软逻辑功能。

1.1.4　国内品牌组态软件

（1）世纪星：由北京世纪长秋科技有限公司开发。产品自 1999 年开始销售。

（2）三维力控：由北京三维力控科技有限公司开发，核心软件产品初创于 1992 年。

（3）组态王 KingView：由北京亚控科技发展有限公司开发，该公司成立于 1997 年。1991 年开始创业，1995 年推出组态王 1.0 版本，目前在市场上广泛推广 KingView6.53、KingView6.55 版本，每年销量在 10，000 套以上，在国产软件市场中市场占有率第一。

（4）紫金桥 Realinfo：由紫金桥软件技术有限公司开发，该公司是由中石油大庆石化总厂出资成立。

（5）MCGS：由北京昆仑通态自动化软件科技有限公司开发，市场上主要是搭配硬件销售。

（6）态神：态神是由南京新迪生软件技术有限公司开发，核心软件产品初创于 2005，是首款 3d 组态软件。

软件重要特点：

1）3D。系统除了具有传统的二维平面组态、监控功能，还具有真实三维立体组态、监控功能，画面逼真。该功能利用 DirectX/OpenGL 开发，在国内应该是首创，国际上也极其少见。

2）跨平台。跨 PC、嵌入式、平板电脑、智能移动等平台，该特点组态领域全球首创。

①系统的图形/控件、驱动/模块支持源代码级跨平台，即所有平台的图形、驱动代码一致，经过不同平台编译器编译链接后，即可在该平台上运行。

②所有平台的所有文件格式都一致，因此工程无需修改就可以在不同平台间移植、运行，而且不同平台开发环境（目前只有 Windows 开发环境）可以开发其他平台的工程。

③所有平台间的网络通讯协议一致，平台之间可以相互访问。参见"网络分布式"特点说明。

3）网络分布式。

①所有平台（包括嵌入式、平板电脑、智能移动等平台）的网络版本都内置微小、高效的网络/WEB 模块，因此天生具备网络/WEB 服务功能，组态文件无须发布，通过 WEB 浏览器或者组态浏览器即可远程监控该设备工程。

②由于所有平台间的网络通讯协议一致，所以利用网络共享模块，不同工程、不同平台间的变量、资源都可以通过网络互相访问，实现真正意义上的跨平台网络分布式系统。

③利用"内核访问开发包"（参见下文"强大开放性"），也可以与其他系统、其他平台组成网络分布式系统。

④系统对网络协议和通讯采用了大量的优化技术，通讯实时性高，响应迅速，网络往返时少，大大提高了网络性能。

4）强大开放性。系统提供了如下的开发包，随开发包发布的还有很多例子源码，而且系统封装了大量的基类和宏，因此开发扩展极其容易。

①IO 驱动开发包：一般组态软件都提供，所以本系统也提供。

②图形开发包：一般组态软件都不提供，但本系统也提供。用户通过该开发包可以根据项目情况灵活增加特殊图形。

③系统模块：用户可以根据实际需求增加系统模块对变量、事务、算法等的处理，大大扩展了系统的应用领域。

④内核访问开发包：外部程序和系统、无论是远程或者本地、任何平台，都可以通过该开发包访问、管理、读写任何平台的态神组态数据库内核。例如：利用该开发包的 WINCE 版本开发成的一个 WINCE 系统可以访问一个 Windows 平台态神系统，利用该开发包的 Windows 版本开发成的一个 Windows 系统也可以访问一个 Linux 平台态神系统。

其他特点：

1）界面美观、易用。开发环境具有最新的 Office 2003、Visual Studio 2005、Office 2007 等界面风格和标准使用方式。

2）javascript 脚本。考虑系统要支持跨平台，所以采用国际通用的标准脚本语言 javascript，javascript 也是 Web 浏览器上最流行的脚本语言。另外脚本还支持中文对象、方法、属性、事件等。

3）值变通知机制。为了提高系统性能，系统采用变量值改变通知监控端的机制，而不是监控端定时刷新的机制。

4）高级界面。包括透明、过渡、旋转/倾斜、反锯齿等高级界面技术，这些技术在 Windows 上利用 GDI + 实现并不困难，然而在 Wince、嵌入式 Linux 上实现则较为困难。本系统在 Wince、嵌入式 Linux 实现了这些功能，在当今嵌入式组态领域比较少见（尤其是 Wince，嵌入式 Linux 可以用 Qt/miniGUI 等实现。当然 Wince 也可以用 Qt 开发，但是麻烦，较少使用）。而且经测试，本系统所采用图形技术的效率要高于 GDI + 的效率。

5）多语言、XML 支持、画面缩放、定制图形、变量替换、OPC 支持等。

（7）uScada 免费组态软件：uScada 是国内著名的免费组态软件，是专门为中小自动化企业提供的监控软件方案。

uScada 包括常用的组态软件功能，如画面组态，动画效果，通讯组态，设备组态，变量组态，实时报警，控制，历史报表，历史曲线，实时曲线，棒图，历史事件查询、脚本控制，网络等功能，可以满足一般的小型自动化监控系统的要求。软件的特点是小巧、高效、使用简单。uScada 也向第三方提供软件源代码进行二次开发。

（8）还有 Controx（开物）和易控等。

（9）E－Form＋＋组态源码解决方案（重点推荐）：E－Form＋＋可视化源码组件库组态软件解决方案提供了 100％ 超过 50 万行 Visual C＋＋/MFC 源代码，可节省大量的开发时间。

任务 1.2　项目背景需求分析

1.2.1　组态监控软件最新发展趋势

自 2000 年以来，国内监控组态软件产品、技术、市场都取得了飞快的发展，应用领域日益拓展，用户和应用工程师数量不断增多。充分体现了"工业技术民用化"的发展趋势。监控组态软件是工业应用软件的重要组成部分，其发展受到很多因素的制约，归根结底，是应用的带动对其发展起着最为关键的推动作用。

关于新技术的不断涌现和快速发展对监控组态软件会产生何种影响，有人认为随着技术的发展，通用组态软件会退出市场，例如有的自动化装置直接内嵌"Web Server"实时画面供中控室操作人员访问。

但作者认为用户要求的多样化，决定了不可能有哪一种产品囊括全部用户的所有的画面要求，最终用户对监控系统人机界面的需求不可能固定为单一的模式，因此最终用户的监控系统是始终需要"组态"和"定制"的。这就是监控组态软件不可能退出市场的主要原因，因为需求是存在且不断增长的。

监控组态软件是在信息化社会的大背景下，随着工业 IT 技术的不断发展而诞生、发展起来的。在整个工业自动化软件大家庭中，监控组态软件属于基础型工具平台。监控组态软件给工业自动化、信息化、及社会信息化带来的影响是深远的，它带动着整个社会生产、生活方式的变化，这种变化仍在继续发展。因此组态软件作为新生事物尚处于高速发展时期，目前还没有专门的研究机构就它的理论与实践进行研究、总结和探讨，更没有形成独立、专门的理论研究机构。

近年来，一些与监控组态软件密切相关的技术如 OPC、OPC－XML、现场总线等技术也取得了飞速的发展，是监控组态软件发展的有力支撑。

1.2.2　监控组态软件的最新发展情况

1.2.2.1　监控组态软件日益成为自动化硬件厂商争夺的重点

整个自动化系统中，软件所占比例逐渐提高，虽然组态软件只是其中一部分，但因其渗透能力强、扩展性强，近年来蚕食了很多专用软件的市场。因此，监控组态软件具有很高的产业关联度，是自动化系统进入高端应用、扩大市场占有率的重要桥梁。在这种思路的驱使下，西门子的 WinCC 在市场上取得巨大成功。目前，国际知名的工业自动化厂商如 Rockwell、GE Fanuc、Honeywell、西门子、ABB、施耐德、英维思等均开发了自己的组态软件。

监控组态软件在 DCS 操作站软件中所占比重日益提高。

继 FOXBORO 之后，Euro therm（欧陆）、Delta V、PCS7 等 DCS 系统纷纷使用通用监控组态软件作为操作站。同时，国内的 DCS 厂家也开始尝试使用监控组态软件作为操作站。

在大学和科研机构，越来越多的人开始从事监控组态软件的相关技术研究。

从国内自动化行业学术期刊来看，以组态软件及与其密切相关的新技术为核心的研究课题呈上升趋势，众多研究人员的存在，是组态软件技术发展及创新的重要活跃因素，也一定能够积累很多技术成果。无论是技术成果还是研究人员，都会遵循金字塔的规律，由基础向高端形成过渡。这些研究人员和他们的研究成果为监控组态软件厂商开发新产品提供了有益的经验借鉴，并开拓了他们的思路。

基于 Linux 的监控组态软件及相关技术正在迅速发展之中，很多厂商都相继推出成熟的商品，对组态软件业的格局将产生深远的影响。

1.2.2.2　集成化、定制化

从软件规模上看，大多数监控组态软件的代码规模超过 100 万行，已经不属于小型软件的范畴了。从其功能来看，数据的加工与处理、数据管理、统计分析等功能越来越强。

监控组态软件作为通用软件平台，具有很大的使用灵活性。但实际上很多用户需要"傻瓜"式的应用软件，即需要很少的定制工作量即可完成工程应用。为了既照顾"通用"又兼顾"专用"，监控组态软件拓展了大量的组件，用于完成特定的功能，如批次管理、事故追忆、温控曲线、油井示功图组件、协议转发组件、ODBCRouter、ADO 曲线、专家报表、万能报表组件、事件管理、GPRS 透明传输组件等。

1.2.2.3　功能向上、向下延伸（纵向）

组态软件处于监控系统的中间位置，向上、向下均具有比较完整的接口，因此对上、下应用系统的渗透能力也是组态软件的一种本能，具体表现如下。

（1）向上：其管理功能日渐强大，在实时数据库及其管理系统的配合下，具有部分 MIS、MES 或调度功能。尤以报警管理与检索、历史数据检索、操作日志管理、复杂报表等功能较为常见。

（2）向下：日益具备网络管理（或节点管理）功能。在安装有同一种组态软件的不同节点上，在设定完地址或计算机名称后，互相间能够自动访问对方的数据库。组态软件的这一功能，与 OPC 规范以及 IEC61850 规约、BACNet 等现场总线的功能类似，反映出其网络管理能力日趋完善的发展趋势。

（3）软 PLC、嵌入式控制等功能：除组态软件直接配备软 PLC 组件外，软 PLC 组件还作为单独产品与硬件一起配套销售，构成 PAC 控制器。这类软 PLC 组件一般都可运行于嵌入式 Linux 操作系统。

（4）OPC 服务软件：OPC 标准简化了不同工业自动化设备之间的互联通讯，无论在国际上还是国外，都已成为广泛认可的互联标准。而组态软件同时具备 OPC Server 和 OPC Client 功能，如果将组态软件丰富的设备驱动程序根据用户需要打包为 OPCServe 单独销售，则既丰富了软件产品种类又满足了用户的这方面需求，加拿大的 Matrikon 公司即以开发、销售各种 OPCServer 软件为主要业务，已经成为该领域的领导者。监控组态软件厂商拥有大量的设备驱动程序，因此开展 OPCSever 软件的定制开发具有得天独厚的优势。

（5）工业通信协议网关：它是一种特殊的 Gateway，属工业自动化领域的数据链产品。OPC 标准适合计算机与工业 I/O 设备或桌面软件之间的数据通讯，而工业通信协议网关适合在不同的工业 I/O 设备之间、计算机与 I/O 设备之间需要进行网段隔离、无人值守、数据保密性强等应用场合的协议转换。市场上有专门从事工业通讯协议网关产品开发、销售的厂商，如 Woodhead、prolinx 等，但是组态软件厂商将其丰富的 I/O 驱动程序扩展一个协议转发模块就变成了通讯网关，开发工作的风险和成本极小。Multi_OPCServer 和通讯网关 pFieldComm 都是力控 ForceControl 组态软件的衍生产品。

1.2.2.4 监控、管理范围及应用领域扩大（横向）

只要同时涉及实时数据通讯（无论是双向还是单向）、实时动态图形界面显示、必要的数据处理、历史数据存储及显示，就存在对组态软件的潜在需求。

除了大家熟知的工业自动化领域，近几年以下领域已经成为监控组态软件的新增长点。

（1）设备管理或资产管理（Plant Asset Management，PAM）。此类软件的代表是艾默生公司的设备管理软件 AMS。据 ARC 机构预测，到 2009 年全球 PAM 的业务量将达到 19 亿美元。PAM 所包含的范围很广，其共同点是实时采集设备的运行状态，累积设备的各种参数（如运行时间、检修次数、负荷曲线等），及时发现设备隐患、预测设备寿命，提供设备检修建议，对设备进行实时综合诊断。

（2）先进控制或优化控制系统。在工业自动化系统获得普及以后，为提高控制质量和控制精度，很多用户开始引进先进控制或优化控制系统。这些系统包括自适应控制、（多变量）预估控制、无模型控制器、鲁棒控制、智能控制（专家系统、模糊控制、神经网络等）、其他依据新控制理论而编写的控制软件等。这些控制软件提供的是控制算法，使用监控组态软件主要解决控制软件的人机界面与控制设备的实时数据通讯等问题。

（3）工业仿真系统。仿真软件为用户操作模拟对象提供了与实物几乎相同的环境。仿真软件不但节省了巨大的培训成本开销，还提供了实物系统所不具备的智能特性。仿真系统的开发商专长于仿真模块的算法，在实时动态图形显示、实时数据通讯方面不一定有优势，监控组态软件与仿真软件间通过高速数据接口联为一体，在教学、科研仿真应用中应用越来越广泛。

（4）电网系统信息化建设。电力自动化是监控组态软件的一个重要应用领域，电力是国家的基础行业，其信息化建设是多层次的，由此决定了对组态软件的多层次需求。

（5）智能建筑。物业管理的主要需求是能源管理（节能）和安全管理，这一管理模式要求建筑物智能设备必须联网，首先有效地解决信息孤岛问题，减少人力消耗，提高应急反应速度和设备预期寿命，智能建筑行业在能源计量、变配电、安防和门禁、消防系统联入 IBMS 服务器方面需求旺盛。

（6）公共安全监控与管理。公共安全的隐患可造成突发事件应急失当，容易造成城市公共设施瘫痪、人员群死群伤等恶性灾难。公共安全监控包括：

1）人防（车站、广场）等市政工程有毒气体浓度监控及火灾报警；

2）水文监测：包括水位、雨量、闸位、大坝的实时监控；

3）重大建筑物（如桥梁等）健康状态监控：及时发现隐患，预报事故的发生。

（7）机房动力环境监控。在电信、铁路、银行、证券、海关等行业以及国家重要的机关部门，计算机服务器的正常工作是业务和行政正常进行的必要条件，因此存放计算机服务器的机房重地已经成为监控的重点，监控的内容包括 UPS 工作参数及状态、电池组的工作参数及状态、空调机组的运行状态及参数、漏水监测、发电机组监测、环境温湿度监测、环境可燃气体浓度监测、门禁系统监测等。

（8）城市危险源实时监测。对存放危险源的场所、危险源行踪的监测。避免放射性物质和剧毒物质失控地流通。

（9）国土资源立体污染监控。对土壤、大气中与农业生产有关的污染物含量进行实时监测，建立立体式实时监测网络。

（10）城市管网系统实时监控及调度。包括供水管网、燃气管网、供热管网等的监控。

1.2.3　与组态软件密切相关情况

组态软件已经成为工业自动化系统的必要组成部分，即"基本单元"或"基本元件"，因此吸引了大型自动化公司纷纷投资开发自有知识产权的组态软件，以期依靠强大的市场产生大批量的销售，从中获取利润。

目前在国内外市场占有率较高的监控组态软件分别是 GE Fanuc 的 iFIX、Wonderware 的 Intouch、西门子 WinCC、Citech 等。中国大陆厂商以力控、亚控等为主，除此外尚有 5～10 个厂商从事监控组态软件业务。

在国内市场上，高端市场仍被国外产品垄断。国内产品已经开始抢占一些高端市场，并且所占比例在逐渐增长。

1.2.3.1　组态软件产品本身的变化

作为通用型工具软件，组态软件在自动化系统中始终处于"承上启下"的地位。用户在涉及工业信息化的项目中，如果涉及到实时数据采集，首先会考虑试用组态软件。正因如此，组态软件几乎应用于所有的工业信息化项目当中。应用的多样性，给组态软件的性能指标、使用方式、接口方式都提出了很多新的要求，也存在一些挑战。这些需求对组态软件系统结构带来的冲击是巨大的，对组态软件的发展起到关键的促进作用。

功能变迁：仍以人机界面为主，数据采集、历史数据库、报警管理、操作日志管理、权限管理、数据通讯转发成为其基础功能；功能组件模块化、集成化、功能细分的发展趋势，以适应不同行业、不同用户层次的多方面需求。

新技术的采用：组态软件的 IT 化趋势明显，大量的最新计算技术、通讯技术、多媒体技术被用来提高其性能，扩充其功能。

注重效率：实际上，有的"组态"工作非常繁琐，用户希望通过模板快速生成自己的项目应用。图形模板、数据库模板、设备模板可以让用户以"复制"方式快速生成目标程序。

组态软件注重数据处理能力和数据吞吐能力的提高：组态软件除了常规的实时数据通讯、人机界面功能外，1 万点以上的实时数据历史存储与检索、100 个以上 C/S 或 B/S 客户端对历史数据库系统的并发访问，对组态软件的性能都是严峻的考验。随着应用深度的提高，这种要求会变得越来越普遍。

与控制系统硬件捆绑：组态软件与自动控制设备实现无缝集成，为硬件"量身定做"。这表明组态软件的渗透能力逐渐加强，自动化系统从来就离不开软件的支持，而整体解决方案利于硬件产品的销售，也利于厂商控制销售价格。

1.2.3.2　组态软件其他应用环境的变化

造成组态软件需求增长的另外一个原因是，传感器、数据采集装置、控制器的智能化程度越来越高，实时数据浏览和管理的需求日益高涨，有的用户甚至要求在自己的办公室里监督订货的制造过程。

类似 OPC 这样的组织的出现，以及现场总线、尤其是工业以太网的快速发展，大大简化了异种设备间互连、开发 I/O 设备驱动软件的工作量。I/O 驱动软件也逐渐会朝标准化的方向发展。

通过近十年的发展，以力控科技等为代表的国内监控组态软件，在技术、市场、服务方面已趋于成熟，形成了比较雄厚的市场和技术积累，具备了与国外对手抗衡的本钱。

新技术的出现，会淘汰一批墨守成规、不思进取的厂商。那些以用户需求为为中心、勇于创新，采用新技术不断满足用户日益增长的潜在需求的厂商会逐渐在市场上取得主动，成为组态软件及相关工业 IT 产品市场的主导者。

虽然组态软件的市场潜力巨大，但是要想得到这个市场却并非容易。一方面，用户对组态软件的要求越来越高，用户的应用水平也在同步提高，相应地对软件的品质要求也越来越高；另一方面，组态软件厂商应该前瞻性地研发具有潜在需求的新功能、新产品。因此市场巨大并不代表所有从事组态软件开发的厂商都有均等的机会，机会永远属于少数优秀厂商。

1.2.3.3　为适应新需求未来监控组态软件的分布式体系结构

前面已经介绍，监控组态软件的规模都在 100 万行以上，这样庞大的软件系统在结构设计上必须采用分布式结构。分布式系统并不是监控组态软件的专利，目前很多大型软件系统都是分布式系统。

在组态软件中，重新提起"分布式"这个老话题是必要的，因为规模大于 5000 点的应用几乎离不开分布式应用的需求。还需要强调，不是因为组态软件缺少分布式结构的产品，而是缺少真正经得起分布式应用考验的产品。

1.2.4　目前国内监控组态软件产业发展中存在的问题

软件是自动化系统的核心与灵魂，组态软件又具有很高的渗透能力和产业关联度。不管从横向还是纵向看，一个自动化系统中，组态软件日益渗透到每个角落，占据越来越多的份额。组态软件越来越多地体现着自动化系统的价值。

虽然软件是自动化系统的核心与灵魂，但是组态软件还远未承担起这一角色。组态软件的内涵和外延在不断变化，其在自动化系统中所扮演的角色会逐渐接近这一标准。

　　所以，在自动化系统中国内监控组态软件厂商承载着民族工业自动化产业的未来希望与核心竞争力。监控组态软件厂商要想承担起这样的重任，必须在上图所示各个层次的软件上拥有自己的核心竞争能力，确立在市场上的足够发言权和主动地位。中国的华为公司为我们树立了榜样，只要在后续技术创新、延长软件产品线上能够满足用户日益增长的各种需求，并保持原创性创新的长盛不衰，中国的工业自动化软件产业也一定会创造出工业IT界的华为奇迹。

1.2.5　组态软件的功能特点发展方向

　　日前看到的所有组态软件都能完成类似的功能。比如，几乎所有运行于 32 位 Windows平台的组态软件都采用类似资源浏览器的窗口结构，并且对工业控制系统中的各种资源（设备、标签量、画面等）进行配置和编辑；都提供多种数据驱动程序；都使用脚本语言提供二次开发的功能等。但是，从技术上说，各种组态软件提供实现这些功能的方法却各不相同。从这些不同之处，以及 PC 技术发展的趋势，可以看出组态软件未来发展的方向。

1.2.5.1　数据采集的方式

　　大多数组态软件提供多种数据采集程序，用户可以进行配置。然而，在这种情况下，驱动程序只能由组态软件开发商提供，或者由用户按照某种组态软件的接口规范编写，这为用户提出了过高的要求。由 OPC 基金组织提出的 OPC 规范基于微软的 OLE/DCOM 技术，提供了在分布式系统下，软件组件交互和共享数据的完整的解决方案。在支持 OPC的系统中，数据的提供者作为服务器（Server），数据请求者作为客户（Client），服务器和客户之间通过 DCOM 接口进行通信，而无需知道对方内部实现的细节。由于 COM 技术是在二进制代码级实现的，所以服务器和客户可以由不同的厂商提供。在实际应用中，作为服务器的数据采集程序往往由硬件设备制造商随硬件提供，可以发挥硬件的全部效能，而作为客户的组态软件可以通过 OPC 与各厂家的驱动程序无缝连接，故从根本上解决了以前采用专用格式驱动程序总是滞后于硬件更新的问题。同时，组态软件同样可以作为服务器为其他的应用系统（如 MIS 等）提供数据。OPC 现在已经得到了包括 Interllution、Simens、GE、ABB 等国外知名厂商的支持。随着支持 OPC 的组态软件和硬件设备的普及，使用 OPC 进行数据采集必将成为组态中更合理的选择。

1.2.5.2　脚本的功能

　　脚本语言是扩充组态系统功能的重要手段。因此，大多数组态软件提供了脚本语言的支持。具体的实现方式可分为三种：一是内置的类 C/Basic 语言；二是采用微软的 VBA 的编程语言；三是有少数组态软件采用面向对象的脚本语言。类 C/Basic 语言要求用户使用类似高级语言的语句书写脚本，使用系统提供的函数调用组合完成各种系统功能。应该指明的是，多数采用这种方式的国内组态软件，对脚本的支持并不完善，许多组态软件只提供"IF…THEN…ELSE"的语句结构，不提供循环控制语句，为书写脚本程序带来了一定的困难。微软的 VBA 是一种相对完备的开发环境，采用 VBA 的组态软件通常使用微软的VBA 环境和组件技术，把组态系统中的对象以组件方式实现，使用 VBA 的程序对这些对象进行访问。由于 VisualBasic 是解释执行的，所以 VBA 程序的一些语法错误可能到执行时才能发现。而面向对象的脚本语言提供了对象访问机制，对系统中的对象可以通过其属性和方法进行访问，比较容易学习、掌握和扩展，但实现比较复杂。

1.2.5.3　组态环境的可扩展性

可扩展性为用户提供了在不改变原有系统的情况下，向系统内增加新功能的能力，这种增加的功能可能来自于组态软件开发商、第三方软件提供商或用户自身。增加功能最常用的手段是 ActiveX 组件的应用，目前还只有少数组态软件能提供完备的 ActiveX 组件引入功能及实现引入对象在脚本语言中的访问。

1.2.5.4　组态软件的开放性

随着管理信息系统和计算机集成制造系统的普及，生产现场数据的应用已经不仅仅局限于数据采集和监控。在生产制造过程中，需要现场的大量数据进行流程分析和过程控制，以实现对生产流程的调整和优化。现有的组态软件对大部分这些方面需求还只能以报表的形式提供，或者通过 ODBC 将数据导出到外部数据库，以供其他的业务系统调用，在绝大多数情况下，仍然需要进行再开发才能实现。随着生产决策活动对信息需求的增加，可以预见，组态软件与管理信息系统或领导信息系统的集成必将更加紧密，并很可能以实现数据分析与决策功能的模块形式在组态软件中出现。

1.2.5.5　对 Internet 的支持程度

现代企业的生产已经趋向国际化、分布式的生产方式。Internet 将是实现分布式生产的基础。组态软件能否从原有的局域网运行方式跨越到支持 Internet，是摆在所有组态软件开发商面前的一个重要课题。限于国内目前的网络基础设施和工业控制应用的程度，作者认为，在较长时间内，以浏览器方式通过 Internet 对工业现场的监控，将会在大部分应用中停留于监视阶段，而实际控制功能的完成应该通过更稳定的技术，如专用的远程客户端、由专业开发商提供的 ActiveX 控件或 Java 技术实现。

1.2.5.6　组态软件的控制功能

随着以工业 PC 为核心的自动控制集成系统技术的日趋完善和工程技术人员的使用组态软件水平的不断提高，用户对组态软件的要求已不像过去那样主要侧重于画面，而是要考虑一些实质性的应用功能，如软件 PLC，先进过程控制策略等。

软 PLC 产品是基于 PC 机开放结构的控制装置，它具有硬 PLC 在功能、可靠性、速度、故障查找等方面的特点，利用软件技术可将标准的工业 PC 转换成全功能的 PLC 过程控制器。软 PLC 综合了计算机和 PLC 的开关量控制、模拟量控制、数学运算、数值处理、通信网络等功能，通过一个多任务控制内核，提供了强大的指令集、快速而准确的扫描周期、可靠的操作和可连接各种 I/O 系统及网络的开放式结构。所以可以这样说，软 PLC 提供了与硬 PLC 同样的功能，而同时具备了 PC 环境的各种优点。目前，国际上影响比较大的产品有法国 CJ International 公司的 ISaGRAF 软件包、PCSoft International 公司的 WinPLC、美国 Wizdom Control Intellution 公司的 Paradym-31、美国 Moore Process Automation Solutions

公司 ProcessSuite、美国 Wonder ware Controls 公司的 InControl、SoftPLC 公司的 SoftPLC 等。国内推出软 PLC 产品的组态软件几乎没有，国内组态软件要想全面超过国外的竞争对手，就必须创新，推出类似功能的产品。

　　随着企业提出的高柔性、高效益的要求，以经典控制理论为基础的控制方案已经不能适应，以多变量预测控制为代表的先进控制策略的提出和成功应用之后，先进过程控制受到了过程工业界的普遍关注。先进过程控制（Advanced Process Control，APC）是指一类在动态环境中，基于模型、充分借助计算机能力，为工厂获得最大效益而实施的运行和控制策略。先进控制策略主要有：双重控制及阀位控制、纯滞后补偿控制、解耦控制、自适应控制、差动控制、状态反馈控制、多变量预测控制、推理控制及软测量技术、智能控制（专家控制、模糊控制和神经网络控制）等，尤其智能控制已成为开发和应用的热点。目前，国内许多大企业纷纷投资，在装置自动化系统中实施先进控制。国外许多控制软件公司和 DCS 厂商都在竞相开发先进控制和优化控制的工程软件包。据资料报道，一个乙烯装置投资 163 万美元实施先进控制，完成后预期可获得效益 600 万美元/年。从上可以看出能嵌入先进控制和优化控制策略的组态软件必将受到用户的极大欢迎。

任务 1.3　基于工作过程的任务

1.3.1　混凝土搅拌站的组成

　　混凝土自动化生产过程控制集成系统主要由原料仓、物料运输传送装置、配料罐以及搅拌罐、污水回用系统、控制系统组成，如图 1 - 1 所示。自动化生产控制系统启动后，

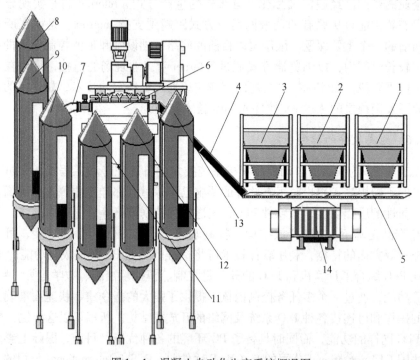

图 1 - 1　混凝土自动化生产系统概况图

1～3—料斗；4，5—物料运输传送带；6—搅拌机；7—螺旋送料管道；8～13—配料罐；14—空气压缩机

首先由原料仓通过物料运输传送带向搅拌罐供应原料。其后，各配料罐通过罐底螺旋送料管道向搅拌罐进行供料。在供应原料和配料的过程中，搅拌罐不断搅拌，直至搅拌达到生产要求，完成卸料后结束当前工作任务，停止搅拌。

1.3.2　环业混凝土生产工艺生产系统概况

该生产系统主要由搅拌罐、配料罐、原料仓以及物料传送装置组成。系统启动后，首先由原料仓通过传送带向搅拌罐供料。其后，各配料罐通过罐底螺旋送料管道向搅拌罐进行供料。在供应原料和配料的过程中，搅拌罐不断搅拌，直至搅拌达到生产要求，完成卸料后结束当前工作任务。

（1）原料仓："高钛重矿渣砂"料仓 1 个以及下料气压阀门 1 个、"高钛渣碎石"料仓 1 个以及下料气压阀门 1 个、"混合料"料仓 1 个以及下料气压阀门 1 个，空气压缩机 1 台。

（2）配料罐："二级灰"料罐 1 个、"C32.5R"料罐 1 个、"C42.5R"料罐 1 个、"膨胀剂"料罐 1 个；加水管道 1 套以及管道电磁阀 1 个；低/高溶外加剂罐各 1 个。

（3）搅拌罐：搅拌罐 1 个；大/小搅拌电机各 1 台；卸料电磁阀 1 个；搅拌罐内配料称重传感器 1 套。

（4）传送装置：1 号传送带（原料仓称重传送带）1 条以及电机 1 台、2 号传送带（原料仓与搅拌罐之间的传送带）1 条以及电机 1 台、称重传送带与称重传感器 1 套；配料罐与搅拌罐之间的螺旋送料管道 6 套以及电机 6 台。

1.3.3　控制工艺

1.3.3.1　初始状态

当设备投入运行前，搅拌罐罐内为空，2 台搅拌电机与搅拌罐卸料电磁阀均为"OFF"状态；原料仓各料斗气压控制阀门为"OFF"状态，物料传送皮带上无任何原料并且传送电机为"OFF"状态；配料罐和存储罐送料电机与加水电磁阀均为"OFF"状态。

1.3.3.2　运行控制

当满足初始状态要求时，才能启动执行以下控制要求。

原料仓：按下启动按钮后，搅拌罐 2 台搅拌电机开始运行，1 类原料（高钛重矿渣砂）料仓气压阀门打开下料，当 1 号传送带检测到下料重量达到工艺配合比值时，即启动 1 号和 2 号传送带，将 1 号传送带上的原料经 2 号传送带送至搅拌罐。该过程中，如果 1 号传送带检测到当前质量为 0 时，随即依次启动 2 类原料（高钛渣碎石）和 3 类原料（混合料）的供料工作，工作流程同于 1 类原料；当 1 号传送带第 3 次检测到当前质量为 0 时，即停止 1 号传送带；10s 后再停止 2 号运输带。

配料罐：在原料站供料完成以后，配料站各配料即开始为搅拌罐内供料。当原料站 3

类原料供料完毕，2 号传送带停止运行后，1 号罐（二级灰）输送电机启动供料，当搅拌罐内称重传感器检测到配料质量达到工艺配合比值时，停止该罐电机供料，随即启动 2 号罐（C32.5R）输送电机供料，3 号罐（C42.5R）、4 号罐（膨胀剂）、加水管道电磁阀以及 5 号罐（低溶外加剂）、6 号罐（高溶外加剂）的电机或电磁阀以同样的运行方式依次为搅拌罐供料。

搅拌罐：当配料供应完毕后，搅拌罐根据订单的不同工艺需求自动选择运行相应的搅拌时间，搅拌时间结束时提示当前搅拌工作完成。如果搅拌完成后检测到搅拌罐下运料车已到位，即启动卸料电磁阀开始卸料；当搅拌罐内传感器检测到混凝土为空时，关闭卸料电磁阀，卸料结束，即完成当前订单的一次生产。根据订单生产量，系统自动选择是否进入下一生产循环。若是，即进入下一生产循环，若否，则停止搅拌罐的搅拌工作。

按下停止按钮时，系统在当前生产过程完成后，停止运行并回到系统初始状态；按下急停按钮时，系统立即停止整个生产过程。

1.3.4　要求组态界面

环业公司混凝土组态监控界面分主界面和若干子界面构成，组态主界面如图 1-2 所示，其中料仓组态子界面如图 1-3 所示。

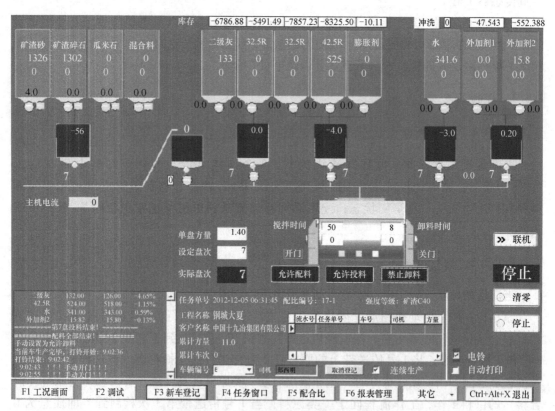

图 1-2　环业公司混凝土搅拌站主界面

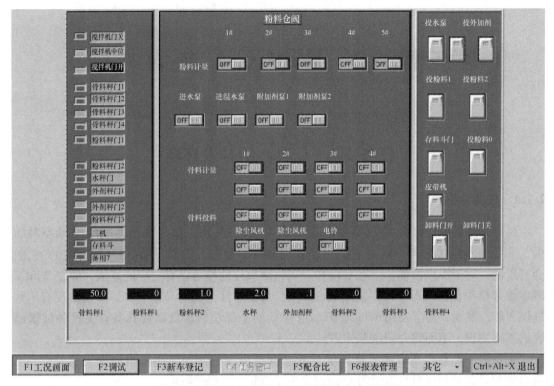

图 1-3　环业公司混凝土搅拌站料仓组态子界面

学习情景 2　WinCC C 语言基础

任务 2.1　C 脚本的开发环境

2.1.1　任务分析

要使对象动态化，在 WinCC 中有多种不同的选项可用，如"变量连接"、"动态对话框"和"直接连接"等，通过它们可以实现复杂的动态。然而，随着要求的增加，它们会有限制。对于用户来说，组态 C 动作、项目函数或动作可以有更广的范围，即在 WinCC 脚本语言 C 中创建。对于许多应用来说，不必具备非常全面的 C 语言知识即可给现有函数提供参数。然而，为了使用 WinCC 脚本语言 C 的全部功能，就需要具备有关这种编辑语言的基本知识。下面将介绍这些知识。

本章为不熟悉 C 语言的人员提供有关编辑 C 语言的常规应用基本知识，而对具备 C 语言编程经验的程序员可以学习 C 语言应用于 WinCC 时的特性。

对于 C 脚本的创建，WinCC 提供了两个不同的编辑器。一个是图形编辑器中的动作编辑器，用于在对象处创建 C 动作；另一个是全局脚本编辑器，用于创建项目函数和全局动作。脚本语言的语法与采用 ANSI 的标准 C 语言相一致。

在 WinCC 中编辑 C 语言的另一个应用领域是关于动态向导的创建，因此，可以使用一个单独的编辑器。

2.1.2　相关知识

2.1.2.1　图形编辑器的动作编辑器

在图形编辑器中，可以通过 C 动作使对象属性动作化。同样，也可以使用 C 动作来响应对象事件。

A　动作编辑器

对于 C 动作的组态，可以使用动作编辑器，此编辑器可以在对象属性对话框中通过以下方法打开，即选择期望的属性或事件，点击鼠标右键，然后从显示的弹出式菜单中选择 C 动作。已经存在的 C 动作在属性或事件处用绿色箭头标记。

在动作编辑器中，可以编写 C 动作。对于属性的 C 动作，必须定义触发器。对于事件的 C 动作，由于事件本身就是触发器，所以不必再定义。完成的 C 动作必须进行编译，如果编译程序没有检测到错误，则可以通过单击确定退出动作编辑器。

B　C 动作的结构

通常，一个 C 动作相当于 C 中的一个函数。C 动作有两种不同类型：为属性创建的动作和为事件创建的动作。一般地，属性的 C 动作用于根据不同的环境条件控制此属性的值（例如变量的值），对于这种类型的 C 动作，必须定义触发器来控制其执行。事件的 C 动作用来响应此事件。

  C　属性的 C 动作

【例 2 - 1】　典型的属性 C 动作程序代码如下：

```
#include" apdefap. h"
long – main （char ∗ lpszPictureName. char ∗ lpszObjectName. char ∗ lpszPropertyName）
    ｛
    ／∗1∗／long 1ReturnValue；
    ／∗2∗／1ReturnValue ∗ GetTagSDword （" S32icourse – test – 1"）；
    ／∗3∗／return 1ReturnValue；
    ｝
```

  上例代码代表一个典型的属性的 C 动作，其中各部分的含义描述如下：

  （1）标题。前三行构成 C 的动作标题。该标题自动生成并且不能更改。除返回类型（在例 2 - 1 代码中为 long）之外，所有的函数标题完全相同。该例完成将三个参数传送给 C 动作，它们是画面名称（Lpsz PictureName）、对象名（lpszObjectName）和属性名（lpszPropertyName）。

  （2）变量声明。在可以编辑的第一段代码中声明使用的变量。在本例代码中，指的是一个 long 型的变量。

  （3）数值计算。在本段中，执行属性值的计算。在本例代码中，只读入一个 WinCC 变量的数值。

  （4）数值返回。将计算得出的属性值赋给属性。这通过 Return 命令来完成。

  D　事件的 C 动作

【例 2 - 2】　典型的事件 C 动作程序代码如下：

```
#include" apdefap. h"
void OnClicik （char ∗ lpszPictureName，char ∗ lpszObjectName，char ∗ lpszPropertyName）
    ｛
    ／∗1∗／long 1Value；
    ／∗2∗／1Value ∗ GetTagSDWord （" s32i – course – tset – 1"）；
        SetIeft （lpszPictureName，lpszobjectName，1value）；
    ｝
```

  上例代码代表一个典型的事件的 C 动作，其中各部分含义描述如下：

  （1）标题。前三行构成 C 动作的标题，该标题自动生成并且不能更改。对于不同类型的事件，其参数标题也不同。该例完成将参数 lpszPictureName（画面名称）、lpszObjectName（对象名）和 lpszPropertyName（属性名）传递给 C 动作。参数 lpszPropertyName 只包含与响应属性变化的事件相关的信息。可以传递附加的事件指定的参数。

  （2）变量声明。在可以编辑的第一代码段中声明使用的变量。在本例代码中，指的是一个 long 型的变量。

  （3）事件处理。在本段中，执行响应事件的动作。在本例代码中，读入一个 WinCC

变量的数值。该数值作为位置 X 分配给自己的对象。事件的 C 动作的返回值为 void 类型，也就是说不需要返回值。

　　E　C 动作的创建

　　创建 C 动作的步骤如下：

　　（1）打开图形编辑器，打开期望的 WinCC 画面，打开所期望对象的对象属性对话框。

　　（2）选择期望的属性或事件，点击鼠标右键，然后从弹出式菜单中选择 C 动作来打开动作编辑器。

　　（3）在打开的动作编辑器中将显示函数的基本框架。此外，C 动作的标题已经自动生成，该标题不能更改。

　　在 C 动作的标题的第一行内，包括文件 apdefap. h。通过该文件，向 C 动作预告所有项目的函数、标准函数以及内部函数。C 动作标题的第二部分为函数标题，该函数标题提供有关 C 动作的返回值和可以在 C 动作中使用的传送参数的信息。C 动作标题的第三部分开始是花括弧，此花括弧不能删除。在开始花括弧和结束花括弧之间，编写 C 动作的实际代码。

　　（4）其他自动生成的代码部分包括两个注释块，若要使交叉索引编辑器可以访问 C 动作的内部信息，则需要这些注释块。要允许 C 动作中语句重新排列也需要这两个注释块。如果这些选项都不用，则可以删除这些注释。

　　第一个注释块用于定义 C 动作中使用的 WinCC 变量，在程序代码中必须使用定义的变量名称而不是实际的变量名称。

　　第二个注释块用于定义 C 中所使用的 WinCC 画面。在程序代码中也必须使用定义的画面名称而不是实际的画面名称。

　　（5）编写执行期望计算的函数主题、动作时，有多种编辑辅助工具可供使用。其中一种辅助工具是"变量选择对话框"，在打开的"变量选择对话框"中，选择 WinCC 变量然后单击"确定"来确认，则在 C 动作的当前光标位置处插入所选 WinCC 的变量名称。另一种辅助工具是动作编辑器左窗口中的函数选择。利用函数选择，可以在 C 动作中的当前光标位置处自动插入所有可用的项目函数、标准函数和内部函数。

　　（6）翻译已完成的函数，可通过工具按钮来完成。翻译过程的结果显示在动作编辑器的左下角，它包括找到的错误的个数和警告的个数。错误会使 C 动作无法进行，而警告是一种提示，指出在执行 C 动作期间可能出现的错误。良好的编辑风格可防止在创建 C 动作时出现除"0 Error（S）"、"0 Warning（s）"输出结果之外的情况。

　　如果在编译过程中出现错误，则错误将在输出窗口中显示。通过鼠标点击输出窗口中的错误消息，可以直接跳转到与所选"错误消息"相对应的代码行。

　　（7）对于为对象属性创建的 C 动作，必须定义触发器。对于为对象事件创建的 C 动作，由于事件本身就是触发器，所以不用再定义触发器。

　　（8）通过单击动作编辑器的确定按钮，可将已编写的 C 动作放置在期望的属性或事件处。通过 C 动作动态化的属性或事件将用绿色箭头标记。

　　【例 2 - 3】　WinCC 标签定义和画面定义程序代码如下：

```
#include" apdefap. h"
long_main（char * lpszPictureName，char * lpszObjectName，char * lpszPropertyName）
{
```

```
//WINCC：TAGNAME - SECTION - START
//syntax. #define TagNameInAction" DMTagName"
#define S32I - COURSE - TEST - 1" S32i - course - test - 1"
//next TagID：1
//WINCC：TAGNAME - SECTION - END
//WINCC：PICNAME - SECTION - START
//syntax：#define PicNameInAction" PictureName"
#define CC - 0 - STARTPICTURE - 00" cc - 0 - startpicture - 00. Pd1"
//next PicID：1
//WINCC：PICNAME - SECTION - END
SetTagSDWord（S32I - COURSE - TEST - 1，100）；
OpenPicture（CC - 0 - STARTPICTURE - 00）；
Return 0；
}
```

如果创建新的 C 的动作，则自动生成的代码将包括两个注释块。若要使用交叉索引编辑器可以访问 C 动作的内部信息，则需要这些注释块。另外，要允许 C 动作中的语句重新排列，则也需要这两个块。

例 2 - 3 的说明如下：

（1）变量定义。第一个注释块用于定义 C 动作中使用的 WinCC 变量。该注释块以"//WINCC：TAGNAME - SECTION - START"开始，以"//WINCC：TAGNAME - SECTION - END"结束。在两行命令之间，定义 C 动作中的所有 WinCC 的变量名称。通过预处理程序命令"#define"后跟定义的名称（在本例代码中为 S32I - COURSE - TEST - 1），其后再接 WinCC 变量的名称（在本例中为 S32i - course - test - 1）来定义。

（2）画面定义。第二个注释块用来定义 C 动作中所使用的 WinCC 画面。该注释块以行"//WINCC：PICNAME - SECTION - START"开始，以行"//WINCC：PICNAME - SECTION - END"结束。在两行之间，定义 C 动作中使用的所有 WinCC 画面名称。它遵循的规律与上面所描述的定义变量名称时所遵循的规则相同。

（3）应用定义。在实际程序代码中，必须使用定义的值，而不是实际的变量和画面名称。在编译 C 动作之前，预处理程序将用实际名称替换所有定义的名称。

2.1.2.2　全局脚本编辑器

全局脚本编辑器用于创建项目函数、标准函数和动作。

A　函数、动作说明

a　项目函数

如果在 C 动作中经常需要相同的功能，则该功能可以在项目函数中公式化。在 WinCC 项目中的所有 C 动作都可以按照调用其他函数一样的方式来调用项目函数。下面列出了使用项目函数对于在 C 动作中创建完整的程序代码的优点。

（1）编辑器的中心位置。项目函数的改变会影响所有正在使用该函数的 C 动作。如果没有使用项目函数，则必须手动修改所有相关的 C 动作。这不但可以简化组态，而且可以简化维护和故障检测的工作。

（2）可重用性。一旦一个项目函数编写完并进行了广泛的测试，则它随时都可以再次使用，无需附加的组态或新的测试。

（3）画面容量减少。如果并不是在对象的 C 动作中直接放置完整的程序代码，则画面的容量将减少，这可以使画面打开的速度更快并且在运行系统中的效果更佳。

（4）口令保护。项目函数可以通过指定口令进行保护，以防更改。项目函数只能在项目内使用，项目函数存储在 WinCC Project Folder \ LIBRARY 文件夹内，并在相同的文件夹中的 ap – pbib. h 文件内定义。

b　标准函数

与项目函数相反，标准函数可以用于所有的 WinCC 项目，可以更改现有的标准函数，也可以创建新的标准函数。

标准函数与项目函数的区别仅在于它们的可用性：标准函数可以跨项目使用，而项目函数只能在项目内使用。标准函数存储在 WinCC Installation Folder \ LIBRARY 文件夹内，并在同一文件夹中的 ap – glob. h 文件内定义。

c　内部函数

除项目函数和标准函数之外，还有内部函数，它们是标准的 C 函数。用户不能对其进行更改，也不能创建新的内部函数。

d　动作

动作（与先前描述的函数相反）不能由 C 动作或其他函数调用，必须为动作指定触发器来控制其执行，它在运行系统中执行时与当前所选择的画面无关。可以组态全局动作，即跨项目动作，在这种情况下它们存储在 WinCC Project Folder \ PAS 文件夹中；也可以组态指定计算机的全局动作，它们将存储在 WinCC Project Folder \ ComputerName \ PAS 文件夹中。如果在计算机的启动列表中选中了全局脚本运行系统，则一旦项目启动，属于该计算机的所有全局动作和所有局部动作将被激活。

B　创建函数、动作

a　建立项目函数

创建项目函数所需的步骤与创建标准函数的步骤完全相同，因此下面的说明也适用于标准函数的创建。建立项目函数的步骤如下：

（1）打开全局脚本编辑器。

（2）选择项目函数条目，单击鼠标右键，从弹出式菜单中选择新建→函数，创建新项目函数的基本框架。

（3）项目函数可以完全由用户进行配置，没有不能编译的代码段。编写函数标题，且函数必须有一个名称，以便 C 动作或其他函数调用。此外，必须指定返回值和函数所需的传递参数。

如果当前的函数中要使用其他项目函数或标准函数，则必须结合 apdefap. h 文件，这通过预处理程序命令#include "apdefap. h" 来完成，该命令必须插在函数标题之前，即

```
#include" apdefap. h"
int My – Project – Function （int iFirstParam，BOOL bSecondParam)
{
return 0;
```

}

（4）编写函数主题。这时可以使用与编写 C 动作相同的辅助工具，特别是变量选择和函数选择。

（5）已完成的函数现在必须进行编译。这通过如下所述的工具栏按钮来完成。

编译过程的结果显示在输出窗口中，将列出产生的错误和警告，并且显示其数量。通过鼠标的输出窗口中的错误消息，可以直接跳转到相应的代码行。

Compiling

Line 3：error（0086）：function 'My – Project – Function' does not return a val Error（s），0 Warning（s）

（6）通过工具栏按钮，可以将描述添加到大批项目函数中，与描述一起定义一个口令，以保护项目函数免遭未授权人员访问。

（7）完成的项目函数必须用合适的名称进行保存。

b　建立全局动作

创建全局动作所需的步骤与创建局部动作所需的步骤完全相同。因此，下面的步骤也适用于创建局部动作。建立全局动作的步骤如下：

（1）打开全局脚本编辑器。

（2）通过鼠标的右键项目函数条目，然后从弹出式菜单中选择新建动作，将创建动作的基本框架。

（3）动作的标题将会自动生成并且不能更改。此外，插入用于定义 WinCC 变量和 WinCC 画面的两个注释块，如下程序代码所示。这两个注释块的含义已经在先前的 C 动作一节中进行说明。

```
#include" apdefap. h"
int gscAction（void）
{
//WINCC：TAGNAME – SECTION – START
//syntax. #define TagNameInAction" DMTagName"
//next TagID：1
//WINCC：TAGNAME – SECTION – END
//WINCC：PICNAME – SECTION – START
//oyntax：#define PicNameInAction" PictureName"
//next PicID：1
//WINCC：PICNAME – SECTION – END
return 0；
}
```

（4）编写动作主体。这时可以使用与编写 C 动作相同的辅助工具，特别是变量选择和函数选择。动作具有 int 类型的返回值。默认的情况下，返回值为 0。

（5）通过工具按钮，可以如同函数描述一样将描述添加到动作中，也可以定义口令来保护项目函数免遭未授权人员的访问。与函数相比，它还需要设置一个触发器来控制动作的执行。对于动作触发器的选择，用户所具有的选择的范围要比对象的 C 动作触发器的选择范围大。

（6）完成的动作必须进行保存。

C　测试输出

通过执行程序来测试输出，这样便于在开发期间进行故障检测和错误诊断。测试输出可以通过 printf（）函数来启动，通过该函数，不但可输出简单文本，而且可输出当前变量值。为了使输出文本可见，必须组态全局脚本诊断窗口。

a　Printf（）函数

Printf（）函数允许执行测试输出功能。该函数的应用例子如下所示：

Printf（"I am % d years old \ r \ n"，iAge）；

Printf（）函数至少一个参数，该参数是一个字符串，要传递的附加类型和数量取决于该字符串。在 prinft（）函数中字符"%"用于在该位置插入变量值的标识符，跟在字符"%"之后的字符确定变量的数据类型。表 2 - 1 中所使用的字符组合"% d"表明输出为十进制数，其他可能的组合及其描述见表 2 - 1。

表 2 - 1　字符组合种类及含义描述

组合	描　　述	组合	描　　述
% d	输出十进制数（int 或 char）	% ld	长整型变量作为十进制输出
% c	输出字符（char）	% x	以 16 进制格式输出数值。（用小写字母 a，b，c，f）
% X	以 16 进制格式输出数值。（用大写字母 A，F）	% o	以八进制格式输出数值
% u	输出十进制数（专用于 unsigned 类型）	% f	以浮点数计数制输出浮点型数值，例如 3.43234
% e	以指数计数制输出浮点型数值，例如 23e + 432	% E	同 % e 但使用大写 E，例如 23E + 432
% s	输出字符串（char ＊）	% le	输出双精度型数值
% %	输出 % 字符	＼n	换行输出（回车）
＼r	进一行输出	＼t	制表位输出
＼＼	输出"＼"字符		

b　全局脚本诊断窗口

由 printf（）函数指定的文本输出显示在全局脚本诊断窗口中。组态这种诊断窗口的步骤如下：

（1）打开图形编辑器。打开期望的 WinCC 画面。

（2）组态智能对象应用窗口。将应用窗口置于画面内之后，打开窗口对话框，从列表中选择全局脚本条目。通过单击确定退出对话框。打开模板对话框，从列表中选择 GSC 诊断条目。同样通过单击确定退出对话框。

（3）为了便于利用全局脚本诊断窗口，建议将对象属性对话框其他条目下的所有属性设置为"是"。

（4）如果项目在运行，则由 printf（）函数指定的文本输出将显示在诊断窗口中。如果用工具栏上相应的按钮终止更新，则可以保存或打印输出窗口内容。

任务 2.2　变量

2.2.1　任务分析

在 WinCC 项目 Project – C – Course 中，有关变量的主题可以通过单击浏览栏来访问。例如在 kzz – 00. PDL 画面中组态。

（1）变量。变量是由程序处理的数据对象。变量只有在定义以后才能使用。在第一条指令可以执行前，必须先定义程序中的所有变量。

变量可以比做一个容器。通过变量名，给容器一个唯一的名称。容器中内容的类型通过其数据类型来指定，容器的初始内容通过初始值来指定。在大多数情况下，该内容将在程序执行过程中进行处理。此处所描述的变量不应误认为是 WinCC 变量。它们只能在程序代码中使用。以下程序代码说明了定义变量的一个例子。

Int itag；

在该例中，用名字 Itag 来定义一个 int 数据类型的变量。代码行以分号结束。变量名的前面是描述数据类型的前缀。这并非必须遵循，但它却使得在程序创建期间能够立即识别变量的数据类型。在定义变量时，也可以将其初始化，如：

Int itag = 0；

（2）常量。除变量之外，程序中也使用常量。它只是数值的直接使用。为了说明这种数值的含义，可以使用#define 命令为它定义符号常量。

以下程序代码说明了定义符号常量的一个例子。

#define MAX – VALUE 7483647

在该例中，用数值 7483647 来定义符号常量 MAX – VALUE。注意代码行不得用分号结束。用大写字母表示符号常量是一般的编程规律，以便易于与变量区分。

（3）数据类型。C 所识别的基本数据类型如下：

Char 为一个字节，可以接受一个字符；Int 为整型数值；Float 为单精度型浮点数；Double 双精度型浮点数。Char 数据类型的变量需要一个字节的存储空间，其内容可以解释为一个字符或一个数字。

Int 数据类型之前可以加关键字 signed 或 unsigned。关键字 signed 代表有符号数，关键字 unsigned 代表无符号数。Int 数据类型之前也可以加关键字 long 或 short。这些关键字也可以不带 int 而单独使用，其含义仍然相同。Short（或 short int）数据类型的变量需要 2 个字节的存储空间，long（或 long int）数据类型的变量与 int 数据的变量一样需要 4 个字节的存储空间，然而 double 数据类型的变量需要 8 个字节的存储空间。

各数据类型的数值范围：每种数据类型都可以显示某一数值范围的数值，其区别在于不同的数据类型所需的存储空间不同，以及是有符号还是无符号数据类型。各数据类型的数值范围如下：

Int	– 2147483648 ~ 2147483647
Unsigned int	0 ~ 429967295

Short	− 32768 ~ 32767
Unsigned short	0 ~ 65535
Long	− 2147483648 ~ 2147483647
Unsigned long	0 ~ 4294967295
Char	− 128 ~ 127（所有的 ASCII 字符）
Unsigned char	0 ~ 225（所有的 ASCII 字符）
float	− 10^38 ~ 0^38
double	− 10^308 ~ 0^308

2.2.2　相关知识

2.2.2.1　整数数据类型

A　按钮的 C 动作

用 C 的默认数据类型来显示整数。打开"对象属性"对话框，选择"事件"标签，选择"鼠标"，在"鼠标动作处"为对象按钮组态了如下例子。

【例 2 – 4】　按钮的 C 动作的程序代码如下：

```
#include" apdefap. h"
void OnClick（char ∗ lpszPictureName, char ∗ lpszObjectName,
            char ∗ lpszPropertyName）
    {
    char cNumber;          //signed 0 bit value
    long 1Number;          //signed 32 bit value
    short sNumber;         //signed 16 bit value
    int iNumber;           //signed 32 bit value
    unsigned char ucNumber; //unsigned 8 bit value
      unsigned long ulNumber; //unsigned 32 bit value
      unsigned short usNumber; //unsigned 16 bit value
      unsigned int uiNumber; //unsigned 32 bit value
      cNumber = − 128;
      sNumder = − 32768;
      lNumber = − 2147483648;
      iNumber = 2147483467;
      //output in dignstics window
      printf（" \ r \ nExample 1: \ r \ n"）;
      printf（" char: \ t \ t% d \ r \ nshort: \ t \ t% d \ r \ n"," long: \ t \ t% d \ r \ ninth: \ t \
          t% d \ r \ n",
      cNumber, sNumber, 1Number, iNumber）;
      ucNumber = 255;
      usNumder = 65535;
      u1Number = 4294967295;
      uiNumber = 4294967295;
      //output in diagnostics window
```

```
printf (" unsigned char：\ t%u \ r \ unsigned short：\ t%u \ r \ n"
       " unsigned long：\ t%u \ r \ nunsigned int：\ t%u \ r \ n",
       ucNumber, usNumber, ulNumber, uiNumber);
}
```

　　前三行为 C 动作的标题。该标题不能更改。在第二部分中，定义变量，为 char、long、short 和 int 数据类型及其无符号的对应量各定义一个变量。变量名称前面加上描述数据类型的前缀。这并非必须遵循，但它却使得在程序创建期间能够立即识别变量的数据类型。作为注释，每一行包括变量所需的存储空间（以字符串//开始的注释部分用绿色标记）。在第三部分中，将数值赋给变量，这通过使用赋值运算符" = "来完成。本例中所使用的数值恰好是各种数据类型所能显示的数值范围中的极限值。这些数值通过函数 printf（）在诊断窗口中输出。此输出在下面部分显示。

　　B　诊断窗口中的输出

　　本节中描述的例子在诊断窗口中内生成下列输出显示：

Example1：

Char：	− 128
Short：	− 32768
Long：	− 21474833648
Int：	2147483647
Unsigned char：	255
Unsigned short：	65535
Unsigned long：	4294967295
Unsigned int：	4294967295

2.2.2.2　整数 WinCC 变量

　　在大多数情况下，要通过 C 动作或其他函数来使对象动态化和解决类似的事情，必须使用 WinCC 变量。为此，有许多用于读取和写入 WinCC 变量值的函数可以使用。这些函数可以与每种 WinCC 默认变量类型一起使用。在例 2 − 5 中，将数值写入各种 WinCC 变量。WinCC 变量的内容显示在输出域内。

　　【例 2 − 5】　按钮的 C 动作的程序代码如下：

```
#include" apdefap. h"
Void OnClick （char ∗ lpszPictureName, char ∗ lpszObjectName,
char ∗ lpszPropertyName）
    {
    CHAR cNumber; //signed 8 bit value
    SHOURT sNumber; //signed 16 bit value
    LONG 1Number; //signed 32 bit value
    BOOL bNumber; //TRUE or FALSE
    BYTE byNumber; //unsigned 8 bit value
    WORD wNumber; //unsigned 16 bit value
    DWORD dwNumber; //unsigned 32 bit value
```

```
        CNumber = – 128；
        SNumber = – 32768；
        1Number = – 2147483648；
        //set wincc tag
        SetTagSByte（" SO8i – course – tag – 1"，cNumber）；
        SetTagSWord（" S16i – course – tag – 1"，sNumber）；
        SetTagSDWord（" S32i – course – tag – 1"，1Number）；
        bNumber = TRUE；
        byNumber = 255；
        wNumber = 65535；
        dwNumber = 4294967295；
        //set wincc tag
        SetTagBit（" BINi – course – tage – 1"（SHORT）bNumber）；
        SetTagByte（" VO8i – course – tage – 1" byNumber）；
        SetTagWord（" V16i – course – tage – 1" wNumber）
        SetTagDWord（" V32i – course – tage – 1" bwNumber）
    }
```

在第一部分中，定义了变量，根据变量可用的数据类型选择变量的数据类型。在第二部分中，将数值赋给变量，本例中所用的数值又恰好是各种数据类型所能显示的数值范围的极限值。

利用相应的函数将变量赋值给各种 WinCC 变量。函数名字包括文本 SetTag 和函数所应用的 WinCC 变量的数据类型标志。与用于写入 WinCC 变量的 SetTag 函数相对应，也用于读取 WinCC 变量的 GetTag 函数。

如果将 BOOL 数据类型（int 的别名）的变量传递给 SetTagBit（） 函数，则编译程序将发出警告。发生这种情况是因为 SetTagBit（） 函数希望用 SHORT 作为所传递变量的数据类型。因此，本例代码中将变量 bNumber 的内容传递给 SetTagBit（） 函数之前，先将其转换为 SHORT 类型。此过程又称为 Typecast（类型转换）。

（1）类型转换：变量的内容在传递给函数或赋给其他变量之前，可以转换为不同的数据类型。然而，变量本身的数据类型保持不变。以下程序代码说明了如何将 float 数据类型的变量转换为 int 数据类型。

iNumber =（int）fNumber；

（2）WinCC 变量的数据类型：与 C 中可用数据类型相应的 WinCC 变量的各种数据类型见表 2 – 2。它们就是传递给 SetTag 函数并由 GetTag 函数返回的数据类型。

表 2 – 2　WinCC 变量及 C 的数据类型

WinCC 变量的数据类型	C 的数据类型	WinCC 变量的数据类型	C 的数据类型
有符号的 8 位数	char	无符号的 8 位数	BYTE
有符号的 16 位数	Short int	无符号的 16 位数	WORD
有符号的 32 位数	Long int	无符号的 32 位数	DWORD
二进制变量	Short int		

2.2.2.3 浮点数数据类型

在例 2 - 6 中用 C 中可用的默认数据类型来显示浮点数。

【例 2 - 6】 按钮的 C 动作的程序代码如下：

```
#include" apdefap. h"
void OnClick (char * lpszPictureName, char * lpszObjectName, char * lpszPropertyName)
    {
    fLoat fNumber;
    //32 bit
    double dNumber;
    //64 bit
    fNumber = 1. 0000001;
    dNumber = 1. 0000001;
    //output in diagnostics window
    printf (" \ r\ nExample: 4: \ r\ n");
    printf (" float: \ t%2 17f\ tsizeof (float): \ t%d\ r\ n",
    " double: \ t%2. 17\ tsizeof (double): \ t%d\ r\ n",
    Fnumber, sizeof (float), dNumber, sizeof (double));
    }
```

在第一部分中，定义变量。用 float 和 double 数据类型各定义一个变量。在第二部分中，将数值赋给变量。在本例中，将相同的数值赋给两个变量。

Float 型变量的精度大约为小数点后第七位。Double 变量可以显示的精度为浮点数的两倍，这可以参考诊断窗口中输出的显示 [使用 printf () 函数]。除变量之外，还输出其所需的存储空间。变量所需的存储空间通过 sizeof () 命令来确定。所需的存储空间以字节为单位表示。

2.2.2.4 浮点数 WinCC 变量

除整数以外，WinCC 变量也可以包含浮点数。因此，与 C 的数据类型 float 和 double 相对应，WinCC 变量有两种数据类型可用。为了以读或写的方式访问这些 WinCC 变量，提供了相应的 SetTag 和 GetTag 函数。在例 2 - 7 中，将数值写入各种 WinCC 变量。WinCC 变量的内容显示在输出域内。

【例 2 - 7】 按钮的 C 动作的程序代码如下：

```
#include" apdefap. h"
void OnClick (char * lpszPictureName, char * lpszObjectName, char * lpszPropertyName)
    {
    float fNumber; //32 bit
    double dNumber; //64 bit
    fNumber = 1. 0000001;
    dNumber = 1. 0000001;
    //set wincc tags
```

```
SetTagFloat ("F32i – course – tag – 1" fNumber);
SetTagDouble ("F64i – course – tag – 1" dNumber);
}
```

在第一部分中，定义变量，为 float 和 double 数据类型各定义一个变量。在第二部分中，将数值赋给变量。在本例中，将相同的数值赋给两个变量。

利用相应的函数将变量赋值给各种 WinCC 变量。与此处所用的用于写入 WinCC 变量的 SetTag 函数相对应，用于读取 WinCC 变量的 GetTag 函数也可用。

2.2.2.5　静态变量和外部变量

A　静态变量

C 变量在定义后才能在函数中生效。在函数终止后，它又变成无效。如果再次调用该函数，则将会再生成 C 变量。然而，如果在变量前加关键字 static，则在两次函数调用之间保留该变量，因此，它将保留其值。然而对于 C 动作，只有选择了 WinCC 画面，静态变量才会有效。如果撤消选定画面，则静态变量变成无效。再次打开画面后，在 C 动作期间将会再次生成静态变量。

B　外部变量

C 变量只能在定义它的函数内访问。然而，如果在任何函数以外定义变量，则该变量将成为全局（外部）变量。于是，在任何函数中都可以利用关键字 extern 来申明变量并且可以访问它。函数 CreateExternalTags（）如下所示，该函数只用于定义和初始化一个 int 类型的外部变量。

```
项目函数 CreateExternalTags ()
int ext – iNumber = 0
void CreateExternalTags ()
{
//nothing to do
}
```

在项目启动时，调用一次该函数（在起始画面 kzz – 00. PDL 处打开"对象属性"对话框，选择"事件"标签，选择"其他"→"打开画面处"）。从此刻起，变量 ext – iNumber 被定义并且可以在任何 C 动作和其他函数中使用。

【例 2 – 8】　调用函数的程序代码如下：

```
#include "apdefap. h"
void OnClick (char * lpszPictureName, char * lpszObjectName, char * lpszPropertyName)
{
//declare external tag
exter int ext – iNumber;
//define static tag
static int stat – iNumber = 0;
//output in diagnostics window
printf ("\ r\ nExample 6： \ r\ n"
```

　　" mouseclicks since project was started:%d\r\n"

　　" mouseclicks since project was opened:%d\r\n"

　　++ext-iNumber, ++stat-iNumber);

　}

　　在第一部分中声明外部变量 ext-iNumber，以便能在 C 动作中使用它。在第二部分中，定义并初始化静态变量 stat-iNumber。它们将在选择 WinCC 画面后首次执行 C 动作时执行。对于以后再次执行 C 动作，该变量的值将会保留。如果撤消选定后再选择画面，则将会再生成变量。变量的数值通过自增运算符 ++ 增加 1，并通过 printf() 函数在诊断窗口中输出。因此，变量 ext-iNumber 将显示从项目启动后单击按钮的次数，而变量 stat-iNumber 将显示从画面打开后单击的次数。

任务 2.3　C 中的运算符和数学函数

2.3.1　任务分析

　　在程序中，运算符控制变量和常量进行的运算。变量和常量与运算符连接，这样会产生新的变量值。

　　运算符可以分成多种类别，包括数学运算符、按位运算符和赋值运算符。

　　（1）数学运算符。数学运算符的描述见表 2-3。

　　（2）按位运算符。这些运算符使得可以对变量中的各个位进行设置、查询或重新设定。按位运算符的描述见表 2-4。

表 2-3　数学运算符

运算符	描　述	运算符	描　述
+（单目）	正号（实际不可使用）	/	除
-（单目）	负号	%	模（返回除法运算的余数）
+（双目）	加	++	自增
-（双目）	减	--	自减
*	乘		

表 2-4　按位运算符

运算符	描　述	运算符	描　述
&	按位与	~	按位取反
|	按位或	<<	将位向左移
^	按位异或	>>	将位相右移

　　（3）逻辑运算符。所有的逻辑运算符都遵循相同的原则：0 表示假，所有其他数都表示真。这些运算符不是生成 0（假）就是生成 1（真）。逻辑运算符的描述见表 2-5。

表 2 − 5　逻辑运算符

运算符	描　述	运算符	描　述
>	大于	<	小于
> =	大于或等于	&&	逻辑与
= =	等于	‖	逻辑或
! =	不等于	!	逻辑非
< =	小于或等于		

2.3.2　相关知识

2.3.2.1　基本的数学运算

在例 2 − 9 中使用了基本的数学运算符。

【例 2 − 9】　程序代码如下：

```
#include" apdefap. h"
void OnClick (char * lpszPictureName, char * lpszObjectName, char * lpszPropertyName)
    {
    float fValue = 123. 6;
    float fValue = 23. 4;
    float fResAdd;
    float fResSub;
    float fResMul;
    float fResDiv;
    fResAdd = fValue + fValue2; //add;
    fResAdd = fValue − fValue2; //subtract;
    fResAdd = fValue * fValue2; //multiply;
    fResAdd = fValue/fValue2; //divide;
    //output in diagnostics window
    printf ( " \ r \ nExample 1 \ r \ n" );
    printf ( "%1f + %1f = %1f \ r \ n", fValue, fValue2, fResADD);
    printf ( "%1f − %1f = %1f \ r \ n", fValue, fValue2, fResSub);
    printf ( "%1f * %1f = %1f \ r \ n", fValue, fValue2, fResMul);
    printf ( "%1f/%1f = %1f \ r \ n", fValue, fValue2, fResDiv);
    }
```

在第一部分中，定义并初始化两个数据类型为 float 的变量。将数学运算符应用于这两个变量。在第二部分中，另外定义四个数据类型为 float 的变量。这些变量存储执行数学运算的结果。在第三部分中，用数学运算符进行加、减、乘、除运算。这些计算结果通过 printf（）函数在诊断窗口中输出。

2.3.2.2　自增和自减运算符

在例 2 − 10 中使用了自增和自减运算符。

自增和自减运算符既可以用作前缀也可以用作后缀。这两种类型执行相同的动作，也就是使用运算符的变量值增加或减少 1。其区别在于返回值，如果运算符作为前缀，则增加或减少变量值并返回此新值。如果运算符作为后缀，则返回原来的变量值，然后才使变量递增或递减。

```
iValue = + + iCount; //prefix
iValue = iCount + + ; //postfix
```

【例 2 – 10】　按钮的 C 动作的程序代码如下：

```
#include" apdefap. h"
void OnClick (char ∗ lpszPictureName, char ∗ lpszObjectName, char ∗ lpszPropertyName)
    {
    static int stat – iPrefix = 0;
    static int stat – iPostfix = 0;
    printf (" \ r \ nExample 2 \ r \ n");
    //execute operators
    printf (" Prefix operator on first tag;% d \ r \ n, = = stat – iPrefix);
    printf (" Postfix operator on second tag;% d \ r \ n, = = stat – iPostfix + + );
    //check values
    printf (" Value of first tag after execution;% d \ r \ n", stat – iPrefix);
    printf (" Value of second tag after execution;% d \ r \ n", stat – iPostfix);
    }
```

在第一部分中，定义并初始化两个数据类型为 int 的变量，自增运算符作为前缀或后缀应用于这两个变量。这些运算符的返回值通过 printf（）函数在诊断窗口中输出。然后变量内容也通过 printf（）函数在诊断窗口中输出。

2.3.2.3　位运算

在例 2 – 11 中使用了基本的按位运算符。

（1）说明：在例 2 – 11 中，按位运算符应用了两个 WinCC 变量（无符号的 16 位数）的内容。运算的结果存储在另一个相同类型的 WinCC 变量中。应用的运算符由对象按钮 6 控制并同时显示。按位连接 AND、OR、NAND、NOR 和 EXOR 都可用。为每个选项分配一个数值，并将它存储在另一个 WinCC 变量（无符号的 8 位数）中。

（2）按钮的动作：

【例 2 – 11】　按钮的 C 动作的程序代码如下：

```
#include" apdefap. h"
void OnClick (char ∗ lpszPictureName, char ∗ lpszObjectName, char ∗ lpszPropertyName)
    {
    BYTE byOperation;
    DWORD dwValue1;
    DWORD dwValue2;
    DWORD dwResult;
```

```
//read tag values
dwValue = GetTagWord（" V16i - course - op - 1"）;
dwValue2 = GetTagWord（" V16i - course - op - 2"）;
//get desired operation
byOperation = GetTagByte（" V08i - course - op - 1"）;
switch（byOperation）;
｛
    //AND
    case 0：dwResult = dwValue & dwValue2;
          break;
    //OR
    case 1：dwResult = dwValue | dwValue2;
          break;
    //AND
    case 2：dwResult = ~（dwValue & dwValue2）;
          break;
    //NOR
    case 3：dwResult = ~（dwValue | dwValue2）;
          break;
    //EXOR
    case 4：dwResult = dwValue^dwValue2;
          break;
    Default：return;
｝
    //write result
    SetTagWord（" V16i - course - op - 3"，（WORD）dwResult）;
｝
```

在第一部分中，定义一个数据类型为 BYTE 的变量以及三个数据类型为 DWORD 的变量。这些变量用于临时存储 WinCC 变量。在第二部分中，把要连接的两个 WinCC 变量读入变量 dwValue1 和 dwValue2 中。另外，确定按位连接运算符类型的 WinCC 变量将被读入变量 byOperation 中。在第三部分中，根据变量 byOperation 的内容按位连接变量 dwValue1和 dwValue2。连接结果存储在变量 dwResult 中。要执行的连接运算符通过 switch - case 结构来选择。该结构在下面的循环中进行详细描述。在第四部分中，变量 dwResult 包含的连接结果写入相应的 WinCC 变量中。

2.3.2.4　按字节循环移动

在例 2 - 12 中，按位移动运算符用于使 WinCC 变量（无符号的 16 位数）中包含的数值按字节循环移动。也就是说交换高位字节和低位字节。

【例 2 - 12】　按钮的 C 动作的程序代码如下：

```
#include" apdefap. h"
void OnClick（char * lpszPictureName，char * lpszObjectName，char * lpszPropertyName）
```

```
    }
    DWORD dwValue;
    DWORD dwtempValue1;
    DWORD dwtempValue2;
    //read bytes
    dwtempValue1 = dwValue < < 8;
    dwtempValue2 = dwValue > > 8;
    dwValue = dwtempValue1 | dwtempValue2;
    //write result
    SetTagWord ("V16i - course - op - 3", (WORD) dwValue);
    }
```

在第一部分中，定义一个数据类型为 DWORD 的变量。此变量用于临时存储 WinCC 变量。此外，再定义两个类型为 DWORD 的辅助变量。在第二部分中，把要进行处理的 WinCC 变量写入变量 dwValue 中。在第三部分中，变量 dwValue 的各个位向右移动 8 位。然后存储在变量 dwtempValue2 中。此处确定的两个数值按位连接（OR），并且将存储结果存储在变量 dwValue 中。在第四部分中，将变量 dwValue 所包含的循环移动后的变量值写入相应的 WinCC 变量中。

2.3.2.5　数学函数

在例 2 - 13 中使用了默认情况下在 C 语言中可使用的各种数学函数。

【例 2 - 13】　按钮的 C 动作的程序代码如下：

```
#include "apdefap. h"
void OnClick (char * lpszPictureName, char * lpszObjectName, char * lpszPropertyName)
    {
    double dValue = 123. 6;
    int iValue = - 24;
    double dResPow;
    double dResSqrt;
    int iResAbs;
    int iResRand;
    dResPow = pow (dValue, 3);    //power of 3
    dResSqrt = pow (dValue);    //square root
    iResAbs = ads (iValue); //absolute
    iResRand = rand (); //random
    //output in diagnostics window
    printf (\ r \ nExample 5 \ r \ n");
    printf ("% 1f raised to the power of 3 = % 1f \ r \ n", dValue, dResPow);
    printf ("Square root of···if \ t = % 1f \ r \ n;, dValue, dResSqrt);
    printf ("Absolute value of % d \ t = % d \ r \ n;, iValue, iResAbs");
    printf ("A pseudorandom number \ t % d \ r \ n", iResRand);
    }
```

在第一部分中，定义变量。首先调用 pow（）函数，该函数分配两个参数。在本例中，函数的返回值等于 dValue 变量值的三次方。接着调用 sqrt（）函数，此函数的返回值等于传送值的平方根。再接着调用 ads（）函数，此函数的返回值等于传送值的绝对值。然后再调用 rand（）函数。没有参数分配给此函数，它将返回一个随机值作为返回值。这些计算结果通过 printf（）函数在诊断窗口中输出。此输出在下一部分中显示。

其他数学函数，在函数选择中可以在内部函数→c–bib→math 下找到。

任务 2.4　指针

2.4.1　任务分析

（1）使用指针。指针是 C 语言的重要组件。指针是包含地址的变量，通常该地址是另一个变量的地址。定义指针就像定义普通变量一样，但是指针指向的数据类型名称要添加单目字符"＊"，不得将此字符误认为是用与乘法运算的双目运算符"＊"。在以下程序代码中，定义了 int 数据类型的指针变量。

```
Int ∗ piValue;
```

指针的内容没有定义，它仍然指向一个无效的 int 数据类型的变量。为了澄清这一点，在定义指针时应该用实质 NULL 进行初始化，在应用指针前可检查其有效性。程序代码为

```
Int ∗ piValue = NULL;
```

要使指针指向 int 数据类型的变量，必须将变量的地址分配给它。这通过单目运算符来完成。单目运算符又称为地址运算符。此运算符返回变量地址，而不是变量值。在以下程序代码中，将数据类型为 int 的变量的地址分配给指针。

```
PiValue = &iValue;
```

可以通过单目运算符 ＊（也称为内容运算符）来实现对指针所指向的变量值的访问。在以下程序代码中，将指针指向的变量值分配给一个数据类型为 int 的变量。

```
IValue = = ∗ piValue;
```

（2）使用向量。指针和向量密切相关。在以下程序代码中，定义了一个由 5 个 int 数据类型的变量组成的向量。

```
Int iVector [5];
```

向量的各个元素可以通过其下标来访问。在以下所示代码中，访问最后一个向量元素的内容，这通过下标运算符 [ ] 来完成。

```
IValue = iVector [4];
```

向量名也可以作指向第一个向量元素的指针。可通过将此指针移动几个元素来访问某个向量元素。如以下程序代码所示，它通过将指针加上一个 int 数值来完成。结果指针的内容通过内容运算符 ∗ 来访问。同前所示，访问的是最后一个向量值。

```
IValue = ∗ (iVector +4);
```

（3）字符串。在 C 语言中，字符串可以定义为由字符组成的向量或指向字符的指针。除代码字符外，C 语言还在字符串的结尾添加一个空字符。它作为字符串的结束符。在如下所示的程序代码中，定义了两种类型的字符串变量。

```
Char# lpszString = String1;
Char szString [10] = String2;
```

2.4.2　相关知识

2.4.2.1　指针例

在例 2 - 14 中执行基本的指针运算。

【例 2 - 14】　按钮的 C 动作的程序代码如下：

```
#include" apdefap. h"
void OnClick (char * lpszPictureName, char * lpszObjectName, char * lpszPropertyName)
    {
    int iValue1 = 126;
    int iValue2 = 23;
    //declare and initialize pointer
    int * piValue = NNULL;
    printf (" \ r\ nExample 1 \ r\ n");
    printf (" Address:% x \ tValue: undefined \ r\ n", piValue);
    //point at iValue1
    piValue = &iValue1;
    printf (" Address:% x \ tValue:% d \ r\ n", piValue, * piValue);
    //point at iValue1
    piValue = &iValue2;
    printf (" Address:% x \ tValue:% d \ r\ n", piValue, * piValue);
    }
```

在第一部分中，定义并初始化两个数据类型为 int 的变量。在第二部分中，定义一个指向 int 数据类型的变量指针，并用 NULL 对其进行初始化。在第三部分中，通过 printf（）函数输出该指针中包括的地址。当前该指针指向的内容没有定义，此时通过内容运算符 * 访问指针的内容会引起一般的访问违例。在第四部分中，将变量 Ivalue1 的地址赋给指针。通过 printf（）函数再次输出其地址和内容。在第五部分中，将变量 iValue2 的地址赋给指针，并且再次输出结果。

2.4.2.2　向量

在例 2 - 15 中执行基本的向量运算。

【例 2 - 15】　按钮的 C 动作的程序代码如下：

```
#include" apdefap. h"
void OnClick (char * lpszPictureName, char * lpszObjectName, char * lpszPropertyName)
```

```
         {
         //declare and initialize int vector
         int iValue [5]  =  {10, 20, 30, 40, 50};
         int iIndex;
         printf (" \ r\ nExample 2 \ r\ n");
         //access vector elements
         for (iIndex = 0; iIndex + +)
         {
         printf (" Index:% d\ t Value:%d \ t\ n", iIndex, iValue [iIndex]);
         }
         }
```

在第一部分中，定义一个由 5 个 int 数据类型的变量组成的向量。向量在定义时就已用数值进行初始化。在第二部分中，定义 int 数据类型的计数器变量 iIndex。向量的各个元素通过下标运算符 [ ] 来完成。涉及循环的内容在循环中描述。

2.4.2.3　指针与向量

在例 2 - 16 中解释指针与变量之间的关系。

【例 2 - 16】　　按钮的 C 动作的程序代码如下：

```
#include" apdefap. h"
void OnClick (char * lpszPictureName, char * lpszObjectName, char * lpszPropertyName)
         {
         int iValue [] = {10, 20, 30, 40, 50};
         int iIndex;
         int * piElement = NULL;
         printf (" \ r\ nExample 3 \ r\ n");
         //access vis seperate pointer
         //point to the first element
         piELEMENT = &IVALUE [0];
         printf (" Startaddress:% x\ r\ n", piElement);
         for (iIndex = 0; Linder < 5; iIndex + +)
         {
         printf (" Index:% d\ t Value:% d\ r\ n, * (piElement + iIndex));
         }
         printf (" \ r\ n);
         //access without seperate pointer
         printf (" Startaddress:% x| \ r\ n", iValue);
         for (iIndex = 0; iIndex < 5; iIndex + +)
         {
         printf ( "Index:% d\ t Value:%d \ r\ n", iIndex, * (iValue + iIndex));
         }
         }
```

在第一部分，定义一个由 5 个 int 数据类型的变量组成的向量。向量在定义时就已用数值进行初始化。在这种情况下，定义向量时可以省略大小规定。在第二部分中，定义 int 数据类型的计数器变量 index。在第三部分中，为 int 数据类型的变量定义指针 piElement，并用 NULL 进行初始化。在第四部分中，将第一个向量元素的地址赋给指针 piElement。此地址通过 printf（）函数输出。在第五部分中，通过指针 piElement 访问向量各个元素。在一个 for 循环中通过指针指向各个元素，并且通过内容运算符 * 来进行访问。在第六部分中，再次访问向量的各个元素。但是这次将向量名本身作为指针。

2.4.2.4　字符串

在例 2 - 17 中解释对字符串变量的使用。

【例 2 - 17】　按钮的 C 动作的程序代码如下：

```c
#include" apdefap. h"
void OnClick（char * lpszPictureName，char * lpszObjectName，char * lpszPropertyName）
    {
    //declare and initialize string
    char szText [13] = " example text";
    int i;
    printf （" \ r \ nExample 4 \ r \ nCharacters：\ r \ n"）;
    //access single characters
    for （i = 0；i < 12；i + +）
    {
    printf （" [% c]," szText [i]）;
    }
    printf （" \ r \ n"）;//access hole string
    printf （" String：\ r \ n% s \ r \ n", szText）;
    }
```

在第一部分中，定义一个字符串（由 13 个字符组成的向量）。此字符串的长度比分配的初始化字符串多一个字符，以便为结束空字符留出空间。在第二部分中，定义 int 数据类型的计数器变量 i。在第三部分中，通过 printf（）函数输出字符串的各个字符。在 for 循环中通过下标运算符 [ ] 来对这些字符进行访问。在第四部分中，通过 printf（）函数输出整个字符串。

2.4.2.5　WinCC 文本变量

在例 2 - 18 中解释了 C 动作与 WinCC 文本变量之间的关系。

【例 2 - 18】　按钮的 C 动作的程序代码如下：

```c
#include" apdefap. h"
void OnClick（char * lpszPictureName，char * lpszObjectName，char * lpszPropertyName）
    {
    //declare and initialize pointer to string
    char pszText [13] = NULL;
```

```
//get wincc tag value
pszText = GetTagChar ( " TO8i – course – point – 1" );
printf ( " \ r \ nExample 5 \ r \ n" );
//access string
printf ( " string: % s \ r \ nStringLength: % d \ r \ nStartaddress: % x \ r \ n" );
pszText, strlen ( pszText ), pszText );
}
```

在第一部分中，定义一个字符串（指向第一个字符的指针）。用 NULL 初始化此字符串。在第二部分中，通过 GetTagChar ( ) 函数读入 winCC 文本变量的内容。当返回字符串的起始地址时，函数保留字符串所需的内存空间。第三部分中，通过 printf ( ) 函数输出整个字符串。此外，字符串的长度由 strlen ( ) 函数来确定，并且与字符串的起始地址一起输出。

任务 2.5　循环和条件语句

2.5.1　任务分析

只要条件满足，循环可用于重复执行一个代码。通常有两种循环类型：预检查循环和后检查循环。预检查循环在要执行循环的循环体之前进行检查，后检查循环在要执行的循环体后进行检查，因此，后检查循环至少要执行一次。

2.5.2　相关知识

2.5.2.1　循环概述

A　循环语句

循环可以分为以下类型：

（1）while。只要条件满足，就重复执行循环。在本例中，只要变量 i 的值小于 5 就执行循环。whlie 循环的例子如下：

```
int i = 0;
while ( i < 5 )
{
//do something
+ + i;
}
```

（2）do – while。该循环至少执行一次，然后只要条件满足就重复执行。在本例中，只要变量 i 的值小于 5 就执行循环。do – while 循环的例子如下：

```
int i = 0;
do
{
//do something
+ + i;
```

```
}
while (i < 5);
```

（3）for。只要条件满足，就重复执行循环。循环计数器的初始化以及循环计数器的运算过程可以在循环内用公式表示。for 循环的例子如下：

```
int i = 0
for (i = 0, i < 5, i + + )
{
//do something
}
```

B　条件语句

在循环中，只要条件为真，就处理循环体。在条件语句中，如果条件为真，语句只处理一次。

条件语言可以可分为下列类型。

（1）If – else。如果条件为真就处理 if 分支中的语句。如果条件不合适，就执行 else 分支中的语句。如果没有另一个要执行的语句，也可以省略 else 分支。If – else 条件语句的例子如下：

```
If (i < 5)
{
//do something
}
else
{
//do something else
}
```

（2）switch – case。在这种情况下，检查变量是否匹配。switch 指定要检查的变量。程序检查哪一个 case 分支与变量的值一致，然后执行该 case 分支。可以定义任意 case 分支。每个 case 分支必须以 break 结束。可以选择插入 default 分支。如果要检查的变量的值与任何 case 分支都不一致，则执行此分支。switch – case 条件语句的例子如下：

```
switch (i)
{
case 0：//do something
break;
case 1：//do something
break;
default；//do something default
break;
}
```

2.5.2.2　while 循环

在例 2 – 19 中，解释 while 循环的应用。

【**例 2 - 19**】　按钮的 C 动作的程序代码如下：

```
#include "apdefap. h"
void OnClick (char * lpszPictureName, char * lpszObjectName, char * lpszPropertyName)
    {
        //loop Count
        int iCount = 0;
        printf (" \ r\ nExample 1 \ r\ n");
        //while (iCount < 5)
        {
        //do something
        printf (" Executed loop: iCount = % d \ r \ n", iCount);
        + + iCount;
        }
        printf (" Exit lop: iCount = % d \ r \ n", iCount);
    }
```

在第一部分中，定义并初始化 int 数据类型的计数器变量 iCount。接着，编写 while 循环。只要计数器变量 iCount 的值小于 5，就执行该循环。每次执行该循环时，通过 printf（）函数进行输出。在循环结束时，计数器变量 iCount 增加 1。

2.5.2.3　do - while 循环

在例 2 - 20 中，解释 do - while 循环的应用。

【**例 2 - 20**】　按钮的 C 动作的程序代码如下：

```
#include" apdefap. h"
void OnClick (char * lpszPictureName, char * lpszObjectName, char * lpszPropertyName)
    {
        //loop count
        int iCount = 0;
        printf (" \ r\ nExample 2 \ r\ n");
        //do - while loop
        do
        {
        //do something
        printf (" Executed loop: iCount = % d \ r \ n", iCount);
        + + iCount;
        }
        while (iCount < 5);
        printf (" Exit loop: iCount = % d \ r \ n", iCount);
    }
```

在第一部分中，定义并初始化 int 数据类型的计数器变量 iCount。接着，编写 do - while 循环。只要计数器变量 iCount 的值小于 5，就执行该循环。条件只有在执行循环以后才检查，所以该循环至少执行一次。每次执行循环时，通过 printf（）函数进行输出。在循环结束时，计数器变量 iCount 增加 1。

2.5.2.4　for 循环

在例 2 - 21 中，解释 for 循环的应用。

【例 2 - 21】　按钮的 C 动作的程序代码如下：

```
#include" apdefap. h"
void OnClick（char * lpszPictureName，char * lpszObjectName，char * lpszPropertyName）
    {
    //loop count
    int iCount = 0;
    printf（" \ r \ nExample 3 \ r \ n"）;
    //for loop
    for（iCount = 0; iCount < 5; iCount + +）
    {
    //do something
    printf（" Exected loop：iCount = % d \ r \ n"，iCount）;
    }
    printf（" Exit loop：iCount = % d \ r \ n"，iCount）;
    }
```

在第一部分中，定义并初始化 int 数据类型的计数器变量 iCount。接着，编写 for 循环。只要计数器变量 iCount 的值小于 5，就执行该循环。计数器变量的初始化直接编写在循环的调用中，如同使计数器变量递增的动作一样。每次执行循环时，通过 printf（）函数进行输出。

2.5.2.5　无限循环

在例 2 - 22 中，解释无限循环。在大多数情况下，这些循环是由于编程错误而无意识创建的，其循环条件始终保持为真。然而，也可以有意识地应用它们。在这种情况下，必须利用其他方式实现循环的终止，即通过 break 语句。

【例 2 - 22】　按钮的 C 动作的程序代码如下：

```
#include" apdefap. h"
void OnClick（char * lpszPictureName，char * lpszObjectName，char * lpszPropertyName）
    {
    //max loop executions
    #define MAX_COUNT 1000000;
    //loop count
    int iCount = 0;
    int iProgressBar = 1;
    char szProgressText［5］;
    //endless loop
```

```
//another possible loop while (TRUE) {…}
for (;;)
{
if (iCount > MAX_COUNT)
{
break;
}
++iCount;
if (iCount - (iProgressBar * MAX - COUNT/100)! =0)
{
continue;
}
//set value of progress bar
SetWidth (lpszPictureName. " ProgressBar", (int) (iProgressbar * 2.7));
//set progress text
sprintf (szProgressText,"% d%%", iProgressBar);
SetText (lpszPictureName," ProgressText", szProgressText);
++iProgressBar;
}
}
```

在第一部分中，定义符号常量 MAX_COUNT。该常量代表以下无限循环最多执行的次数。在第二部分中，定义并初始化 int 数据类型的计数器变量 iCount。当前循环执行的次数要通过进程显示来表示，该显示由一个棒图组成，其长度包含变量 iProgressBar 和静态文本，其内容包含字符串变量 szProgressText。接着，编写无限循环，该循环也可以利用 while (TRUE) 语句公式化。在该循环中，检查计数器变量 iCount。如果该变量超过 MAX_COUNT 的值，则通过 break 语句退出循环。计数器变量 iCount 将递增。

进程显示表示循环已执行的百分比。对于每次达到新的百分比，都再次设置进程显示的始终。如果还没有达到新的百分比，则立即再次通过 continue 语句循环，并且跳过剩余的行。进程显示的数值通过用 SetWidth () 函数设置棒图 ProgressBar 的宽度以及用 SetText () 函数设置静态文本 ProgressText 的文本进行设置。使用的文本用 sprintf () 函数来组态。该函数遵循 printf () 的原理。然而，该文本不通过全局脚本诊断窗口输出，而是写入字符串变量。此字符串变量必须定义为函数的第一参数。

2.5.2.6　if - else 语句

在例 2 - 23 中，解释 if - else 语句的应用。

【例 2 - 23】　按钮的 C 动作的程序代码如下：

```
#include" apdefap. h"
void OnClick (char * lpszPictureName, char * lpszObjectName, char * lpszPropertyName)
{
BYTE byValue;
```

```
//get value it check
byValue = GetTagByte（"V08i－course－loop－1"）;
printf（"\r\nExample 5\r\n"）;
if（byValue <5）
{
//do something
printf（"byValue <5\r\n"）;
}
else
//do something
printf（"byValue > =5\r\n"）;
}
```

在第一部分，定义一个 BYTE 数据类型的变量 byValue。在该变量中，存储 WinCC 变量的内容。在第二部分，使用 GetTagByte（）函数将 WinCC 变量的内容读入变量 byValue 中。在第三部分，编写 if－else 语句。这个语句根据变量 byValue 的内容通过 printf（）函数输出。

2.5.2.7　switch－case 语句

在例 2－24 中解释 switch－case 语句的应用。

【例 2－24】　按钮的 C 动作的程序代码如下：

```
#include"apdefap.h"
void OnClick（char * lpszPictureName, char * lpszObjectName, char * lpszPropertyName）
{
BYTE byValue;
//get value it check
byValue = GetTagByte（"V08i－course－loop－1"）;
printf（"\r\nExample 6\r\n"）;
switch（byValue）
{
case 0: //do something
printf（"byValue =0\r\n"）;
break;
case 1: //do something
printf（"byValue =1\r\n"）;
break;
case2:
case3:
case 4: //do something
printf（"byValue =2, 3or4\r\n"）;
break;
default: //do something
printf（"byValue =2, 3or4\r\n"）;
```

```
    break;
    }
  }
```

在第一部分中，定义 BYTE 数据类型的变量 byValue。在该变量中存储 WinCC 变量内容。在第二部分中，用 GetTagByte（）函数将 WinCC 的变量的内容读入变量 byValue 中。接着，编写 switch – case 语句。此语句根据变量 byValue 的内容，通过 printf（）函数进行输出。对于要检查的变量的几个不同实质，如果要执行相同的语句，则相应的 case 分支必须相互排列在一起，要执行的语句在最后一个 case 分支中编写。

任务 2.6　函数

2.6.1　任务分析

函数可以使程序代码构造得更好。对于经常重复的语句，不必一次又一次地进行编写，它们可以移入一个函数。这样会形成一个编辑程序代码的中央单元，从而易于维护。在 WinCC 中，函数可以创建为项目函数或标准函数。可以向函数传送数值，函数根据这些数值将执行相应的语句。这些数值可以用多种不同的方法进行传送，常数、变量可以传送，只是将变量的数值传递给函数。函数不可以访问变量本身。指针可以传送，这使得函数可以访问指针的变量。向量和结构只能通过指针分配给函数。

返回值：函数可以只执行语句而不返回数值。如果是这样，则返回值的数据类型为 void。但如果是执行计算，则确定的数值可以通过返回值返回给函数的调用者。如果是这样，则可以返回数值或其他地址。把数值返回给调用者的另一个选择是将其写入传递的地址区域。向量或结构只能用这种方式来返回。

2.6.2　相关知识

2.6.2.1　数值参数的传递

本节将创建一个简单函数，用来计算三个数的平均值。参数以数值的形式传递给函数，结果也以数值的形式返回。

项目函数 MeanValue（）

```
  double MeanValue（double dValue1，double dValue2，double dValue3）
  {
  double dMeanValue;
  dMeanValue = （dValue1 + dValue2 + dValue3）/3;
  return dMeanValue;
  }
```

在函数标题内，将函数的名称指定为 MeanValue（），将三个 double 数据类型的变量传送给函数。返回的也将是一个 double 数据类型的变量。接下来，将定义一个 double 数据类型的变量，将返回的值存储在该变量中。对所传送的三个值进行累加，然后将结果除以

3 得该返回值。通过 return 语句，将结果返回给函数的调用者。

【例 2 - 25】 数值参数传递应用举例。程序代码如下：

```
#include" apdefap. h"
void OnClick (char * lpszPictureName, char * lpszObjectName, char * lpszPropertyName)
        {
        double dValue = 126. 2;
        double dValue = 23. 9;
        double dValue = 45. 7;
        double dMeanValue;
        //calculate mean value;
        dMeanValue = MeanValue (dValue1, dValue2, dValue3);
        //output into diagnostics window
        printf (" \ r\ nExample 1 \ r\ n");
    printf (" The mean value of %1f,%f and %1f = %1f\ r\ n", dValue1, dValue2, dValue3 dMeanValue);
        }
```

在第一部分中，对 double 数据类型的三个变量进行了定义，并进行了初始化。同时，计算这三个变量的平均值。定义另一个 double 数据类型的变量来存放该计算结果。使用先前创建的函数 MeanValue () 来计算所传送变量的平均值。通过 printf () 函数将此计算结果输出。诊断窗口的输出结果如下：

example1
the mean value of 126. 2, 23. 9and 45. 7 = 65. 3

2.6.2.2 所传送地址域的写入

在本例中，将创建一个简单函数，该函数用随机数来填充任意长度的向量。向量的地址及其长度均传递给函数。如果通过一个 BOOL 类型的变量能够成功地执行该动作，则该函数将以返回值的形式显示。

```
项目函数 FillVector ()
    BOOL FillVector (int * piVector, DWORD dwSize)
    {
    int i;
    //check received pointer
    if (piVector = = NULL)
    {
    return FALSE;
    }
    //fill vector
    for (i = 0, i < dwSize; i + +)
    {
    piVector [i] = rand ();
    }
```

```
    return TRUE;
    }
```

在函数标题内，将函数的名称指定为 FillVector（），指向 int 数据类型变量的指针将传递给该函数。该函数指针指向所期望的向量的第一个元素。另外，向量的长度也将传递给该函数。返回一个 BOOL 数据的变量，用来说明是否成功地执行了该函数。接下来，将定义一个 int 数据类型的计数器变量。接着，对所传送的指针进行检查。函数调用者则负责传送正确的向量长度。如果传送了不正确的值，将可能导致一个常规的访问冲突。使用 for 循环，rand（）函数用随机数对被传送的向量的元素进行填充。

【例 2 – 26】　　所传送地址域的写入应用举例。程序代码如下：

```
#include" apdefap. h"
void OnClick（char * lpszPictureName，char * lpszObjectName，char * lpszPropertyName）
    {
    #define VECTOR_SIZE 5
    //define int vector
    int iVector [VECTOR_SIZE];
    int i;
    printf（" \ r \ nExample 3 \ r \ n"）;
    //fill vector
    if（FillVector（iVector，VECTOR_SIZE）＝＝FALSE）
    {
    printf（" Error in FillVector \ r \ n"）;
    return;
    }
    printf（" Vector Elements"）;
    for（i＝0；i < VECTOR_SIZE；i＋＋）
    {
    printf（" [％d]"，iVector [i]）;
    }
    printf（ " \ r \ n"）;
    }
```

在第一部分中，定义了一个用于向量元素目的符号常量 VECTOR_SIZE，接下来，将定义一个向量 iVector，它由 int 数据类型的 VECTOR_SIZE 变量所组成。使用先前所创建的 FillVector（）函数，可用随机数来填充所传送的 iVector 向量的元素。在调用 FillVector（）函数时对其返回值进行校验可借助于 if 语句。iVector 向量的各个元素可通过 printf（）函数来输出。

诊断窗口中的输出结果如下：

Example 3

Vavtor Elements：[18467] [6334] [26500] [19169] [15724]

2.6.2.3　结果地址的返回

在本例中，将创建一个简单函数，该函数将使用随机数来填充向量。所期望向量的长度将作为一个参数传递给该函数。作为返回值，函数将提供创建向量的第一个元素的地址。

```
项目函数 GetFilledVector ( )
    int * GetyFilledVector ( DWORD dwSize )
    {
    int * piVector = NULL;
    int i;
    //allocate memory for vector
    piVector = SysMalloc ( sizeof ( int ) * dwSize );
    //check return value of SysMalloc ( )
    if ( piVector = = NULL)
    {
    return NULL;
    }
    //fill vector
    for ( i = 0; i < dwSize; i + + )
    {
    piVector [ i ] = rand ( );
    }
    return piVector;
    }
```

在函数标题内，将函数的名称指定为 GetFilledVector ( )，将所创建的向量的元素数目传送给函数。指向 int * 数据类型的第一个向量元素的指针将返回。接下来，定义一个 piVector 指针，该指针用于 int 数据类型的变量，并可使用 NULL 对其初始化。接着，定义一个 i 计数器变量，该变量为 int 数据类型。必须为该向量保存足够的存储空间，这可由内部函数 SysMalloc ( ) 来保证。对于该函数，所传送的期望的存储块大小可通过 int 数据类型的变量所需要的存储空间乘以所期望的向量元素的数目来计算。如果可用的存储空间不够，则该函数将返回所保留的存储块的地址或 NULL。

接下来，对 SysMaLLoc ( ) 函数发出的地址进行校验。如果没有足够的存储空间可供使用，则函数终止，并返回 NULL。使用 for 循环可利用 rand ( ) 函数，用随机数对向量的元素进行填充。通过 return 语句，将所创建的向量的地址返回给函数的调用者。

【例 2 - 27】　结果地址的返回应用举例。程序代码如下：

```
#include" apdefap. h"
void OnClick ( char * lpszPictureName, char * lpszObjectName, char * lpszPropertyName)
    {
    #define VECTOR_SIZE 5
    //declare pointer to save address of int vector
    int * piVector = NULL;
```

```
int i;
printf ( " \ r \ nExample 4 \ r \ n" );
//get address of filled vector
piVector = GetFilledVector ( VECTOR_SIZE );
if ( ipVector = = NULL )
{
printf ( " Vector Elements:" );
for ( i = 0; i < VECTOR_SIZE; i + + )
{
printf ( " [ % d]", iVector [ i ] );
}
printf ( " \ r \ n" );
}
}
```

在第一部分中，定义一个用于向量元素数目的符号常量 VECTOR_SIZE，接下来，将定义一个 piVector 指针，该指针用于 int 数据类型的变量，并使用 NULL 对其初始化。接着，还定义一个 i 计数器变量，该变量为 int 数据类型。使用先前所创建的函数 GetFillVector ()，可创建一个用随机数填充的向量，其地址则存储在 piVector 指针中。于是，可对 GetFillVector () 函数的返回值的有效性进行诊断检查。所创建向量的各个元素均通过 printf () 函数输出。

诊断窗口中的输出结果如下：

Example 4
Vector Elements: [11478] [29358] [26962] [24464] [5705]

任务 2.7　项目环境

2.7.1　任务分析

在很多情况下，编制 C 动作或其他函数均需要对文件路径、本地计算机名称等进行详细说明。然后，根据当前环境，将这些值指定为绝对值。如果将项目传送给另一台计算机，则可能会出现问题。这里所遭遇的环境完全不同于创建系统中的环境。因此，建议不要使用绝对路径进行说明，在创建一个项目时，尤其如此。子运行系统中应用确定这类信息。本节所包含的例子说明了如何访问与本地计算机的环境相关的信息。为此，将使用 WinCC API 和 Windows API。

2.7.2　相关知识

2.7.2.1　项目文件的确定

【例 2 – 28】　　本例概述了 WinCC 项目中的项目文件的确定过程。程序代码如下：

```
#include" apdefap. h"
```

```
void OnClick （char ＊ lpszPictureName，char ＊ lpszObjectName，char ＊ lpszPropertyName）
    |
    BOOL bRet；
    Char szProjectFile ［_MAX_PATH + 1］；
    CMN_ERROR Error；
    //get the project file ＊. Ncp
    bRet = DMGetRuntimeProject （szProjectFile. _MAX_PATH + 1. &Error）；
    //check return value
    if （bret = = FALSE）
    |
        printf （" \ r \ nError in DMGetRuntimeProject （） \ r \ n"," \ t% s \ r \ n"，
        Error. szErrorText）；
        return；
    | //display project file
    printf （" \ r \ nProjectFile： \ r \ n% s \ r \ n"，szProjectfile）；
    |
```

在第一部分中，定义了一个数据类型为 BOOL 的 bRet 变量。将定义一个 szProjectFile 字符串变量，用于接受项目名称。将该变量的长度设置为可容纳（存储）最长的路径说明。接下来，定义一个 CMN – ERROR 数据类型的变量。通过 API 函数 DMGetRuntimeProject（）确定项目名称，该项目名称将存储在 szProjectFile 变量中。第二个参数中确定了为项目名称所保留的存储空间的大小。在第三个参数中指定了错误结构的地址。如果不需要任何出错信息，则可传送 NULL。接着，检查 API 函数 DMGetRuntimeProject（）的返回值。最后，将已确定的项目文件名称在诊断窗口中输出。

本节中描述的例子在诊断窗口内生成下列输出：

```
ProjectFile：
\\ ZIP_WS5 \ WinCC50 – Project – C – Course \ Project – c – Course. MCP.
```

2.7.2.2　确定用户名

【例 2 – 29】　本例概述了确定当前登录 Windows NT 的用户的过程。程序代码如下：

```
#include" apdefap. h"
void OnClick （char ＊ lpszPictureName，char ＊ lpszObjectName，char ＊ lpszPropertyName）
    |
    #pragma code （" advapi32. DLL"）；
    BOOL GetUserNameA （LPSTR UserName，LPDVORD pdwSize）；
    #define UNLEN 256
    #pragma code （）；
    BOOL bRet = FALSE；
    Char szUserName ［UNLEN + 1］；
    DWORD dwSize = UNLEN + 1；
    bRet = GetUserNameA （szUserName，&dwSize）；
```

```
        //check return value
        if (bRet = = FALSE)
        {
            printf (" \ r\ nUserName: \ r\ nUnknown User \ r\ n");
            return;
        } //display project file
        printf (" \ r\ nUserName: \ r\ n% s \ r\ n", szUserName);
    }
```

在第一部分中，集成 Windows DLL advapi32。由于只需要 DLL 的一个函数，因此直接声明该函数。此外，还定义一个符号常量，用于记录用户名的最大长度。定义并初始化一个 BOOL 数据类型的变量 bRet，然后，定义一个字符串变量 szUserName，用于接受用户名。此外，还定义一个 DWORD 数据类型的变量，并用先前所定义的字符串变量的长度对其进行初始化。通过 Windows 函数 GetUserNameA（）确定当前登录到 Windows NT 上的用户名，该用户名被写入所传送的字符串 szUserName 中。检查 Windows 函数 GetUserNameA（）的返回值。最后，输出已确定的用户名。

任务 2.8　WinCC 的编辑器

2.8.1　任务分析

在 C 语言中，不管其内容如何，文件总是作为字符集显示。在 C 动作或另一个函数中使用一个文件之前，必须先将文件打开。如果该文件使用结束，则应该将其关闭。文件用 fopen（）函数来打开。在如下所示的程序代码中，显示了 fopen（）函数的应用。

```
FILE * pFile = NULL;
pFile = fopen (" C: \\ Test. txt"," r");
```

为了能够使用文件，必须定义一个指向该文件的指针。为此，可使用 FILE * 数据类型。如果文件打开失败，则 fopen（）函数返回指向所打开文件的指针或 NULL。具有路径说明的要打开文件的名称必须作为第一个参数传递给 fopen（）函数。打开文件所使用的模式（例如用于读）作为第二个参数传递给函数，可以为模式指定的值见表 2 – 6。

在文件使用结束之后，应该将其关闭，文件用 fclose（）函数来关闭。在如下所示的程序代码中，显示了 fclose（）函数的应用，将指向要关闭的文件指针传送给该函数。

```
fclose (pFile);
```

要写文件，可使用与 printf（）函数相类似的函数，它就是 fprintf（）函数。fprintf（）函数的应用与 printf（）函数的应用遵循同一原理。但是，它输出到该文件，而不是输出到全局脚本诊断窗口。函数将指向该文件的指针作为第一个参数。在如下所示的程序代码中，显示了 fprintf（）函数的应用。

```
fprintf (pFile"% d \ r\ n% f \ r\ n" iValue, dValue);
```

表 2 − 6　模式及描述

模　式	描　　　述
r	打开文件进行读。如果文件不存在或没有读取权限，只返回值为 NULL
w	打开文件进行写。如果文件不存在或没有写入权限，则返回值为 NULL
a	打开文件，向文件末尾添加数据。如果文件不存在，则创建文件。如果不能创建文件或不能写入文件，则返回值为 NULL
r +	打开文件进行读和写。如果文件不存在或没有文件的读取与写入权限，则返回值为 NULL
w +	创建一个文件进行读写，如果文件已经存在，则将删除该文件。如果没有进行这些动作的权限，则返回值为 NULL
a +	打开文件，进行读或文件末尾添加数据。如果文件不存在，则创建文件。如果没有该文件的读取和写入权限，则返回值为 NULL

要读文件，可使用 fscanf（）函数。fscanf（）函数在结构上与 fprintf（）函数完全相同。然而，它不是指定其值要写入文件的变量，而是指定要将文件内容写入其中的变量的地址。

2.8.2　相关知识

2.8.2.1　保护数据

【例 2 − 30】　本例将说明如何将数据写入文件中。首先从 WinCC 变量中读取要写入的数据。程序代码如下：

```
#include" apdefap. h"
void OnClick（char ∗ lpszPictureName, char ∗ lpszObjectName, char ∗ lpszPropertyName）
    {
    FILE ∗ pFile = NULL;
    Char szFile [ _MAX_PATH + 10];
    Int iData;
    Float fData;
    //get project path
    if（GetProjectPath（szFile） = = FALSE）
    {
      printf（" \ r \ nError in GetProjectPath（）\ r \ n"）;
        return;
    }
    //create file name
    strcat（szFile," Data. txt"）;
    //open or create file to write
    pFile = fopen（szFile," N + "）;
    //check return value of fopen（）
    if（pFile = = NULL）
      {
```

```
        printf ("\ r\ nError in fopen () \ r\ n");
            return:
    }
    //get data to write
    iData = GetTagSDWord (" S32i_course_file_1");
    fData = GetTagfloat (" F32i_course_file_1");
    //write data
    fprintf (pFile. "% d\ r\ n% f\ r\ n", iData, fData);
    //output in diagnostics windov
    printf (" \ r\ nData vritten in file: \ r\ n\ t% d\ r\ n\ t% f\ r\ n", iData, fData);
    }
```

在第一部分中，定义所需的变量。其中，定义并初始化了一个 FILE * 类型的变量。通过项目函数 GetProjectPath () 确定项目路径。通过 strcat () 函数编辑所要创建的文件路径。该文件路径传送给 fopen () 函数。通过该函数，可打开或创建所期望的文件，从 WinCC 变量内读取所要写入的数据。

通过 fprintf () 函数，将数据写入文件中。然后再将文件关闭。

2.8.2.2　读取数据

【例 2 - 31】　　本例将说明如何从文件中读取数据，将读取的数据写入 WinCC 变量中。程序代码如下：

```
#include" apdefap. h"
void Onclick (char * lpszPictureName, char * lpszObjectName, char * lpszPropertyName)
    {
    FILE * pFile = NULL;
    char szFile [_MAX_PATH + 10];
    int iData;
    float fData;
    //get project path
    if (GetProjectPath (szFile) = = FALSE)
    {
        printf (" \ r\ nError in GetProjectPath () \ r\ n");
        return;
    }
    //create file name
    strcat (szFile," Data. txt");
    //open file to read
    pFile = fopen (szFile," r +");
    //check return value of fopen ()
    if (pFile = = NULL)
    {
        printf (" \ r\ nError in fopen () \ r\ n");
```

```
          return;
    }
    //read data
    fscanf (pFile." \ r\ n%f\ r\ n", &iData, &fData);
    fclose (pFile);
    //set data
    SetTagSDWord (" S32i_course_file_1", iData);
    SetTagFloat (" F32i_course_File_1", fData);
    //output in diagnostics window
    printf (" \ r\ nData read from file: \ r\ n\ t%d\ r\ n\ t%f\ r\ n", idata, fData);
    }
```

在第一部分中，定义所需的变量。其中，定义并初始化了一个 FILE * 类型的变量。通过项目函数 GetProjectPath（）确定项目路径。通过 strcat（）函数编辑所要打开的文件的路径。将该路径传送给 fopen（）函数。使用该函数，可打开要读取的期望文件。通过 fscanf（）函数，从文件中读取数据，然后再将文件关闭。

学习情景 3　组态软件项目管理

任务 3.1　组态项目实例的规定

3.1.1　任务分析

制定用于组态项目实例的规定。创建用户自己的项目时，这些规定可以作为模板类型使用。在大多数 WinCC 的编辑器中，可以将某些属性设置为默认值。因此，WinCC 支持用户组态的特定样式，从而能为指定的任务进行最优化的组态。

3.1.2　相关知识

3.1.2.1　WinCC 项目名称

项目名称作为文件夹的默认名称，WinCC 项目中的所有数据都存储在该文件夹中，但可以在创建项目初期或以后改变文件夹名称（从 Windows Explorer 中）。除一些特殊字符（例如 \ ？' . ；：/）之外，文件夹名称允许使用所有的字符。还允许使用数字 0~9。

A　变量名称

变量名称可以多于 8 个字符。但应尽量避免太长的名称。分配变量名称时应严格按照规则进行，因为在组态时，变量管理器的结构对于确保在运行时快速而有效地组态和高性能处理至关重要。在定义变量名称之前，需要考虑一些与 WinCC 中变量管理器的结构有关的特殊字符。创建组态能影响组态时变量在变量管理器中的显示方式。组态名称将影响变量名称的唯一性。用于 WinCC 项目的变量名称必须是唯一的。系统将检验其唯一性。WinCC 可以帮助用户用不同的方法选择变量，例如通过按列排序（名称、创建日期等）或通过使用过滤器。如果变量名称还包含了其他信息，这对用户将非常有用。

B　画面名称

如果想要在脚本或外部程序中寻址画面，则使用固定的画面名称会非常有用。但是，也需要考虑如何确定画面名称的长度。太长的名称（文件名）不容易识别（列表框中的选择、脚本中的调用等）。根据经验表明，长度最好不超过 28 个字符。画面名称应遵守以下限制条件：（1）最大长度为 255 个字符；（2）不使用某些特殊字符（例如/ " \ ：?）；（3）画面名称中的字母不区分大小写。

3.1.2.2　脚本和动作

可以在 WinCC 项目中创建自己的脚本和动作。分配的名称应具有一定含义，这样在以后使用脚本时会比较方便。在全局脚本编辑器中组态时，使用比例字体可能会带来麻烦。因此，选择宽度为常数字符的字体（例如 Courier）较容易读取。应为脚本配上恰当的注释，便于帮助理解而且花费的时间不多。

3.1.2.3 　用户界面

非常仔细地建立用户界面极为重要。在图形编辑器中创建的所有对象画面将显示在用户工作空间的画面上。所创建的画面是机器和用户之间的唯一界面，也是操作员（客户）每天查看的画面。

画面显示系统中，设备当前状态的信息通过显示画面单独呈现给用户，因此界面画面显示必须尽可能地提供全面的以及容易理解的信息。WinCC 能够根据用户的要求准确地组态用户界面。可根据使用的硬件、处理要求和已有的规定来设置自己特定的用户界面。

组态用户界面时，最需要关注的是用户，因为组态毕竟是为用户服务的。如果能成功而又清楚地提供给用户所需要的信息，则会提高产品质量和减少故障。同时还能简化必要的维护工作。

（1）用户需要获得尽可能多的信息。使用这些数据作为基础，用户能够作出重要决定以保持过程以高质量运行。用户主要的工作不仅是对报警作出响应（此过程在这里已经不需要考虑），而是运用其经验、过程知识和操作系统提供的信息来预知过程发展的方向。用户应该能够在不规则事件发生前进行阻止。WinCC 提供了有效编辑和向用户显示这类信息的可能。

当确定应集成到画面的信息量时，为达到平衡，需要权衡以下两方面情况：

1）如果画面包含的信息太多，读取信息就会有困难，而且信息的搜索可能会花费较多的时间，用户发生错误的概率也会随之增加。而且，画面中包含的信息太多会令初学者感到困惑，不能确定应该怎么做，他们可能找不到正确的信息或不能及时找到信息。

2）如果画面包含信息太少，将会增加用户的工作量。用户可能会找不到过程，只能频繁地切换画面以找到所需信息。这样会导致延迟响应、控制输入以及过程控制的不稳定。调查显示，有经验的用户希望每个画面中包含尽可能多的信息，从而不需要经常切换画面。

（2）显示的信息应该重要并容易理解。可以在某段信息（例如测量点标识符）不需要时将其隐含。显示信息模拟量数值时，可以用数字化的指针仪表来表示，数值的图形表达（例如指针仪、棒图……）可以使用户更容易、快捷地识别和掌握信息，且画面中包含的重要信息应总能立即识别出，因此颜色对比度的运用至关重要。

人眼识别颜色的速度要比识别文本快。使用颜色编码能够非常快速地建立各种对象的当前状态，但是必须建立并始终遵循颜色编码图表，用来显示项目状态的统一颜色必须采用统一的习惯标准。

为使文本更易于阅读，应该遵守如下一些简单的规则：

1）文本的大小必须与文本中所包含信息的重要性相匹配，而且需要考虑用户与屏幕之间的距离。

2）先使用小写字母。虽然大写字母在较远距离时也能阅读，但小写字母要比大写字母少占空间并易于读取。

3）水平文本比垂直或斜置文本更易于读取。

4）不同的信息类型使用不同的字体（例如测量点名称、注释等）。

无论决定使用什么概念，都要坚持让它贯穿整个项目。这样，就可以对过程画面进行直观控制，用户错误就会较少发生，这也同样适用于所使用的对象。例如，无论是在什么画面中，所绘制的电动机或泵总是一样的。

如果使用的是标准的 PC 监视器，则将画面分为三部分：总览部分、工作空间部分以及按钮部分。如果在特殊工业 PC 上或具有集成功能键的操作面板上运行应用程序，则对画面内容进行分割的方法并不一定适用。屏幕分成总览、按钮和空间画面三部分，各个画面的大小可以根据需要在固定范围内设置（最小 1×1 像素，最大 4096×4096 像素）。如果单用户系统使用 17″监视器，则推荐使用的最大分辨率为 1024×768 像素；对于多用户系统（多台 VGA），常会使用较高的分辨率。

3.1.2.4　控制概念

用户使用常用的输入设备（如键盘、鼠标、触摸屏或工业操作杆）可以在 WinCC 下控制过程应用程序。如果计算机处于极个别不能使用的工业环境中，则可以组态 tab 顺序和 alpha 光标。通过 tab 顺序在可控制领域之间移动，通过 alpha 光标在输入域之间移动，可以锁定每个控制操作以防止未经授权的访问。

选择画面的概念取决于多个因素，最主要的因素是显示的画面数和过程结构。在较小的应用程序中，可将画面设计为循环或 FIFO 缓冲器。如果运行大量画面，则必须设计一个合理的结构体系来打开画面。结构体系使过程容易理解、能够简便地处理和提供信息并且快速访问详细信息。通常频繁使用的结构体系主要由三个层面组成：（1）层面 1 是总览画面，该层面主要包含不同的系统部分在系统中所显示的信息以及如何使用这些系统部分协同工作，还显示在较低层面是否有事件（消息）发生；（2）层面 2 是过程画面，该层面包含指定的过程部分的详细信息，并显示哪个设备对象属于该过程部分，该层面还显示了报警对应的设备对象；（3）层面 3 是详细画面，该层面提供各个设备对象的信息，例如控制器、阀、电动机等，并显示消息、状态和过程值。如果合适，则还包含与其他设备对象交换的信息。

3.1.2.5　更新周期和用户权限

A　更新周期

当确定更新周期时，始终要从整体上考虑系统，需要考虑更新什么以及更新几次。不恰当的更新周期对 HMI 系统的性能具有反作用。当着眼于整个系统时（PLC - 通信 - HMI），可以在过程中（PLC）检测到改变的发生。在大多数情况下，总线系统是数据传输的瓶颈。当指定测量值的更新模式时，需要关注测量实际改变的速度。例如，对于容量为 5000L 的锅炉的温度控制，则以 500ms 的时间间隔进行实际值的更新是毫无意义的。由于 WinCC 是基于 Windows NT 的 32 位 HMI 系统，该操作系统已为事件驱动的控制操作进行优化，所以如果组态 WinCC 时考虑上述因素，则即使在处理大量的数据时都不会有性能方面的问题。

B　用户权限

当操作设备时，需要保护某些操作员功能以防止未经授权的访问。进一步的要求是只有专门的人员才可以访问组态系统。可以指定用户和用户组，并在用户管理员中定义各种授权等级，这些授权等级可以连接到画面中的控制元素。可以分配基于个人的不同授权等级的用户组和用户。

3.1.2.6 报警

位消息步骤可以是任何自控系统报告的通用步骤。WinCC 监控所选择的二进制变量的信号边缘变化并产生消息事件。序列报表要求自控系统本身能够生成消息并以预定义格式向 WinCC 发送可能带有时间标志和过程值的消息。通过消息的操作步骤可以给来自不同自控系统的消息序列排序。当指定要报告所有事件和组态时，大多数人会根据其认为最安全的方式进行操作，设置软件来报告所有事件和状态改变。这样就要由用户来确定其首先要看的消息。如果在设备中报告的事件太多，则经验告诉我们只选择重要的消息，避免有的消息来不及查看。

3.1.2.7 关于执行过程

执行项目时使用固定的结构来存储数据是特别有用的，在包含相关子文件夹的一个文件中存储项目的所有数据，这样在处理项目时具有优势，在备份数据时更是如此。指定文件夹时，除由 WinCC 创建的文件夹外，可根据需要为 Word、Excel 和临时文件创建其他的文件夹。

任务 3.2 用 WinCC 组态时的特性

3.2.1 任务分析

在组态软件中怎样设置更新周期和理解有关更新周期应用的信息。

3.2.2 相关知识

3.2.2.1 怎样设置更新周期

指定更新周期是在可视化系统中执行的最重要的设置步骤之一。设置将影响下列属性：画面结构，可视化站（图形编辑器）上当前打开的画面中的对象更新，后台脚本（全局脚本）的处理，数据管理和过程通信的激活，当测量值根据归档次数处理（变量记录）时设置其他的时间变量。

当前的变量值由数据管理（变量管理的主要管理器）根据设置的更新周期来请求。数据管理通过通信通道获得新过程数据，然后将这些数值提供给应用程序。

更新画面中对象的各个属性指的是打开画面之后已经动态化的对象。更新周期的任务是建立画面中特定对象的当前状态。组态人员或系统可以为下列动态类型设置动态化对象的更新周期：

（1）组态对话框：变量触发 2s 或事件触发（例如控件），自定义时间周期。

（2）动态向导：可以根据动态类型选择（事件触发、时间周期、变量触发），自定义时间周期、事件或变量。

（3）直接连接：事件触发。

（4）变量连接：变量触发 2s，自定义时间周期。

（5）动态对话框：时间周期 2s，自定义时间周期、变量触发器。

（6）关于属性的 C 动作：时间周期 2s，自定义时间周期、变量触发器，直接从 PLC 读取。

（7）对象属性：设置取决于动态编辑更新周期列。

要选择的更新由 WinCC 指定，并且可以由用户定义的时间周期来补充。

3.2.2.2　关于更新周期应用的信息

对于更新周期的应用，根据所选的周期类型，推荐使用下列设置，见表 3 – 1。

表 3 – 1　更新周期的设置

类　型	默认设置 （时间）/s	推　荐　的　组　态
默认周期	2	动态对话框或 C 动作：如果变量是互相影响的，应该在所有的事件中使用变量触发。这样可以减少任务数量的变化和任务间的通信。变量触发设置为"一旦改变"只能有选择地使用，因为它会引起较大的系统负载。变量的变化情况会不断接受检查。这种循环检测机制总是会导致较大的系统负载。建议标准对象使用 1~2s 的周期
时间周期	2	根据对象类型或对象属性设置时间周期。过程组件的惯性同样应该考虑。建议标准对象使用 1~2s 的周期
变量触发	2	如果此更新选项可以组态（根据动态类型），则应该优先使用它。如果变量是互相影响的，则始终要考虑负责更改属性或执行动作的所有变量。只有那些包含在列表中的变量才能作为更新动态属性或动作的触发器。变量触发设置为"一旦改变"只应有选择地使用。一旦所选变量中有一个发生变化，就会触发该属性或动作的触发器
画面周期	2	只有动态画面对象本身的动态属性在较短的时间间隔内发生变化并因此而必须进行更新时，才应该缩短此周期。延长画面周期会减少系统负载
窗口周期		如果正在处理一个打开的画面窗口，则此设置对调整过程变量（过程框）会起作用。如果为了获得信息（例如画面布局）而不断显示画面窗口，则应该将窗口及其内容的更新设置为变量触发或时间周期
直接读取		用于同步读取过程值的内部函数只应有选择地使用。应用这些函数需要由系统进行循环检测，因此会导致较大的通信负载

A　时间周期

除了已描述的默认周期和相关的 250ms~1h 的时间设置（或用户定义的周期 1~5s）之外，还有其他时间触发：每小时（分和秒），每天（时、分、秒），每周（星期、时、分、秒），每月（日、时、分、秒），每年（月、日、时、分、秒），可以在如图 3 – 1 所示对话框中进行选择。

B　变量触发

如果动作用一个或多个变量来激活，则必须将事件触发器设置为变量触发。默认设置的周期为 2s。然而，组态人员可以设置时间因子来代替默认值。

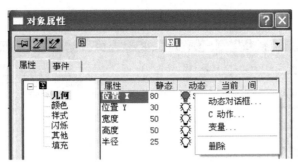

图 3-1 属性动态化

任务 3.3 项目管理器

3.3.1 任务分析

在组态软件中怎样设置更新周期和理解有关更新周期应用的信息。

3.3.2 相关知识

3.3.2.1 启动

WinCC 安装成功后, WinCC 将出现在操作系统的开始菜单上。启动 WinCC 可使用 Windows Control 5.0 命令, 也可通过其他方式启动 WinCC 项目管理器。

3.3.2.2 WinCC 项目管理器的结构

使用 WinCC 项目管理器, 可完成以下工作:
(1) 创建和打开项目。
(2) 管理项目数据和归档。
(3) 打开各种编辑器。
(4) 激活或取消激活项目。

WinCC 项目管理器的用户界面由以下元素组成: 标题栏、菜单栏、工具栏、状态栏、浏览窗口和数据窗口, 如图 3-2 所示。

(1) 标题栏。标题栏显示当前所打开项目的详细路径和项目是否被激活。

(2) 菜单栏。菜单栏包含在 WinCC 项目管理器的组态系统中所有的有效命令。这些命令排列成组并分配给不同的菜单。执行命令时可以打开适当的菜单, 单击该命令。如有必要, 在打开的对话框中设置所需的参数。

(3) 工具栏。工具栏上的图标使动作的实施更快捷。不需要通过菜单实现所需的功能。

(4) 状态栏。状态栏显示在 WinCC 项目管理器的下方空白处。左边显示的是关于当前项目的常规信息, 右边显示键盘状态。使用"查看""状态栏"菜单条目显示/隐藏状态栏。

在状态栏中各区域名的含义见表 3-2。

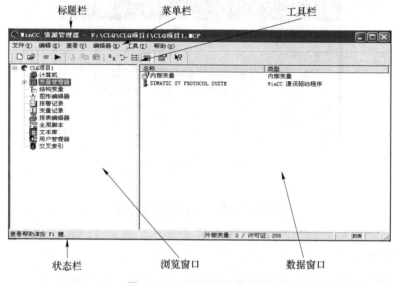

图 3-2　WinCC 项目管理器

表 3-2　状态栏中各区域名含义

区 域 名	含 义
已组态变量的数目	在此显示已组态的外部变量的数目
连接变量的数目	在此显示许可证包括的变量数目
CAPS	Caps Lock 是激活的
NUM	数字键盘在键盘的右边，它是激活的
SCRL	Scroll Lock 是激活的

（5）浏览窗口。浏览窗口位于 WinCC 项目管理器的左边，浏览窗口列出属于项目的所有组件（例如"计算机"、"变量管理器"等）。在浏览窗口中有一个以项目名称代表的主节点。浏览窗口包含 WinCC 项目管理器中的编辑器和功能的列表。双击"列表"或使用相应的快捷菜单可打开相应的编辑器。

浏览窗口中一个项目的组件含义见表 3-3。

表 3-3　浏览器窗口中项目组件的含义

项目组件	含 义
计算机	分配给项目的所有工作站和服务器均在此区域里进行管理。变量管理器所有的通道、逻辑连接、过程与内部变量以及变量组均在此区域里进行管理
结构变量	用来组合标准数据类型到一个新的数据结构。这些数据类型形成一个逻辑单元
编辑器	包括图形系统（图形编辑器）、动作（脚本）处理（全局脚本）、消息系统（报警记录）、测量值归档和编辑（变量记录）、报表系统（报表编辑器）、用户授权（用户管理器）以及文本库。这些模块均为 WinCC 系统的一部分，但并非所有模块均需安装。同样可以安装选项，编辑器，即设备状态监控、基础数据和时间同步

可以通过打开弹出式菜单，选择"属性"选项，编辑项目组件"计算机"和"变量

管理器"的属性。

用户可在浏览窗口中进行如下移动：

1）在浏览窗口中，单击加号和减号来打开或者关闭附加的层。

2）双击名称打开或关闭附加的层（例如，双击"计算机"打开下一层）。

可使用鼠标或键盘在浏览窗口中移动。键盘命令符合 Windows NT 的规则（例如，箭头键、数字键盘上的加号和减号）。位置的每次改变都将触发立即更新屏幕右边的数据窗口。

（6）数据窗口。数据窗口的内容根据浏览窗口中所选组件的不同而改变。数据窗口位于 WinCC 资源管理器的右边。数据窗口中各列的含义见表 3 – 4。

表 3 – 4　数据窗口中各列的含义

列	含　义
名称	此列显示对象的名称，一个变量或一个文件（文件名已被分配给指定的编辑器）
类型	此列显示对象的类型。例如，假设是计算机，此列会包含"服务器"；若是变量，则显示每个变量的数据类型
命令行参数	此列显示外部变量的地址描述。例如，数据块号码（DB）和数据字地址（双字）。关于内部变量，"内部变量"输入在此位置
最新改变	此列显示上次改变的日期和时间

可以使用"名称""类型""参数"以及"修改时间"按钮以升序或降序对数据窗口的内容进行排序。

可在数据窗口里进行如下的移动：

1）双击名称打开列表或对象。

2）选择一个对象并单击鼠标右键，会打开弹出式菜单。

3）如果在窗口的空白区域单击鼠标右键，会打开浏览窗口中相应列表元素的弹出式菜单。

3.3.2.3　项目类型

WinCC 中的工程项目分为 3 种类型：单用户项目、多用户项目和客户机项目。项目包括"计算机""变量管理器""编辑器"等组件。下面对该部分涉及的几个术语进行描述。

客户机：在多用户项目中被永久分配到服务器的客户机。客户机能被用于多用户的项目或一个分布式的系统。

多客户机：在 WinCC V5.0 中，一个多客户机可以访问多达 6 个服务器的数据。多客户机不是服务器项目的组件。

服务器：带客户机和多客户机的多用户项目的服务器。冗余服务器组也能代表一个服务器。

功能分区：各种服务器在指定的过程区域中承担不同的任务。多客户机项目中涉及的各个服务器执行不同的任务。例如，一个 WinCC 服务器执行归档，另一个执行消息处理，而第三个则建立过程数据连接。

技术分区：不同的服务器承担全部必需的指定区域的任务。涉及的各个服务器执行相同的任务，例如消息归档、测量值归档以及建立过程数据连接。然而每个服务器被认为是不同的逻辑系统区。在被周围子系统结构化的应用程序中，服务器被连接到不同的彼此独立的 PLC 上。在 PCS7 中，逻辑分区的形式被首先使用。

（1）单用户项目。单用户项目是一种只拥有一个操作终端的项目类型。在此计算机上可以完成组态、操作、与过程总线的连接以及项目数据的存储。项目的计算机既用作进行数据处理的服务器，又用作操作员的输入站。其他计算机不能访问该计算机上的项目（通过 OPC 等访问的除外）。

单用户项目可与多个控制器建立连接。在单用户项目计算机所在的自动化网络中，一般只有一台 PC 机。如果有多台 PC 机，则 PC 机上的数据也是相互独立的，不可通过 WinCC 进行相互访问。

如果只希望在 WinCC 项目中使用一台计算机进行工作，可创建单用户项目，运行 WinCC。

（2）多用户项目。多用户项目的特点是同一项目使用多台客户机和一台服务器，在此最多可有 16 台客户机访问一台服务器，可以在服务器或任意客户机上组态。项目数据，如画面、变量和归档，最好存储在服务器上，并且使它们能被所有客户机使用。服务器执行与过程总线的连接和过程数据的处理，运行系统通常由客户机控制。任意一台客户机可以访问多台服务器上的数据，任意一台服务器上的数据也可被多台客户机访问。

如果希望在 WinCC 项目中使用多台计算机进行协调工作，则可创建多用户项目。在服务器上创建多用户项目，与 PLC 建立连接的过程通信只在服务器上进行，而客户机没有与 PLC 的连接。

（3）多客户机项目。多客户机项目是一种能够访问多个服务器的数据的项目类型。每个多客户机和相关的服务器都拥有自己的项目。其功能是：在服务器或客户机上完成服务器项目的组态；在多客户机上完成多客户项目的组态。

最多 16 个客户机或多客户机能够访问服务器。在运行时多客户机能访问至多 6 个服务器。也就是说，6 个不同的服务器的数据可以在多客户机上的同一幅画面中可视化显示。

3.3.2.4　计算机的属性

创建项目后，必须调整计算机的属性。如果是多用户项目，必须单独为每台创建的计算机调整属性。

单击 WinCC 项目管理器浏览窗口中的"计算机"图标，选择所需要的计算机，并在快捷菜单中选择"属性"命令，打开"计算机属性"对话框。

各选项卡的作用如下：

（1）在"启动"选项卡上，可选择 WinCC 运行系统的启动组件，根据项目的要求进行选择。在默认状态下，将始终启动并激活图形运行系统。

（2）在"参数"选项卡上，可选择 WinCC 运行系统的语言和时间。

（3）在"图形运行系统"选项卡上，应设置 WinCC 项目的启动画面。在此选项卡上，还可设置 WinCC 图形运行系统的窗口属性以及其他图形运行系统的属性。

（4）在"运行系统"选项卡上，可设置画面脚本和全局脚本的调试特性。

（5）当启动 WinCC 运行系统时，WinCC 使用在"计算机属性"对话框中设置的属性进行运行，并可随时修改运行系统的这些设置。对运行系统的修改，大部分的设置在重新激活后即可生效；部分设置需重新启动后才能生效。

3.3.2.5　项目创建

创建项目的步骤如下。

第一步：准备工作。

创建项目前应对项目的结构给出一些初步的考虑。可从如下几个方面进行：

（1）项目类型。在开始创建项目前，应清楚创建的是单用户项目，还是多用户项目。

（2）项目路径。可将 WinCC 项目创建在一个单独的分区上，不要将 WinCC 项目放在系统分区上。

（3）项目名称。建议在创建项目前就确定合适的名称。因为一旦完成项目的创建，再对项目的名称进行修改就会涉及许多步骤。

第二步：指定项目的类型。

单击 WinCC 项目管理器工具栏上的 □ 按钮，或单击"文件"菜单上的"新建"，或使用组合键"Ctrl + N"，可打开"WinCC 资源管理器"对话框。

选择所需要的项目类型，并单击"确定"按钮，即打开"创建新项目"对话框，如图 3 – 3 所示。

图 3 – 3　项目对话框

第三步：指定项目名称和项目存放的文件夹。

创建新项目对话框中输入项目名称和完整的项目存放路径，然后单击"创建"按钮。

第四步：更改项目的属性。

（1）单击 WinCC 项目管理器浏览窗口中的项目名称，并在快捷菜单中选择"属性"菜单项。打开"项目属性"对话框。

（2）在"项目属性"对话框中，可修改项目的类型、修改者及版本等内容。

（3）在"更新周期"选项卡上，可选择更新周期，并可定义五个用户周期。用户周期的时间为可选择。

（4）在"热键"选项卡上，可为 WinCC 用户登录和退出定义热键。

第五步：更改计算机的属性。

（1）打开"计算机属性"对话框，如图 3 - 4 所示。

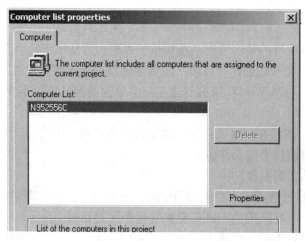

图 3 - 4　计算机属性

（2）在"常规"选项卡上，检查"计算机名称"输入框中是否输入了正确的计算机名称。此名称应与 Windows 的计算机名称相同。

（3）如果创建了一个多用户项目，则"计算机类型"可指示此计算机组态是服务器还是客户机。单击"确定"按钮，关闭对话框。

如果对项目中的计算机名称进行了修改，则必须关闭再重新打开项目才能生效。

3.3.2.6　激活项目

如果希望对过程进行控制，则必须激活项目，并激活与外部 PLC 及其他控制器的通信。对于多用户系统，必须首先启动所有服务器上的运行系统。当所有服务器上的项目都已激活时，才可启动 WinCC 客户机上的运行系统。对于冗余系统，应首先启动主服务器上的运行系统，再启动备份服务器上的运行系统。

使用"激活"菜单条目触发当前项目的过程控制（运行系统）的启动/停止。此菜单允许在过程控制和组态之间进行切换。

如果激活了运行模块，则以下列方式表现在"文件"菜单中：

（1）"激活"菜单条目前有一个复选标记。

（2）当前项目的名称在 WinCC 资源管理器标题栏中以条目"激活"标识。

用户也可以借助工具栏中的 ▶ ■ 两个按钮"激活"/"取消激活"一个项目。

如果进行下列设置，那么每次启动 WinCC 资源管理器程序时，运行模块和图形编辑器中已存在的画面会被自动地启动。

（1）在"计算机"项目组件中激活"计算机"的属性并转换到"图形运行系统"标

签。在"启动画面"框中选择所期望的启动画面。

（2）打开"启动"标签，激活"图形运行系统"框。默认状态下，此框是激活的。

（3）使用"文件""激活"菜单条目启动运行模块。

WinCC 系统在项目"激活"时的特性如下：

一旦激活一个项目，就不能删除已组态的变量或连接。如果试图删除，则显示"删除对象"的消息窗口。此窗口说明不能删除一个激活项目内的对象。

WinCC 退出运行时的特性如下：

如果在项目被激活的状态下退出 WinCC 资源管理器，下次启动 WinCC 时项目会被再次激活。如果在装载 WinCC 资源管理器时按住"Shift"键，则项目将不被激活，并且在组态系统中启动 WinCC 资源管理器。

用于使项目活动停止的键组合适用于单用户系统和多用户系统的服务器，但不适用于多用户系统的客户机。

激活项目时，将装载运行系统所需要的附加程序模块。在启动列表中，可指定激活项目时将要启动的应用程序。

设置运行系统时，可在浏览窗口中选择"计算机"，在右边的数据窗口中选择需要修改的计算机，并从快捷菜单中选择"属性"菜单项，在打开的对话框中选择"启动"选项卡，如图 3 - 5 所示。

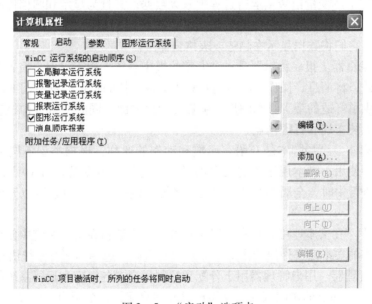

图 3 - 5 "启动"选项卡

在"WinCC 运行系统的启动顺序"文本框中，包含所有默认的 WinCC 运行系统模块的列表。在"附加任务/应用程序"文本框中，可选择未在默认部分列出，但又必须启动的应用程序。

3.3.2.7 组态一个项目的步骤

组态一个项目的步骤如下：

（1）启动 WinCC。

（2）建立一个项目。

（3）选择及安装通信驱动程序。

（4）定义变量。

（5）建立和编辑过程画面。

（6）指定 WinCC 运行系统的属性。

（7）激活 WinCC 画面。

（8）使用变量模拟器测试过程画面。

3.3.2.8　WinCC 的编辑器

（1）图形编辑器。图形编辑器是一种用于创建过程画面的面向向量的做图程序。利用对象和样式选项板中提供的众多图形对象，甚至可以创建复杂的过程画面，可以通过动作编程将动态添加到单个图形对象上。向导提供了自动生成的动态支持并将它们链接到对象。也可以在库中存储自己的图形对象。

（2）报警记录。报警记录为结果的采集和归档提供了显示和控制选项。可以选择消息块、消息等级、消息类型、消息显示以及报表。系统向导和组态对话框在组态期间提供相应的支持。要在运行系统中显示消息，可使用图形编辑器的对象选项板中的报警控件。

（3）变量记录。变量记录从运行过程中采集数据，并且为显示和归档做准备。可以自由地选择归档、采集和归档定时器的数据格式。过程值的显示通过 WinCC 在线趋势和表格控件来完成，它们将数据显示在趋势或表格窗体中。

（4）报表编辑器。报表编辑器是一个完整的报表系统，用于以用户报表或可选布局的项目文档的形式，将消息、操作、归档内容和当前或归档的数据根据时间或事件触发编制成文档。它提供了舒适的带工具和图形选项板的用户界面，同时支持各种报表类型，并具有多种标准的系统布局和打印作业。

（5）全局脚本。全局脚本是 C 语言函数和动作的通称，根据类型不同可在给定的项目或所有项目中使用。脚本用于组态对象的动作，它们通过系统内部 C 语言编译器来处理。当过程在进行中时，全局脚本动作在运行系统中执行，一个触发可以开始这些动作的执行。

（6）文本库。在文本库中，用户可以通过各种模块编辑在运行系统中使用的文本。在文本库中为组态的文本定义外语输出文本。它们随后以所选择的运行系统语言输出。

（7）用户管理器。用户管理器用于分配和控制用户对各组态和运行系统的编辑器的访问权限。对 WinCC 功能的访问权在建立用户时分别分配给各个用户。至多可分配 999 个不同的授权。用户授权可以在系统运行时分配。

（8）交叉索引。交叉索引用于定位和显示所有使用对象（例如变量、画面和功能）的位置。使用"链接"功能可以改变变量名称而不会导致组态不一致。

3.3.2.9　WinCC 基本选项

（1）客户机服务器。使用客户机－服务器功能，WinCC 可以用来操作多个同时与联网的自动控制系统互联的操作和监控站。理论上，至多 64 个客户机可以集成在单一项目中。

（2）冗余。WinCC 冗余功能使得可以同时操作两台并行连接的服务器，以便它们可以相互监控。如果一台失败，另一台接管整个系统的控制。在服务器恢复继续服务后，全部消息和过程归档就复制到先前不能服务的服务器上。

（3）用户归档。WinCC 用户归档是一个可以由用户组态的数据库系统。利用它可以把来自工艺过程的数据连续存储在服务器上，并且可以在运行系统中在线显示。而且被连接控制的配方和设定值的赋值也可以存储在用户归档中，并且在需要时传递到控件。

3.3.2.10 变量管理器

变量系统是组态软件的重要组成部分。在组态软件的运行环境下，工业现场的生产状况将实时地反映在变量的数值中；操作人员可监控过程数据，操作人员在计算机上发布的指令通过变量传送给生产现场。

WinCC 的变量系统是变量管理器。WinCC 与自动化控制系统间的通信依靠通信驱动程序来实现；自动化控制系统与 WinCC 工程间的数据交换通过过程变量来完成。

WinCC 变量是访问过程值的重要元素。在一个 WinCC 项目内，它们被赋予唯一的名称和数据类型，以使其有别于其他的内容。应给一个 WinCC 变量分配一个逻辑连接。此连接确定用哪个通道向使用哪个连接的变量传送过程值。这些 WinCC 变量存储在用于整个项目范围的数据库内。在 WinCC 启动时，所有属于项目的变量都会被装载并建立起相应的运行结构。

A 变量的功能类型

WinCC 的变量按照功能可分为外部变量、内部变量、系统变量和脚本变量四种类型。

（1）外部变量。外部变量用于采集测量值。由外部过程为其提供变量值的变量，称为 WinCC 的外部变量，也称为过程变量。每一个外部变量都属于特定的过程驱动程序和通道单元，并属于一个通道连接。相关的变量将在该通信驱动程序的目录中创建。

（2）内部变量。内部变量用于采集系统内部值和状态。内部变量没有对应的过程驱动程序和通道单元，不需要建立相应的通道连接。内部变量在"内部变量"目录中创建。

（3）系统变量。WinCC 提供了一些预定义的中间变量，称为系统变量。每个系统变量均有明确的意义，可以提供现成的功能，一般用以表示运行系统的状态。系统变量由 WinCC 自动创建，组态人员不能创建系统变量，但可使用由 WinCC 创建的系统变量。系统变量以"@"开头，以区别于其他变量。

（4）脚本变量。脚本变量是在 WinCC 的全局脚本及画面脚本中定义并使用的变量。它只能在其定义时所规定的范围内使用。

B 变量的数据类型

当创建项目时，必须为每个组态的变量分配一种数据类型。在创建一个新的变量时执行变量数据类型的分配。变量的数据类型与变量类型无关（例如，过程或内部变量）。在 WinCC 中，可通过修改格式将某种数据类型转换为其他的数据类型。

WinCC 中的变量分为以下数据类型：二进制变量、有符号 8 位数、无符号 8 位数、有符号 16 位数、无符号 16 位数、有符号 32 位数、无符号 32 位数、32 位浮点数 IEEE 754、64 位浮点数 IEEE 754、文本变量 8 位字符集、文本变量 16 位字符集、原始数据类型、文本参考、结构变量（结构类型）。

　　C　创建和编辑变量

　　（1）创建内部变量。在浏览窗口中，双击项目组件"变量管理器"。这个动作提供了所有已安装的通信驱动程序和内部变量的列表。在浏览窗口中，选择"内部变量"项目组件并单击鼠标右键。在显示的弹出式菜单中选择"新建变量…"菜单条目。此选择打开"变量属性"对话框，如图 3-6 所示。可以在该对话框中创建一个新变量。

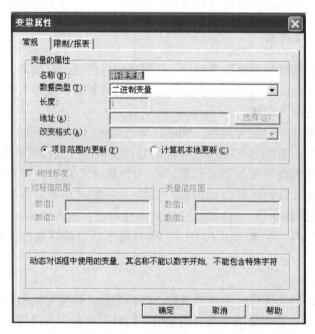

图 3-6　"变量属性"对话框

　　在"常规"选项卡上输入变量名称并在数量类型列表框中选择变量的数据类型。如有需要，可在"限制/报表"选项卡上设置上限值和起始值。

　　（2）编辑内部变量。在浏览窗口中，双击项目组件"变量管理器"，这个动作提供了所有已安装的通信驱动程序和内部变量的列表。单击"内部变量"项目组件查看项目数据窗口中所有存在的变量组和独立变量的列表。在项目数据窗口中，选择期望的变量并单击鼠标右键。在随后出现的弹出式菜单中单击"属性"条目，或在项目数据窗口中双击期望的变量，此选择打开"变量属性"对话框。可以在该对话框中编辑一个已存在的变量。

　　（3）创建过程变量。在创建过程变量之前，必须安装通信驱动程序，并至少创建一个过程连接。

　　在 WinCC 项目管理器的变量管理器中，打开将为其创建过程变量的通信驱动程序。选择所需要的通道单元及相应的连接。右击相应的连接，并从快捷菜单中选择"新建变量"菜单项，打开"变量属性"对话框。在"常规"选项卡上输入变量的名称，并选择变量的数据类型。单击"选择"按钮，打开"地址属性"对话框，输入此变量的地址。可在"限制/报表"选项卡上设置上限值和起始值。

任务 3.4　变量的创建、分组和移动

3.4.1　任务分析

通常，WinCC 处理三种不同类型的变量，它们是无过程驱动程序连接的内部变量、具有过程驱动程序连接的 WinCC 变量（也称作外部变量）以及在编制 C 动作、项目函数等中的 C 变量。

3.4.2　相关知识

3.4.2.1　变量的创建、分组和移动

在 WinCC 和资源管理器中，可在变量管理器条目下创建变量。要区分无过程驱动程序连接的变量（所谓的内部变量）与有过程驱动程序的变量（所谓的 WinCC 变量或外部变量）。对于可组态的内部变量，其最大数目没有任何限制。然而，WinCC 变量的最大数目要受所获得的软件授权限制。

3.4.2.2　变量组与变量

在处理大量的数据时，往往需要较多的变量，此时建议将这些变量组织为变量组，只有这样才可以在大型项目中始终注意各种事件。然而，变量组并不保证变量的唯一性，只有通过变量名才可以达到此目的。创建变量组与变量的具体过程如下：

（1）创建内部变量组。创建内部变量组可以通过以下方法来完成：在变量管理器中选中内部变量，单击鼠标右键，从弹出式菜单中选择新建组即可，如图 3-7 所示。

在所显示的对话框中，必须给该组一个合适的名称，系统默认名为"新建组"。

（2）在内部变量组中创建内部变量。在内部变量组中创建内部变量可以通过以下方法来完成：选中相应的变量组，单击鼠标右键，从弹出式菜单中选择新建变量即可，如图 3-8 所示。

图 3-7　创建内部变量组　　　　图 3-8　在内部变量组中创建内部变量

在所显示的对话框中，在常规信息标签内为变量分配一个名称。从下面的列表框中，选择所期望的数据类型，不必为内部变量设置地址，如图 3-9 所示。

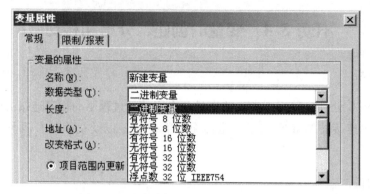

图 3 - 9　确定内部变量的名称与数据类型

注意：当激活运行系统时，通过工具提示可在 WinCC 资源管理器内显示过程画面变量的当前值和状态。

3.4.2.3　移动变量

在变量管理器中如果需要移动变量，可以通过以下方法来完成：单击鼠标右键，从弹出式菜单中选择剪切命令；之后，选择所期望的目标组，在所选目标组处单击鼠标右键，从弹出式菜单中选择粘贴将变量插入。

同时处理多个变量时也可按照同样的步骤进行。

如果需要许多具有相同变量名，但连续进行编号的变量，则只要创建一个该类型的变量即可。

通过鼠标右键并从弹出式菜单中选择复制到剪贴板上，然后每当需要时就可以将其插入，变量将以升序方式自动编号，为变量定义名称约定时应该考虑到这种可能性。

注意：如果从 WinCC 资源管理器中剪切或删除变量，则不得激活运行系统。

学习情景4 画面组态和变量组态

任务4.1 图形编辑器

4.1.1 任务分析

本节描述了在 WinCC 内构造、打开画面的各种方法。画面构造和画面打开取决于以下两个因素：所使用的硬件和应用程序。WinCC 支持所有 Windows 支持的屏幕分辨率，WinCC 允许创建最大分辨率为 4096×4096 像素的画面。如果这些尺寸超过所使用图形系统（监视器的显示卡）的最大分辨率，则可以使用滚动条移动这些画面。

4.1.2 相关知识

4.1.2.1 图形编辑器

图形编辑器可以用来创建过程图。

（1）浏览窗口的快捷菜单。右击 WinCC 项目管理器的"图形编辑器"，将弹出快捷菜单，如图 4-1 所示，单击"打开"菜单项，打开图形编辑器，并新建一个画面。

（2）画面名称的快捷菜单。选择 WinCC 项目管理器的图形编辑器，在数据窗口中右击任一画面，将弹出快捷菜单，如图 4-2 所示，单击"打开画面"菜单项，打开图形编辑器。

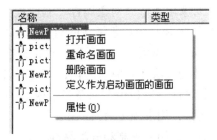

图 4-1　浏览窗口的快捷菜单　　　　图 4-2　画面名称的快捷菜单

（3）图形编辑器的布局。图形编辑器的布局如图 4-3 所示。

用于操作图形编辑器的选项板和栏的功能如下：

1）菜单栏：菜单栏包含图形编辑器中所有可用的菜单命令，不能激活的命令以灰色显示。

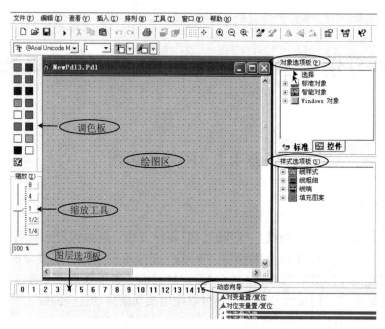

图 4 - 3　图形编辑器窗口

如果命令后面有三个点（省略号），将打开一个设置附加参数的对话框窗口。

操作方法与标准 Windows 操作类似。

2）标准工具栏：用鼠标单击标准工具栏包含的图标可以执行一般命令。标准工具栏是可组态的。为了添加或从标准工具栏删除按钮，可按住"Alt"键，并双击任一按钮，"改编工具栏"对话框将打开，可以按需要改编标准工具栏。

3）状态栏：除了常规程序信息以外，状态栏还显示所选对象的名称和坐标位置。

4）层面栏：在层面栏中，单击 16 层（层 0 到层 15）中应切换到可见状态的层，对象建立在第一图形可见层中。在图形编辑器中为该目的而保留层 0。系统不允许关闭所有的层。

使用"层…"命令设置层为激活的或非激活的。该操作在被设置的不同层上显示或隐藏对象。对象可通过"对象属性"被分配到某个层面上。

（4）设置和改变对象属性的对话框窗口"对象属性"窗口显示所选对象、对象组的所有属性或对象类型的默认设置，可以改变或复制这些属性。此外，在这里还可以通过设置相应属性的方法使对象动态化，并且可以与动作相链接。

"对象属性"窗口由下列条目组成：

1）图钉，用来固定窗口。

2）吸管，用来复制和分配属性。

3）对象列表，"属性"标签和"事件"标签。

（5）选项板。用于创建和编辑图形对象，其功能如下：

1）颜色调色板：使用鼠标分配面向对象的 16 种标准颜色之一，即一种基本的颜色或一种自定义的颜色。

2）对象选项板，使用对象选项板选择将在图形工作空间的第一可见层面创建的对象。

0 层为图形编辑器保留。

对象选项板包含"标准"和"控件"标签。"标准"标签中可用的对象由对象组来组织。"控件"标签提供 ActiveX 控件。该标签的内容可以由用户更改。

3）"标准"标签，标准对象，例如多边形、椭圆和矩形；智能对象，例如控件、OLE 元素、棒图和 I/O 域；Windows 对象，例如按钮和复选框。

4）样式选项板，使用样式选项板改变选定对象的外观。

5）对齐选项板，使用对齐选项板，可改变一个或多个对象的绝对位置。改变所选择的对象相互之间的位置关系，使多个对象的高度和宽度一致。

6）缩放选项板，用滚动条或按钮可设置进入工作状态的窗口的缩放因子。当前缩放因子显示在滚动条下方。也可以通过标准工具栏功能一步步设置缩放。

7）文本选项板，使用字体选项板快速改变文本对象的字体和字体颜色以及标准对象的线颜色。

4.1.2.2　画面布局

下面描述画面布局的方法，画面分辨率通常设置为 1024×768 像素，画面分成三部分：总览部分、按钮部分和现场画面部分。对于这三个部分有两种不同的布局方法。见表 4 - 1、表 4 - 2。

表 4 - 1　画面布局方法 1

Overview Area
Plant Representations
Button Area

表 4 - 2　画面布局方法 2

Logo	Overview Area
Button Area	Plant Representations

（1）布局原理。首先使用一个空白起始画面，然后在其中创建三个画面窗口（总览、按钮、现场）。运行期间，可以根据需要交换这些画面窗口内显示的画面。这就给使用者提供一种简便而又灵活的操作方法。

（2）总览部分。在总览部分，可以组态标志符、画面标题、带有日期和时间的时钟以及报警行。

（3）按钮部分。在按钮部分，组态每个画面中显示的固定按钮和依靠现场画面显示而显示的按钮。

（4）现场部分。在现场部分，组态各个设备画面。

4.1.2.3　画面模块技术

画面模块技术对于允许组态画面组建快速而简单的组态及其重复使用性和维护性至关重要。例如，已组态的过程框可用于若干同类的过程组件（例如阀门或控制器）。将在项目中一起工作，并且可视化的控制模块重新使用到已组态的原始画面窗口中，可按照下列原则进行操作：

（1）复制画面窗口并且重新连接变量域。

（2）使用在调用时分配其变量域的画面窗口（间接连接）。

（3）应用具有原型的自定义对象和结果对象。

（4）创建原始画面并且进行集成。

（5）创建 OCX 画面模块并将它们集成起来作为 WinC COCX 对象。

A　不同技术的比较

这些技术存在很大的区别，不同技术的优缺点比较见表 4 - 3。

如果项目中仅使用少量的简单画面模块，选择其中一种类型就能实现。用户对象特别适合于中低复杂性的简单对象和变量连接。如果能够预见对象需要进行一些改动，则原始画面的概念就会非常有用。如果图形块很复杂或者需要更全面的处理性能，则最好使用 OCX 技术。将来在此领域中，可用的 OCX 对象会变得越来越强大。

表 4 - 3　不同技术的优缺点比较

类　型	优　点	缺　点
画面窗口的复制	过程简单	必须更改所有的对象连接，对画面的更改会引起复杂的后处理
具有间接连接的画面窗口	只需简单的 C 动作，对画面窗口组态一次不用复制基本画面窗口就可以重复使用	对画面组合的更改会引起复杂的后处理
自定义的对象	只需使用现有的动态向导对具有连接的对象组态一次	对画面组合的更改会引起后处理
原始画面	对象只要组态一次，可以集中更改	必须具备（良好的）C 语言知识
OCX	简单地集成到 WinCC 的组态中作为画面中的对象，除了更改画面中的对象属性之外，稍后修改 OCX 对象不会引起所生成对象的后处理	必须通过编写程序（C + +、VB）来创建，不能通过 WinCC 组态来创建

B　画面模块的过程框

为了显示对象（控制器、阀、电动机等）的当前状态或者分配设定点数值，可在设备画面中显示指定的信息框。这些过程框通常同时包含当前状态（实际值）和设定值。其中设定值可以由特许操作员输入。

创建信息框作为画面窗口，该画面窗口的组件与相应的（过程）变量连接。此画面窗口对象、画面窗口内容和相应的画面窗口的调用（按钮）在其他设备的类似窗体中可以再次使用。所有要做的工作只是复制画面窗口对象、画面模块和按钮。画面窗口对象和按钮均可以通过拖放到图形库（例如项目库）中来复制。

（1）创建信息框的步骤。

1）数据结构：通过变量管理器定义画面模块中要使用的数据结构。

2）画面模块：使用图形编辑器组态显示设备状态的画面。

3）定义变量：在变量管理器中定义（过程）变量。

4）变量连接：通过将各个画面组件与相应的过程变量相连来使各个画面组件动态化。

5）画面窗口：在设备画面中创建画面窗口对象，并通过画面窗口名称属性将它与步骤2）～步骤4）下创建的画面窗口内容相连。

6）属性设置：画面窗口对象不应该在初次打开画面时显示，因此显示属性必须固定设置为否。画面窗口（带有 Windows 按钮和标题等）的外观也必须在画面窗口的属性中定义。

7）调用画面窗口：必须使画面窗口可以通过单击按钮或运行设备本身来弹出。设计一个与画面窗口对象的弹出相连的按钮。

（2）自定义画面模块的步骤。

1）过程变量：为已定义的数据结构定义新过程变量。

2）画面模块的复制：复制画面窗口，并且更改所有永久存储的参数。

3）画面窗口的复制：在目标设备画面中复制画面窗口对象。

4）按钮的复制：在目标设备画面中复制按钮。在直接连接中调整新画面窗口对象的参数。

用这种方法可以为每个设备创建各个画面窗口及内容，而且这些画面窗口及其内容通过复制可以再次使用。

C 带间接寻址的画面模块

画面模块的各个组件已与相应的（过程）变量永久连接。如果不是通过永久组态进行连接，而是在运行期间动态地进行连接，则使用创建的画面模块时具有更大的灵活性。（过程）变量的动态连接通过画面模块中各组件的间接寻址来实现。也就是说（过程）变量没有直接连接，只是与容器进行连接，该容器在运行期间将携带相应（过程）变量的当前名称。通过此方法可以大大简化画面模块的调整和重复使用特性。其组态的实际步骤如下。

（1）数据的规定：一方面用变量管理器定义画面模块中要使用的数据（例如 Motor001_ActValue，Motor001_SetValue，Motor001_Switch），另一方面规定画面模块中要使用的名称来初始化这些变量，例如 Motor001_SetValue。

（2）画面模块：用图形编辑器组态设备状态的画面（例如棒图和 I/O 域）和控制按钮。画面窗口的尺寸（画面对象属性 X 变量和 Y 变量）必须与画面窗口的目标尺寸相一致。

（3）变量连接：通过各个画面组件（例如 I/O 域、棒图等）与包含相应变量名称的相应容器变量相连来使画面组件动态化，但是必须在连接中声明，该变量是实际（过程）变量的名称，可通过选中间接寻址来进行此操作。

（4）画面窗口：在设备画面中创建画面窗口对象，并通过画面窗口名称属性将它与步骤2）和步骤3）下创建的画面窗口内容相连。

（5）属性设置：画面窗口对象不应该在初次打开画面时显示。因此显示属性必须固定设置为否。画面窗口（带有 Windows 按钮和标题等）的外观也必须在画面窗口的属性中定义。

（6）调用画面窗口：必须使画面窗口可以通过单击按钮或运行设备本身来弹出。设计一个与画面窗口对象的弹出相连的按钮。

（7）图形库：将画面窗口对象和按钮复制到库中（通过拖放），以便再次使用。

D　自定义对象

自定义的对象和动态向导可用于创建再次使用的画面模块。复制的画面模块通过使用向导进行简单组态就可以与相应的当前（过程）变量连接。自定义的图形对象（例如数个对象的组合），它的大量属性和事件通过组态对话框可以简化为基本的属性和事件。通过相应的向导可将此对象定义为一个原型来使其动态化。

自定义的对象由一组 WinCC 对象组成。最初这些对象没有组态为动态。选择将要组成自定义对象的所有对象，并调用自定义对象的组态对话框，在此对话框中声明所有的对象属性都是自定义对象属性。对象的基本属性（例如位置和尺寸）已经被存储用于自定义的对象。通过拖放，可以在对话框中选择该组对象的各个属性，并将其作为用户定义的属性或事件添加到新的自定义对象中。每个属性可以由用户分配新的属性，可以通过使用字符@ 来隐藏。也就是说只可以显示少数（要动态化的）属性和事件，其余将全部隐藏。现在必须使设计的自定义对象动态化。动态化是指调用动态向导为原型添加动态特性。作为模板（也就是原型），它将对象的每个独立属性与相应的已定义数据结构组件连接。用变量浏览器选择连接的结构成员，然而向导只保存已连接属性（例如数值）的结构名称，且每个独立的属性必须单独连接。此对象现在是一个动态对象，但是它只是作为原型进行连接，在运行时不能激活，也就是说在运行期间不能更新。

任务 4.2　变量的组态

4.2.1　任务分析

WinCC 外部变量和结构变量的连接建立。

4.2.2　相关知识

4.2.2.1　WinCC 变量

要在变量管理器中创建 WinCC 变量，首先必须组态一个与 PLC 的连接。但是，不必安装硬件，安装所期望的通信驱动程序并组态期望的连接就足够了。创建变量组与变量的具体过程如下：

（1）安装新的驱动程序。这可以通过鼠标右键单击变量管理器，并从弹出式菜单中选择添加驱动程序来完成，如图 4-4 所示。

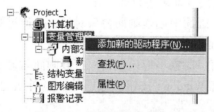

图 4-4　创建新的驱动程序

（2）选择所期望的驱动程序。从所显示的对话框中，通过单击"打开"按钮将驱动程序插入 WinCC 项目中，WinCC 资源管理器即可将驱动程序条目显示在变量管理器中，而不是仅显示内部变量。例如建立 S7 PLC 与 WinCC 的连接，如图 4 - 5 所示。

图 4 - 5 创建 S7 PLC 的驱动程序

（3）通过鼠标右键单击"新驱动程序"连接条目，可显示一个或几个子条目（所谓的通道单元）。接下来就可以创建一个连接，这通过鼠标右键单击"通道单元"条目并从弹出式菜单中选择新建驱动程序连接来完成，如图 4 - 6 所示。

图 4 - 6 新建驱动程序连接

在图 4 - 6 所显示的对话框中，在常规信息标签内为连接分配一个名称。连接参数可通过单击"属性"按钮来进行设置。

（4）通过鼠标右键单击"新添加的连接"条目 **新建连接**，可按上面所描述的方式添加变量组或变量。在创建 WinCC 变量时，除定义内部变量所需的设置外，还必须定义地址和格式调整设置，地址需要参考 PLC 中变量地址。

4.2.2.2 结构变量

结构变量用于将构成一个逻辑单元的大量不同的变量与变量类型组织成一个组，这样可以使用一个名称对这些变量与变量类型进行寻址。

一个结构变量由许多单个变量组成，这些单个的变量可以代表各种不同的数据类型。创建结构变量的具体过程如下：

（1）通过鼠标右键单击"结构类型"条目，在弹出式菜单中选择新建结构类型来创建一个新的结构，如图 4 – 7 所示。

图 4 – 7 新建结构类型

（2）在所显示的对话框中，通过鼠标右键单击"新结构"条目并从弹出式菜单中选择重命名来给结构一个新的名称。

（3）通过"新建元素"按钮添加新的结构元素。

（4）通过鼠标右键单击"新创建的元素"，可指定其数据类型和名称，对于每个结构元素，必须对其是内部变量还是外部变量进行定义。通过单击"确定"按钮结束组态并创建结构类型，如图 4 – 8 所示。

图 4 – 8 定义结构元素的名称和数据类型

注意：一旦结构类型创建完毕，以后就不能再对其进行组态，必须再定义完整的结构类型。

创建结构变量的方法与创建所有其他类型变量的方法一样，但是数据类型必须使用所创建的结构类型。所创建的结构变量的各个元素名称由创建变量时分配的结构名称和创建结构类型时分配的元素名称组成。这两者在名称中用一个圆点隔开。

任务 4.3　递增、递减和按击

4.3.1　任务分析

在变量的控制中，基本的控制方法包括递增、递减和按击。

（1）递增指的是按固定或变化的增量增加一个变量的值。

（2）递减指的是按固定或变化的减量减少一个变量的值。

（3）按击指的是在按下按钮时执行一个动作，可将其比作按下按钮。对二进制信号，这通常表示对设备进行控制。对于模拟值，可通过按击来更改设定值。

4.3.2　相关知识

4.3.2.1　更改设定值

（1）任务定义。通过单击按钮以固定的步长对设定值进行修改。这种数值更改要受固定限制值的约束。更改只能在画面中局部进行。

（2）概念的实现。为了实现设定值的更改，使用两个 Windows 对象中的"按钮"，这样就可以通过事件驱动的按钮来更改设定值。当用鼠标按下按钮时，内部变量的值会增加一个增量。增量是预先指定的，运行期间不可改变。设定值的更改通过一个 C 动作来实现。

通过智能对象中的 I/O 域显示设定值的变化。I/O 域的输出值与内部变量相连。

（3）在图形编辑器中的实现。

1）在变量管理器中创建一个有符号的 32 位数的变量。例如使用变量"S32i_varia_but_00"。

2）在画面中，组态智能对象中的 I/O 域。例如使用 I/O 域对象，在组态对话框中组态 I/O 域期间，设置"S32i_varia_but_00"变量。将更新域中默认值"2s"更改为"根据变化"，并将域类型设置为"输出"，如图 4-9 所示。

3）在同一画面中，组态 Windows 对象中的"按钮"。

4）为了更改设定值，在"对象属性"对话框的"事件"→"鼠标"→"按下左键"处创建一个 C 动作。每次用鼠标单击按钮时该 C 动作均要改变变量的值。在 C 动作中可以指定限制值并对其进行检查。

图 4-9　组态智能对象 I/O 域

5）以同样的方式组态设定值的减量。

下列程序为按钮的 C 动作：

```
#include" apdefap. h"
void OnLButtonDown （char * lpszPictureName，char * lpszObjectName，char * lpszProperty）
    {
    DWORD value；
    Value = GetTagDword （" S32i_varia_but_00"）；//get tag value
    If （value > 1300）（value = 1400）；              //check limit
    Else value = value + 100；                        //inc value
    SetTagDword （" S32i_varia_but_00"，value）；//set new value
    }
```

程序说明如下：

声明 C 变量值。

使用内部变量函数 GetTagDWord 来读出变量 S32i_varia_but_00 的当前值。

在 if 语句中，检查变量值是否大于 1300。如果是，则将 1400 指定为上限值；如果变量的值小于 1300，则执行 else 分支语句，且将值增加 100。

然后，内部函数 SetTagDWord 将更改后的值写回变量 S32i_varia_but_00 中。

注意：更改变量（内部或外部变量）、限制值和增量之后，两个按钮处的 C 动作均可使用。

4.3.2.2　通过全局脚本更改设定值

（1）任务定义。按击鼠标执行。通过单击按钮以固定的步长对设定值进行修改。这种数值更改要受固定限制值的约束，这可借助项目函数来实现。

（2）概念的实现。为了实现设定值的更改，使用两个 Windows 对象中的"按钮"，这样就可以通过事件驱动的按钮来更改设定值。当用鼠标按下按钮时，内部变量的值会增加一个增量，增量是预先指定的，运行期间不可改变。设定值的更改可通过一个项目函数来实现。

通过智能对象中的 I/O 域显示设定值的变化。I/O 域的输出值与内部变量相连。

（3）创建项目函数。

1）在 WinCC 资源管理器中通过以下方法启动脚本编辑器，即通过鼠标右键单击全局脚本条目，然后从弹出式菜单中选择打开。

2）通过"文件"→"新建项目函数"菜单来创建新函数。

3）为函数指定名称 IncDecvalue 并通过菜单"文件"→"另存为"，给定文件名"IncDecvalue. fct"来保存函数。

4）编写和编译函数。

下列为创建项目函数 IncDecvalue 的程序。

```
void IncDecValue （DWORD * value，DWORD low，DWORD high，DWORD step，DWORD a）
    {
    DWORD v；
    V = * value；//get current value
```

```
Switch （a）{
    case 0：{
                If （v < step）（v = 0）；//low limit
                Else v = v - step；//decrement
                }  //case 0
                break；
    case 1：{
                If （v > （high - step））（v = high）；//high limit
                else v = v + step；//increment
                }  //case 1
                 break；
            }  //switch
      * value = v；//return
      }
```

程序说明如下：

函数标题具有项目函数名 IncDecvalue 和传送参数。递增和递减都使用一个项目函数。

变量的声明。

在调用函数时，作为传递参数进行传送的不是要处理的变量，而只是其地址。该地址的内容被读入 C 变量 V 中。

使用 switch 语句来判断方向变量 a 的信息。

在相关的 case 部分之中，检查限制值，如果超出限制，则指定最大值或最小值。

如果没有超出限制，则更改当前值。

将当前的设定值传送到要处理的变量的地址中。

（4）在图形编辑器中的实现。

1）在变量管理器中创建一个有符号的 32 位数类型的变量。在本例中，使用变量 S32i _varia_but_04。

2）在画面中，组态智能对象中的"I/O 域"，例如使用"I/O 域"的对象。在组态对话框中组态"I/O 域"期间，设置 S32i_varia_but_04 变量，将更新域中的默认值"2s"改为"根据变化"，并将域类型设置为输出。

3）在同一画面中，组态 Windows 对象中的"按钮"，例如使用按钮 A 对象。

4）为了更改设定值，在"对象属性"对话框的"事件"→"鼠标"→"按左键"处创建一个 C 动作调用项目函数 IncDecValue，并将所需要的参数传送给它。每次用鼠标单击按钮时，它都要更改变量的值。在调用项目函数时，将限制值指定为传递参数。在项目函数中执行检查。

5）以同样的方式组态设定值的减量，例如使用按钮 B 对象。

按钮 A 的 C 动作的程序如下：

```
#include" apdefap. h"
void OnLButtonDown （char * lpszPictureName，char * lpszObjectName，char * lpszProperty）
{
    DWORD value；
```

```
Value = GetTagDword （" S32i_varia_but_04"）;
IncDecValue （&value, 0, 1400, 100, 1）;
SetTagDword （" S32i_varia_but_04", value）;
    }
```

程序说明如下：

使用内部变量函数 GetTagDWord 来读出内部变量的当前值。

调用项目函数 IncDecValue，并传送参数（指向变量的指针、上限和下限、增量、方向）。

使用内部函数 SetTagDWord 来将更改后的值传送给内部变量。

注意：无需做进一步更改就可以立即使用该项目函数，在用于调用项目函数的 C 动作中，可以根据自己的要求调整传送参数。

4.3.2.3　按钮

（1）任务定义。按击鼠标执行。单击按钮可以激活设备（电动机、阀门）。释放按钮时，激活将被取消。

（2）概念的实现。可通过 Windows 对象中的"按钮"来执行由事件驱动的按钮。通过一个"直接连接"和一个"C 动作"可将执行过程可视化。

注意：通过直接连接来执行按钮可在运行系统期间提供最佳性能。

（3）在图形编辑器中的实现（直接连接）。在图形编辑器中实现直接连接如图 4 - 10 所示。

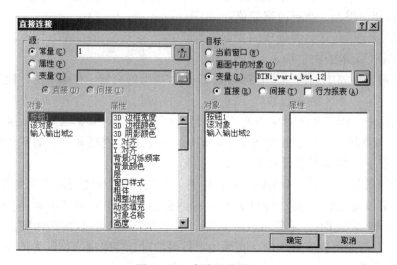

图 4 - 10　直接连接变量

1）在变量管理器中创建一个二进制类型的变量。例如使用 BINi_varia_but_12 变量。

2）在某个画面中，组态 Windows 对象中的"按钮"。

3）在"对象属性"对话框的"事件"→"鼠标"→"按左键"处为该按钮组态了一个直接连接。将"源常量"设置为"1"并与"目标变量"→"BINi_varia_but_12"连接，单击确定按钮即可应用这些设置。在"对象属性"对话框的"事件"→"鼠标"→

"释放左键"处为该按钮组态另一个直接连接，但这次将"源常量"设置为"0"。

4）通过 BINi_varia_but_12 变量对动画进行控制。

上述使用直接连接的执行过程是一种较好和较为快捷的方式。下面将使用一个 C 动作对同一任务的执行过程进行说明。

（4）在图形编辑器中实现 C 动作。

1）在变量管理器中创建一个二进制变量类型的变量。例如使用 BINi_varia_but_12 变量。

2）在画面中组态 Windows 对象中的"按钮"。在"对象属性"对话框的"事件"→"鼠标"→"按左键"处创建一个 C 动作，它将 BINi_varia_but_12 变量的值设置为 1。在"对象属性"对话框的"事件"→"鼠标"→"释放左键"处创建另一个 C 动作，它将 BINi_varia_but 的值设置为 0。

3）按钮的 C 动作程序如下：

```
#include" apdefap. h"
void OnLButtonDown（char * lpszPictureName，char * lpszObjectName，char * lpszProperty）
    {
    SetTagword（" BINi_varia_but_12"，1）;
    }
```

该程序的功能为：使用内部函数 SetTagWord 将变量设置为 1。

4.3.2.4　切换开关

（1）任务定义。切换开关的功能是通过按钮来实现的。按下按钮将打开单元（电动机、阀），而一旦释放按钮，单元将保持打开状态。再次按动按钮，设备将关闭。

（2）概念的实现。通过 Windows 对象中的"按钮"实现事件驱动的切换开关。

注意：通过直接连接所实现的切换开关可在运行系统期间提供最佳性能，但需要两个按钮。

（3）在图形编辑器中的实现（直接连接）。

1）在变量管理器中创建一个二进制变量类型。例如 BINi_varia_but_16 变量。

2）在画面中组态两个 Windows 对象中的"按钮"。例如使用按钮 A 对象来打开，使用按钮 B 对象来关闭。

3）在"对象属性"对话框的"事件"→"鼠标"→"按左键"处为按钮 A 组态一个直接连接将"源常数"→"连接"到"目标变量"→"BINi_varia_but_16"。单击确定按钮即应用此设置；为按钮 B 组态一个如上所示的直接连接，但需将"源常数"设置为"0"。

（4）图形编辑器中的实现（C 动作）。

1）在变量管理器中创建一个二进制变量类型的变量。例如使用 BINi_varia_but_16 变量。

2）在画面中组态两个 Windows 对象中的"按钮"。例如使用按钮 1 对象。

3）在"对象属性"对话框的"事件"→"鼠标"→"按左键"处创建一个 C 动作，它将对 BINi_varia_but_16 变量状态求反。

用于切换开关的 C 动作程序如下：

```
#include" apdefap. h"
void OnLButtonDown（char * lpszPictureName，char * lpszObjectName，char * lpszProperty）
    {
    BOOL state；//flip tag
    state = ! GetTagbit（" BINi_varia_but_16"）；
    SetTagBit（" BINi_varia_but_16"，（SHORT）state）；
    }
```

程序说明如下：

state 变量的声明。

通过内部变量 GetTagBit（），可读出内部变量的值，并对该值求反，然后通过 SetTag-Bit（）函数将值返回。

注意：可在修改变量后使用具有 C 动作的按钮。没有如下所示的 C 变量也可完成对内部变量的求反：

```
SetTagDword（" BINi_varia_but_16"，（SHORT）! GetTagBit（" BINi_varia_but_16"））；
```

4.3.2.5　递增和递减

（1）任务定义。用鼠标改变变量值，则变量值的改变受到固定限制值的约束。只有按下按钮时变量的值才会改变，释放按钮时设置的值必须得以保留。

（2）概念的实现。为了执行事件驱动按钮，使用 Windows 对象中的"按钮"。

当使用鼠标按下按钮时，可根据增量设置可增加内部变量的值，当使用鼠标右键按下按钮时，可根据增量设置减少变量的值。只要按住按钮，变量值就一直改变，增量是预先指定的，运行期间不可改变。

为了显示值的改变，使用智能对象中的 I/O 域（输入/输出域）的输出与内部变量相连，如图 4 - 11 所示。

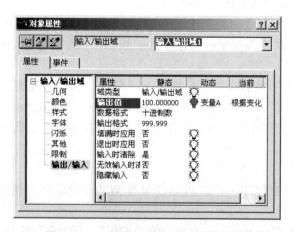

图 4 - 11　I/O 域的输出与内部变量相连

（3）改变数值。为了改变数值，需要一个动作在固定的时间间隙内改变内部变量的值。在" I/O 域" 的"对象属性"对话框的"属性"→"几何结构"→"位置 X"处，用 C 动作直接对值进行修改，将动作的触发时间设置为 250ms。我们没有使 I/O 域的位置动态化，在该属性使用 C 动作的原因是希望直接在此对象上实现值的修改。在此实例项目中，通过使用全局动作已经解决了该问题。

（4）在 WinCC 项目中的实现。

1）在变量管理器中创建变量，在本例中，使用变量 A 和变量 B。

2）在画面中对智能对象中的 I/O 域进行组态。例如使用 1 个 I/O 域对象，在创建 I/O 域期间，可在组态对话框中设置 A 变量，将更新域中的默认值"2s"修改为"根据变化"，并将域类型设置为输出。

3）在同一画面中，组态 Windows 对象中的"按钮"。

C 动作程序代码如下：

```
#include" apdefap. h"
long_main（char * lpszPictureName, char * lpszObjectName, char * lpszPropertyName）
｛
DWORD value;
SHORT count;
Count = GetTagWord（" S08i_varia_but_01"）; //inc or deec
If（（count = =1）｜｜（count = =2））｛//current value
    Value = = GetTagDWord（" S32i_varia_but_00"）;
If（count = =1）｛//inc
    Value + +;
    If（value > 1400）（value = 1400）; //high limit
    Value = = GetTagDWord（" S32i_varia_but_00", value）;
        ｝ //inc
If（count = =2）｛//dec
    Value − −;
    If（value < 0）（value = 0）; //low limit
    GetTagDWord（" S32i_varia_but_00", value）;
        ｝ //dec
    ｝ //if count
return（81）; //x − pos
｝
```

4）为了通过鼠标的单击对设定值进行修改，可在该按钮处创建多个直接连接。每次通过鼠标左键或右键按下按钮时，这些直接连接都将修改 B 变量的值。

在"对象属性"对话框的"事件"→"鼠标"→"按左键"处，将增量设置为开（将变量设置为 1）；在"对象属性"对话框的"事件"→"鼠标"→"释放左键"处，将增量设置为关（将变量设置为 0）；在"对象属性"对话框的"事件"→"鼠标"→"按右键"处，将减量设置为开（将变量设置为 2）；在"对象属性"对话框的"事件"→"鼠标"→"释放右键"处，将减量设置为关（将变量设置为 0）。

5）可在对象 I/O 域 1 的"对象属性"对话框的"属性"→"几何结构"→"位置

X"下的 C 动作中对 S32i_varia_but_00 变量的值进行修改。

用来调用 C 动作的触发器将被修改成 250ms。

用于对值进行修改的 I/O 域上的 C 动作说明如下:

声明 C 变量 value 和 count。

判断按钮是否按下,如果没有按下按钮,则 C 动作将结束(以避免不必要的系统负担)。

如果按下了按钮则脚本将查询数值是递增还是递减,根据判断结果改变变量值。

值改变以后,对限制值进行检查。

用 return 命令返回为位置×组态的值,不应对其进行修改。

注意:在修改变量之后,可使用具有直接连接的按钮,并与 I/O 域处的 C 动作协同工作。在 C 动作中,必须修改限制值和变量。

4.3.2.6　通过全局脚本递增和递减

(1)任务定义。通过全局脚本递增和递减将对变量的值进行修改,这种修改要受固定限制值的约束。可通过使用鼠标完成对值的修改。

按下按钮即可对变量值进行修改。只有在按下按钮时,才能对值进行修改。在按钮释放后,所设置的值将得以保留。

(2)概念的实现。为了执行事件驱动按钮,可使用 Windows 对象中的"按钮"。通过一个全局动作可完成执行过程。

当使用鼠标左键按下按钮时,可根据增量设置增加内部变量的值。当使用鼠标右键按下按钮时,可根据增量设置减少内部变量的值。只要按住按钮,变量值就一直改变。增量是预先指定的,运行期间不可改变。

为了显示值的改变,可使用智能对象中的 I/O 域的输出值与内部变量相连。

(3)改变数值。为了改变数值,需要在固定的时间间隙内改变内部变量的值。通过一个全局动作完成值的改变。

在启动 WinCC 运行系统时,激活该动作,并按设置的周期进行处理。当按下按钮时,仅对实际程序组件进行处理,动作就是按这种方式编程的。

此动作的一个不寻常的特性是它使用了外部 C 变量。在整个 WinCC 运行系统中,对外部 C 变量进行识别,必须在函数标题外部对其进行声明。由于在 WinCC 中,这种情况只可能存在于项目函数中,所以必须创建一个独立的项目函数,以便对这些变量进行声明。该项目函数必须在项目启动时执行一次,之后就不再需要它了。

(4)创建项目函数。

1)在 WinCC 资源管理器中,启动全局脚本编辑器。

2)通过"文件"→"新建项目函数"菜单来创建新函数。

3)分配 InitAction 函数名称,并通过选择菜单"文件"→"另存为",给定文件名"InitAction. fct"来保存函数。

4)编写和编译函数。

创建项目函数 InitAction 的程序如下:

```
//declaration for counter. pas
extern char tagname [30] = " ";
extern SHORT count = 0;
extern DWORD low = 0;
extern DWORD high = 0;
extern DWORD step = 0;
void InitAction ( )
{
//function is used to generate exernal tags
}
```

程序说明如下：

外部 C 变量的声明。

该函数必须在项目启动时执行一次，之后就不再需要它了。建议在"对象属性"对话框的"事件"→"其他"→"打开画面"处的启动画面中完成执行过程。

（5）全局动作的创建。

1）在 WinCC 资源管理器中，启动全脚本编辑器。

2）通过"文件"→"新建动作"菜单来创建新动作。

3）通过菜单"文件"→"另存为"，给定文件名"counter. pas"来保存文件。

4）编写和编译该动作。

5）设置触发，通过工具栏上的按钮 可完成该操作。在描述对话窗口中，选择触发栏，添加定时器→标准周期→250ms。

全局动作 counter. pas 程序如下：

```
#include "apdefap. h"
int gscAction (void)
{
    extern char tagname [30];
    extern SHORT count;
    extern DWORD low;
    extern DWORD high;
    extern DWORD step;
    DWORD value;
If ( (count = =1) | | (count = =2)) {//get current value
    Value = = GetTagDWord (tagname);
If (count = =1) {//inc
    Value = value + step;
    If (value > high) (value = high); //high limit
    } //if
If (count = =2) {//dec
    Value = value − step;
    If (value < low) (value = low); //low limit
    } //if
```

```
    SetTagDWord (tagname, value);
      } //if
        //if count
return (0);
}
```

程序说明如下：

外部 C 变量的声明。

判断按钮是否按下，如果没有按下，则 C 动作将结束（以避免不必要的系统负担）。

如果按下了按钮，则脚本将查询数值是递增还是递减。根据判断的结果，对 C 变量值的值进行修改。

值改变以后，对限制值进行检查。

使用内部函数 SetTagDWord 将新的值分配给将要处理的变量。

（6）在图形编辑器中的实现。

1）在变量管理器中创建变量，在本例中，使用2个 I/O 域对象。

2）在画面中对智能对象中的 I/O 域进行组态，在创建 I/O 域期间，可在组态对话框中设置 S32i_varia_but_04 变量。将更新域中的默认值"2s"修改为"根据变化"，并将域类型设置为输出。

3）在同一画面中，组态 Windows 对象中的"按钮"。在本例中，使用8个按钮对象。

4）为了通过鼠标单击对设定值进行修改，可在该按钮上创建几个 C 动作。在"对象属性"对话框的"事件"→"鼠标"→"按左键"处，将执行过程设置为开；在"对象属性"对话框的"事件"→"鼠标"→"释放左键"处，将执行程序设置为关；在"对象属性"对话框的"事件"→"鼠标"→"按右键"处，将减量过程设置为开；在"对象属性"对话框的"事件"→"鼠标"→"释放右键"处，将减量设置为关。这些 C 动作将为全局动作 counter. pas 提供合适的参数，每次通过鼠标左键或鼠标右键单击按钮时，都将发生这种情况。

5）在全局动作 counter. pas 中对 S32i_varia_but_04 变量的值进行修改。

用于增量开的按钮8上的 C 动作程序如下：

```
#include" apdefap. h"
void OnLButtonDown (char ∗ lpszPictureName, char ∗ lpszObjectName, char ∗ lpszProperty)
{
    //inc on
    extern char tagname [30];
    extern SHORT count;
    extern DWORD low;
    extern DWORD high;
    extern DWORD step;
    strcpy (tagname," S32i_varia_but_04");
    count = 1;
    low = 0;
    high = 1400;
```

```
    step = 1;
    }
```

　用于增量关的按钮 8 上的 C 动作程序如下：

```
#include" apdefap. h"
void OnLButtonDown (char * lpszPictureName, char * lpszObjectName, char * lpszProperty)
{
    //inc off
    extern SHORT count;
    count = 0;
}
```

程序说明：

C 动作中对外部变量的声明，这些变量由 InitAction 项目函数产生。

为这些变量提供相关值，这类似于将参数传送给项目函数。

Count 变量的内容主要用于对全局动作中的程序进行处理。

关闭增量过程时，不需要设置所有变量。

注意：在常规应用之前，必须进行下列修改：

在 C 动作中，对变量进行修改，并相应改变限制值和增量；

如果该按钮被传送给另一个项目，则必须用该按钮将项目函数 InitAction 和全局动作 counter. pas 一起传送。

任务 4.4　通过 Windows 对象对变量值进行修改

4.4.1　任务分析

　通过滚动条完成对设定值的修改；从列表中选择指定的、固定的数值可对设定值进行修改；通过复选框，可显示或隐藏各种不同的对象。

4.4.2　相关知识

4.4.2.1　通过带有直接连接的滚动条进行输入

（1）任务定义。通过滚动条完成对设定值的修改。数值的改变受到固定限制值的约束。

（2）概念的实现。为了实现对设定值的修改，在 WinCC 的图形编辑器中使用 Windows 对象中的"滚动条"对象。通过直接连接，当滚动条的位置改变时，内部变量的值也随之改变。在智能对象的 I/O 域中显示设定值的变化。

（3）在图形编辑器中的实现。

1）在变量管理器中创建变量，例如使用变量 M。

2）在画面中对智能对象中的 I/O 域进行组态。在组态对话框中设置变量 M，在更新域中将默认值 "2s" 修改为 "根据变化"，并将域类型设置为 "输出"，如图 4 - 12 所示。

3）在同一画面中，组态 Windows 对象中的"滚动条"对象。在"对象属性"对话框的"事件"→"其他"→"对象改变"处创建一个直接连接，如图 4 - 13 所示。

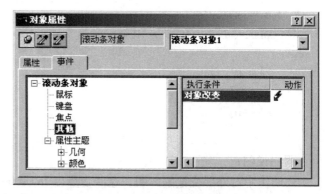

图 4 - 12　I/O 域组态　　　　　　　　　　图 4 - 13　滚动条对象属性

4）在直接连接对话框中，将"源对象"→"过程驱动连接程序"与"目标变量"→"变量 M"相连接。单击确定按钮即可应用这些设置，如图 4 - 14 所示。

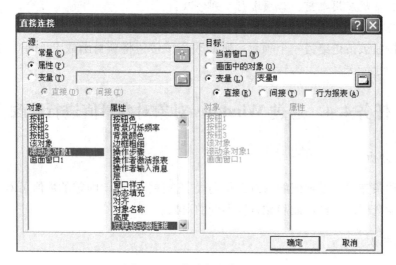

图 4 - 14　滚动条的直接连接

注意：在进行常规应用之前，必须完成下列修改：

修改直接变量；

可通过"对象属性"对话框的"属性"→"其他"→"最大值和最小值"来修改滚动对象的取值范围。也可在滚动条的组态对话框进行修改。

4.4.2.2　通过滚动条和变量连接进行输入

（1）任务定义。通过滚动条对设定值进行修改。数值的改变受固定限制值的约束。

（2）概念的实现。为了实现对设定值的修改，将使用 Windows 对象中的"滚动条"对象。通过变量连接，当滚动条的位置改变时，内部变量的值也随之改变。只有释放滚动条时，才可写入变量。在智能对象的 I/O 域中显示设定值的变化。

（3）在 WinCC 项目中的实现。通过滚动条 – 变量连接对设定值进行修改。

1）在变量管理器中创建变量。在本实例中，使用变量 T。

2）在画面中对智能对象中的 I/O 域进行组态。在本例中，使用 3 个 I/O 域对象。在创建 I/O 域期间，可在组态对话框中设置变量 T。将更新域中的默认值"2s"修改为"根据变化"，并将域类型设置为输出。

3）在同一画面中，组态一个 Windows 对象中的"滚动条"对象。在本例中，使用了两个滚动条对象。在创建滚动条对象期间，可在组态对话框中设置变量 T。将更新默认值由"2s"修改为"根据变化"，如图 4 – 15 所示。

图 4 – 15　滚动条组态对话框

注意：可通过"对象属性"对话框的"属性"→"其他"→"最大值和最小值"对滚动对象的取值范围进行修改。也可在滚动条的组态对话框中进行修改。

4.4.2.3　通过选项组进行输入

（1）任务定义。从列表中选择指定的、固定的数值可对设定值进行修改。

（2）概念的实现。为了实现对设定值的修改，将使用 Windows 对象中的"选项组"。

在通过鼠标选择了某个指定的设定值时，内部变量中的值将改变。设定值列表是指定的，运行期间不可更改。

通过智能对象中的 I/O 域将显示设定值的变化。I/O 域的输出值与内部变量相连接。改变设定值可通过一个 C 动作来完成。

（3）在 WinCC 项目中的实现。通过选项组对设定值进行修改。

1）在变量管理器中创建变量。例如使用 S32i_varia_but_02 变量。

2）在画面中组态智能对象中的 I/O 域。在本例中，使用了两个 I/O 域对象。在创建 I/O 域期间，可在组态对话框中设置 S32i_varia_but_02 变量，将更新域中默认值由"2s"修改为"根据变化"，并将域类型设置为输出。

3）在同一画面中，组态一个 Windows 对象中的"选项组"。在"对象属性"对话框的"属性"→"几何"→"框数量"处，将默认值 3 修改为 4。

4）在"对象属性"对话框的属性"→"字体"→"索引"处可选择索引1。在"对象属性"对话框的"属性"→"字体"→"文本"处为所选索引输入相应的文本。使用同样的方法为其余索引输入组态值，如图 4－16 所示。

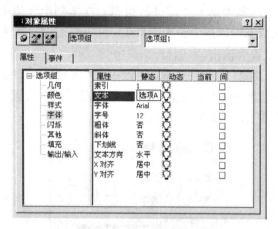

图 4－16　选项组对象属性

5）在"对象属性"对话框的"事件"→"属性主题"→"输出/输入"→"选择框"处，创建一个 C 动作，它可根据所选的选项钮，将 S32i_varia_win_02 变量设置为某个值。

选项组的 C 动作程序如下：

```
#include" apdefap. h"
void OnLButtonDown（char∗lpszPictureName, char∗lpszObjectName, char∗lpszProperty）
{
    //set tag according to selected box
switch（value）{
    case 1：SetTagDWord（" S32i_varia_win_02", 0）
    break;
    case 2：SetTagDWord（" S32i_varia_win_02", 50）
    break;
    case 4：SetTagDWord（" S32i_varia_win_02", 100）
    break;
    case 8：SetTagDWord（" S32i_varia_win_02", 150）
    break;
    } //switch
}
```

程序说明：根据输入状态，为 S32i_varia_win_02 变量赋值。输入状态存储在预定义 value 变量中。

4.4.2.4　通过复选框进行输入

（1）任务定义。通过复选框，可显示或隐藏各种不同的对象。

（2）概念的实现。可使用一个 Windows 对象中的"复选框"来实现，它将对变量的各个位进行设置。许多标准对象中的"多边形"就是根据这些位来显示或隐藏的。为了显示复选框的二进制的输出值，使用了一个智能对象中的 I/O 域。

（3）在 WinCC 项目中的实现。通过复选框进行输入。

1）在变量管理器中创建一个有符号的 32 位数类型的变量。例如使用 S32i_varia_win_03 变量。

2）组态几个标准对象中的"多边形"。例如使用多边形 1 至多边形 7。根据复选框的选择来显示或隐藏这些对象。

3）在同一画面中，组态一个 Windows 对象中的"复选框"。在"对象属性"对话框的"属性"→"几何"→"框数量"处，将默认值 3 修改为 7。

4）通过"对象属性"对话框的"属性"→"字体"→"索引"处可选择索引 1。在"对象属性"对话框的"属性"→"字体"→"文本"处为所选索引输入相应的文本。该文本是希望通过选择该复选框进行控制的对象名。使用同样的方法为其余索引输入组态值。

5）在"对象属性"对话框的"事件"→"属性主题"→"输出/输入"→"选择框"处，可创建一个 C 动作，它将复选框 1 的二进制状态分配给 S32i_varia_win_03 变量，并控制各个多边形对象的显示。

6）组态一个智能对象中的 I/O 域。在组态对话框中，设置 S32i_varia_win_03 变量。将更新默认值由"2s"修改为"根据变化"。在"对象属性"对话框的"属性"→"输出/输入"处，将数据格式修改为二进制，并将输出格式修改为 01111111。

复选框的 C 动作程序如下：

```
#include" apdefap. h"
void OnPropertyChanged（char * lpszPictureName，char * lpszObjectName，char * lpszProperty）
{
SetTagDWord（" S32i_varia_win_03"，value）；//first box selected
If（value&1）SetVisible（lpszPictureName," Polygon1"，1）；
else SetVisible（lpszPictureName," Polygon1"，0）；//second box selected
If（value&2）SetVisible（lpszPictureName," Polygon2"，1）；
else SetVisible（lpszPictureName," Polygon2"，0）；//second box selected
If（value&4）SetVisible（lpszPictureName," Polygon3"，1）；
else SetVisible（lpszPictureName," Polygon3"，0）；//second box selected
If（value&8）SetVisible（lpszPictureName," Polygon4"，1）；
else SetVisible（lpszPictureName," Polygon4"，0）；//second box selected
If（value&16）SetVisible（lpszPictureName," Polygon5"，1）；
else SetVisible（lpszPictureName," Polygon5"，0）；//second box selected
If（value&32）SetVisible（lpszPictureName," Polygon6"，1）；
else SetVisible（lpszPictureName," Polygon6"，0）；//second box selected
If（value&64）SetVisible（lpszPictureName," Polygon7"，1）；
else SetVisible（lpszPictureName," Polygon7"，0）；//second box selected
}
```

程序说明：将 S32i_varia_win_03 变量设置为复选框的新的输入状态；按照输入状态控制对象的可见性，将输入状态存储在预定义 value 变量中。

任务 4.5　对字中的位进行处理

4.5.1　任务分析

当数据字中的位被选中时，其状态要被改变，希望能够选择若干个位；通过输入位编号并按下按钮来更改数据字中相应位的状态。要从 0 转换为 1，或者反过来。

4.5.2　相关知识

位处理是指在一个字中改变位的状态。

4.5.2.1　直接通过复选框和直接连接进行置位

（1）任务定义。当数据字中的位被选中时，其状态要被改变，希望能够选择若干个位。

（2）概念的实现。为了实现更改位的状态，将使用 Windows 对象中的"复选框"。如果用鼠标选择了其中一个复选框域，则在内部变量中用直接连接更改分配给它的位。

为了显示位模式，使用智能对象中的 I/O 域，I/O 域的输出值与内部变量相连。

（3）在 WinCC 项目中的实现。直接通过复选框和直接进行置位。

1）在变量管理器中创建一个无符号的 16 位数类型的变量，例如使用变量 Y。

2）在画面中，组态智能对象中的 I/O 域。在组态对话框中设置变量 Y，将更新域中的默认值"2s"改为"根据变化"，并将域类型设置为输出。通过"对象属性"对话框的"属性"→"输出/输入"，将数据的格式改为二进制并将输出格式改为 01111111111111，如图 4-17 所示。

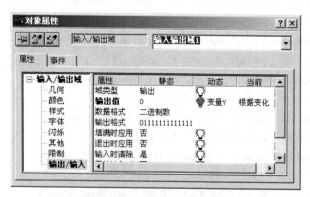

图 4-17　I/O 域的对象属性

3）在同一画面中，组态一个 Windows 对象中的"复选框"，在"对象属性"对话框的"属性"→"几何"→"框数量"处，将默认值 3 修改为 16。

4）通过"对象属性"对话框的"属性"→"字体"→"索引"处可选择索引。在"对象属性"对话框的"属性"→"字体"→"文本"处为所选索引输入相应的文本。

使用同样的方法为其余索引输入组态文本。

5）在"对象属性"对话框的"事件"→"属性主题"→"所选方框"处，用直接连接使该事件动态化。

6）在直接连接对话框中，将"源属性"→"该对象"→"所选方框"与"目标变量"→"变量 Y"相连。通过单击确定按钮即可应用这些设置，如图 4 – 18 所示。

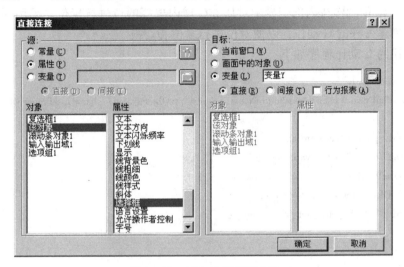

图 4 – 18　复选框的直接连接

7）组态两个 Windows 对象中的"按钮"。在本例中，使用了对象按钮 S 和按钮 R。它们将用来对所有的位进行置位和复位。

8）对于按钮 S，在"对象属性"对话框的"事件"→"鼠标"→"鼠标动作"处建立一个直接连接。通过单击确定按钮即可应用这些设置。所选择的常数相当于二进制1111111111111111。对于按钮 R，按同样的方法创建一个连接，但要"源常数"设置为"0"。

4.5.2.2　选择一个位并更改其状态

（1）任务定义。通过输入位编号并按下按钮来更改数据字中相应位的状态。要从 0 转换为 1，或者反过来。

（2）概念的实现。为了实现更改位的状态，使用一个 Windows 对象中的"按钮"。

为了输入位编号并显示位模式，使用了一个智能对象中的 I/O 域。当输入位编号并用鼠标按下按钮时，更改内部变量中所选择的位，这种更改用一个 C 动作来实现。

（3）在 WinCC 项目中的实现。更改数据字中的位。

1）在变量管理器中创建两个无符号的 16 位数类型的变量。例如使用变量 U16i_varia _set_08 和 U16i_varia_set_09。

2）在画面中，组态智能对象中的 I/O 域。在其组态期间，将 I/O 域连接到 U16i_varia _set_09 变量上。将更新的默认值由"2s"改为"根据变化"。将位编号输入此输入域中。

3）为了显示位的状态，组态第二个 I/O 域对象。在其组态期间，将 I/O 域连接到 U16i_varia_set_08 变量上。将更新的默认值由"2s"改为"根据变化"。将域类型改为输出。通过"对象属性"对话框的"属性"→"输出/输入",将数据的格式改为二进制并将输出格式改为 01111111111111111。

4)在同一画面中,组态一个 Windows 对象中的"按钮",例如使用对象按钮 1、按钮 2 和按钮 3。

5)对于按钮 1,在"对象属性"对话框的"事件"→"鼠标""→按左键"处创建一个 C 动作。该 C 动作在内部变量中对从 I/O 域内选择的位进行置位。采用同样的方法,为其他按钮创建另外的 C 动作,以便对位进行复位和切换。

置位按钮的 C 动作程序如下:

```
#include" apdefap. h"
void OnLButtonDown (char * lpszPictureName, char * lpszObjectName, char * lpszProperty)
{
WORD word, pos; //get word and bit position
pos = GetTagWord (" U16i_varia_set_09");
word = GetTagWord (" U16i_varia_set_08");
word = (WORD) (word | 1 < < pos);
SetTagWord (" U16i_varia_set_08", word);
}
```

程序说明:

声明 C 变量。

使用内部函数 GetTagWord 读出所输入位的位置以及变量的当前值。

位的移动功能。

将新的值赋给内部变量。

复位按钮的 C 动作程序如下:

```
#include" apdefap. h"
void OnLButtonDown (char * lpszPictureName, char * lpszObjectName, char * lpszProperty)
{
WORD word, pos; //get word and bit position
pos = GetTagWord (" U16i_varia_set_09");
word = GetTagWord (" U16i_varia_set_08");
word = (WORD) (word& ~ (1 < < pos));
SetTagWord (" U16i_varia_set_08", word);
}
```

程序说明:

声明 C 变量。

使用内部函数 GetTagWord 读出所输入位的位置以及变量的当前值。

位的移动功能。

将新的值赋给内部变量。

切换按钮的 C 动作程序如下:

```
#include" apdefap. h"
```

```
void OnLButtonDown（char＊lpszPictureName，char＊lpszObjectName，char＊lpszProperty）
{
WORD word，pos；//get word and bit position
pos = GetTagWord（"U16i_varia_set_09"）；
word = GetTagWord（"U16i_varia_set_08"）；
word =（WORD）（word^1 < <pos）；
SetTagWord（"U16i_varia_set_08"，word）；
}
```

程序说明：

声明 C 变量。

使用内部函数 GetTagWord 读出所输入位的位置以及变量的当前值。

位的移动功能。

将新的值赋给内部变量。

任务 4.6　变量的间接寻址

4.6.1　任务分析

在 I/O 域中，各种过程值都将显示，相应的值将通过按钮来完成选择；显示容器的三个不同过程值。

4.6.2　相关知识

4.6.2.1　通过直接连接进行间接寻址

（1）任务定义。在 I/O 域中，各种过程值都将显示，相应的值将通过按钮来完成选择。

（2）概念的实现。为了实现对应的选择，将使用一个 Windows 对象中的"按钮"。

为了显示过程值，将使用一个智能对象中的 I/O 域和 WinCC 中的间接寻址选项。三个附加的智能对象中的 I/O 域创建后，将允许直接输入过程值。

（3）在 WinCC 项目中的实现。通过直接连接进行间接寻址。

1）在变量管理器中创建三个有符号的 32 位数类型的变量。例如使用变量 1、变量 2、变量 3 三个变量。这些变量包含将要显示的过程值。

2）在变量管理器中创建一个具有文本变量 16 位字符集类型的变量。例如使用变量 4，该变量将用作地址变量。

3）在画面中，组态智能对象中的 I/O 域。在本例中，使用了 4 个 I/O 域对象。在创建 I/O 域期间，可在组态对话框中设置变量 4，将更新域中的默认值"2s"修改为"根据变化"，并将域类型设置为输出。在"对象属性"对话框的"属性"→"输出/输入"→"输出值"处，可激活间接列中的复选框，如图 4–19 所示。

4）在同一画面中，组态了 3 个附加的 I/O 域。在本例中，使用了对象 I/O 域 1 到 I/O 域 3。在创建 I/O 域 1 期间，在组态对话框中设置了变量 1 和触发器触发条件为"根据变化"。用同样的方法，组态 I/O 域 2 到 I/O 域 3，但是要把每个域连接至不同的地址变量。

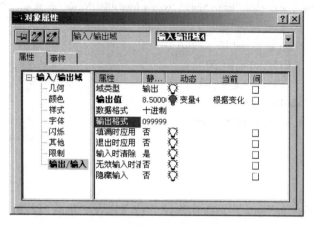

图 4 - 19　I/O 域对象属性

5）组态一个具有标准对象的静态文本类型的对象。在本例中，使用了一个静态文本对象。该对象指示当前显示那一个过程值。该对象自动提供对象中的文本。

6）在同一画面中，组态三个 Windows 对象中的"按钮"。在本例中，使用了按钮 1、按钮 2 和按钮 3 对象。

7）对于按钮 1，在"对象属性"对话框的"事件"→"鼠标"→"按左键"处组态一个直接连接。将"源变量"→"变量 1"与"目标变量"→"变量 4"相连接。单击"确定"按钮即可应用这些设置。

8）在"对象属性"对话框的"事件"→"鼠标"→"鼠标动作"处创建另一个直接连接。将"源属性"→"该对象"→"文本"与"目标画面中的对象"→"静态文本 1"→"文本"连接。单击"确定"按钮即可应用这些设置。

9）组态按钮 2 与按钮 3 的方法与组态按钮 1 的方法相同。

4.6.2.2　使用间接寻址和 C 动作进行多重显示

（1）任务定义。下列例子显示容器的三个不同过程值。也可以为若干容器建立同样的显示方法。通过选择相应的容器可显示相关的过程值。

（2）概念的实现。为了实现相应容器的选择，将使用一个 Windows 对象中的"选项组"。

为了显示过程值，使用一个智能对象中的 I/O 域和 WinCC 中的间接寻址选项。

（3）在 WinCC 项目的实现。使用间接寻址进行多重显示。

1）在变量管理器中创建九个有符号的 32 位数类型的变量。在本例中，创建了变量 T16x_varia_adr_03 至 T16x_varia_adr_11。这些变量含有容器的相应过程值。

2）在变量管理器中创建三个具有文本变量 16 位数字符集类型的变量。在本例中使用了 T16x_varia_adr_01、T16x_varia_adr_02 和 T16x_varia_adr_03 变量。它们将用作 I/O 域的地址变量。

3）组态 3 个智能对象中的 I/O 域。本例中所使用的对象为 I/O 域 5、I/O 域 6 和 I/O 域 7。

4）在创建 I/O 域 5 期间，可在组态对话框中设置 T16x_varia_adr_01 变量。将更新域中的默认值"2s"修改为"根据变化"，并将域类型设置为输出。在"对象属性"对话框的"属性"→"输入/输出"→"输出值"处，激活间接列中的复选框。

5）采用同样的方法，组态其余的 I/O 域，但是要把每个域连接至不同的地址变量。

6）组态 Windows 对象中的"选项组"。在本例中，使用了一个选项组对象。

7）通过"对象属性"对话框的"属性"→"字体"→"索引"可选择索引 1。在"对象属性"对话框的"属性"→"字体"→"文本"→"容器 1"处为所选索引输入合适的文本。用同样的方法为其余的索引值组态文本。

8）在"对象属性"对话框的"事件"→"属性主题"→"输出/输入"→"所选方框"处创建 C 动作，根据所选择的域，该动作将被写入地址变量。

选项的 C 动作程序如下：

```
#include "apdefap. h"
void OnPropertyChanged（char * lpszPictureName，char * lpszObjectName，char * lpszProperty）
{
char address1 [20]，address2 [20]，address3 [20]；
switch（value）{
        case 2：{
                strcpy（address1," S32i_varia_adr_03"）；
                strcpy（address2," S32i_varia_adr_06"）；
                strcpy（address3," S32i_varia_adr_09"）；
                } //case 2
                break；
        case 4：{
                strcpy（address1," S32i_varia_adr_04"）；
                strcpy（address2," S32i_varia_adr_07"）；
                strcpy（address3," S32i_varia_adr_10"）；
                } //case 4
                break；
        default：{
                strcpy（address1," S32i_varia_adr_05"）；
                strcpy（address2," S32i_varia_adr_08"）；
                strcpy（address3," S32i_varia_adr_11"）；
                } //default
                break；
        } //switch
    SetTagChar（" T16x_varia_adr_01" address1）；
    SetTagChar（" T16x_varia_adr_02" address2）；
    SetTagChar（" T16x_varia_adr_03" address3）；
}
```

程序说明：

C 声明三个变量作为一个字符数组。

按照输入状态，将变量名称复制给先前声明的变量。输入状态存储在预定义的 value

变量中。

将相应的变量名称分配给地址变量。

4.6.2.3   使用 C 动作进行间接寻址

（1）任务定义。在 I/O 域中，各种过程值都将显示，通过选项钮选择相应的值。

（2）概念的实现。为了实现对应的选择，将使用一个 Windows 对象中的"选项组"。为了显示过程值，将使用智能对象中的 I/O 域和 WinCC 中的间接寻址选项。

（3）在 WinCC 项目中的实现。使用 C 动作进行间接寻址。

1）在变量管理器中创建三个有符号的 32 位数类型的变量。在本例中，使用了变量 S32i_varia_adr_00、S32i_varia_adr_01 和 S32i_varia_adr_02，这些变量包含将要显示的过程值。

2）在变量管理器中创建一个具有文本变量 16 位字符集类型的变量。在本例中，使用了 T16x_varia_adr_00 变量，该变量将用作地址变量。

3）在画面中，组态智能对象中的"I/O 域"。在本例中，使用了 I/O 域 8 对象。在创建"I/O 域"期间，可在组态对话框中设置 T16x_varia_adr_00 变量。将更新域中的默认值"2s"修改为"根据变化"，并将域类型设置为输出。在"对象属性"对话框的"属性"→"输出/输入"→"输出值"处，可激活间接列中的复选框。

4）在同一画面中，组态一个 Windows 对象中的"选项组"。在本例中，使用了两个选项组对象。

5）通过"对象属性"对话框的"属性"→"字体"→"索引"可选择索引 1。在"对象属性"对话框的"属性"→"字体"→"文本"→"填充量"处为所选索引输入合适的文本。用同样的方法为其余的索引值组态文本。

6）在"对象属性"对话框的"事件"→"属性主题"→"输出/输入"→"所选方框"处创建 C 动作，根据所选择的域，该动作将被写入地址变量。

选项组的 C 动作程序如下：

```
#include" apdefap. h"
void OnPropertyChanged（char * lpszPictureName，char * lpszObjectName，char * lpszProperty）
{
char address［40］；//set tag according to input value
switch（value）{
        case 2：strcpy（address," S32i_varia_adr_01"）；
        break；
        case 4：strcpy（address," S32i_varia_adr_02"）；
        break；
        default：strcpy（address," S32i_varia_adr_00"）；
        }//switch
SetTagChar（" T16x_varia_adr_00"，address）；
}
```

程序说明：根据输入状态，将变量名称分配给 T16x_varia_adr_00 地址变量。输入状态存储在预定义的 value 变量中。

4.6.2.4　结构变量的使用

结构变量由各种默认数据类型组成。

（1）任务定义。为了完成这种实现，可使用两个 Windows 对象中的"按钮"，用它们可打开和关闭阀，并可模拟故障条件。为了对阀进行显示，使用了标准对象中的"多边形"。

（2）在 WinCC 项目中的实现。使用结构变量对阀进行控制。

1）在 WinCC 资源管理器中定义一个 WinCC 结构变量。在结构变量处，单击鼠标右键，在弹出的菜单中选择"新建结构类型"，如图 4 – 20 所示。

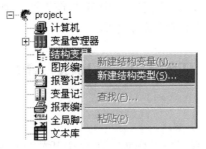

图 4 – 20　定义结构变量

2）新建结构并重命名。在本例中使用的名称是阀。通过"新建元素"按钮，可添加一个新的结构元素。打开刚才所创建的元素，可将其数据类型设置为位，如图 4 – 21 所示。

图 4 – 21　创建新的结构元素

3）通过"重命名"按钮，可将元素名称设置为已激活的，并选择内部选项钮，定义结构元素。

4）在变量管理器中创建一个阀类型的变量，该动作将创建下列二进制变量。

5）组态两个 Windows 对象中的"按钮"，在本例中，使用了对象按钮 1 和按钮 2。在按钮 1 的"对象属性"对话框的"事件"→"鼠标动作"→"按左键"处，创建一个 C 动作，用来将阀打开或关闭。采用同样的方式，在按钮 2 上创建一个 C 动作，用来打开或关闭错误位。

6）对于按钮 1，创建一个 C 动作，该动作位于"对象属性"对话框的"属性"→"几何结构"→"位置 X"上，可对阀上的外部过程进行模拟。

7）创建三个不同的画面，以显示阀的开、关和错误状态。在本例中，这些画面将包括两个标准对象中的"多边形"。它们以一个多边形在另一个多边形的顶部的形式放置，并根据阀的状态来决定是显示还是隐藏多边形。

任务 4.7　WinCC API

4.7.1　任务分析

（1）WinCC 应用程序编程接口：作为一种完全开放且可扩展的系统，WinCC 提供了一种广义的 API（应用程序编程接口）。这是一种供应用程序访问，WinCC 项目本身中也可使用 WinCC API 的函数。

WinCC ODK（开放式开发工具包）给出了 WinCC API 的详细说明。其中，借助于函数描述的例子，对 WinCC API 进行了完整的解释。它还包括所有的头文件和必须的函数声明。

（2）函数库：WinCC 的每个（主要的）应用程序（图形编辑器、变量记录、报警记录等）都提供了其自己的 API，并位于一个或多个 DLL 中。DLL（动态装载库）是一个动态装载的函数库。在关联的头文件中，将提供 DLL 所包含的函数声明。

在下面的程序代码中，将显示如何将 DLL 集成到 C 动作或其他函数中。

```
#Pragma code（" PDLCSAPI. Dll"）
#include" pdlcsapi. h"
#pragma code（）
```

在第一行里，指定了将要装载的 DLL 的名称。在此例中，这是包含图形编辑器的 CS 函数的 DLL。在第二行中，将集成带有函数声明的头文件。如果只需要一个或两个函数，也可以直接在这里进行函数声明。可用#pragma code（）来构成结束行。在这个例子中，DLL 与头文件两者的名称一致是有一定道理的。然而，情况并不总是这样。

（3）RT 函数和 CS 函数：每个应用程序的 API 函数可粗略地分为两种不同的函数类型。这就是所谓的 CS 函数（组态系统）和 RT 函数（运行系统）。

在大多数情况下，不用在 WinCC 项目中加载特定的 DLL 即可调用 RT 函数。RT 函数仅仅影响运行系统。在一个项目重新启动或即使在大多数情况下某个画面改变之后，使用 RT 函数进行修改将会导致所做过的修改丢失。

在 WinCC 项目中应用 CS 函数之前，必须装载与之相应的 DDL，且在其中已编入了函数。在 WinCC 项目本身中，应用 CS 函数仅在极少的情况下才具有意义。

4.7.2　相关知识

4.7.2.1　通过 RT 函数创建一个变量连接

【例 4 - 1】　将对图形编辑器 API 中的 RT 函数应用于变量连接的创建进行说明。在 I/O 域中的"属性"→"输出/输入"→"输出值"处创建变量连接。程序代码如下：

```
#include" apdefap. h"
void OnClick (char * lpszPictureName, char * lpszObjectName, char * lpszPropertyName)
    {
    //include file with the LinkType definitions
    #include" trigger. h"
    char szPictureName [ ]" cc_9_exanple_10ex";
    char szObjectName [ ]" I∕ofield1";
    LINKINFO link;
    CMN_ERROR Error;
    //fill link info structure
    link LinkType = BUBRT_LT_VARIABLE_DIRECT;
    link dwCycle = 0;
    strcpy (link. szLinkName," U08i_course_vincc_2");
    //set link and check the return value
    if (PDLRTSetLink (0, szPictureName, szObjectName," OutputValue",
                    &link, ULL, NULL&Error) = = FALSE)
    {
        printf (" \ r \ nError in PDLRTSetLink ( ) \ r \ n% e \ r \ n";
            Error. szErrorText);
    }
    }
```

在第一部分中，集成 trigger. h 文件。该文件包含了本例中所使用的符号常量定义。接下来，定义了两个字符串。它们的内容（画面名称和对象名称）指定了将要编辑的对象。为了指定变量连接属性，可使用一个单独的数据类型，这就是 LINKINFO 结构类型。定义一个 LINKINFO 数据类型的 link 变量。定义了一个 CMN_ERROR 数据类型的变量。Link 变量的结构元素可使用所期望的变量连接的信息来填充。

为 Linktype 元素分配 BUBRT_LT_VARIABLE_DIRRCT 符号常量，该常量代表了一个直接变量的连接。为 dwCycle 元素分配数值 0，它对应于触发条件为"一旦修改"的触发器。SzLinkName 元素指定了要使用的变量。

通过 API 函数 PDLRTSetLink ( )，可创建对象的变量连接。API 函数的第一个参数指定了对象的寻址模式。接下来的三个参数指定了所期望的画面名称、对象名称和属性名称。在下面的参数中，指定了 link 变量的地址，它确定了将要创建的变量连接。接下来的两个参数与所期望的地址无关。最后一个参数指定了错误结构的地址。如果调用 API 函数失败，则通过输出可对其进行说明。

4.7.2.2　通过 CS 函数修改属性

【**例 4 - 2**】　对图形编辑器 API 的 CS 函数应用于对象属性的设置进行说明。通过设置属性位置 X 和位置 Y 可对对象的位置进行修改。程序代码如下：

```
#include" apdefap. h"
void OnClick （char * lpszPictureName，char * lpszObjectName，char * lpszPropertyName）
    {
    #pragma code （" PDLCSAPI. dll"）
    #include" pdlcsapi. h"
    #pragma code （）
    char szProjectName ［_MAX_PATH］;
    char szPictureName ［］ =" cc_9_example_10ex. PDL";
    char szObjectName ［］ =" I/Ofield2";
    char szPropertyName ［2］［5］ = {" Left"," Top"};
    VARTYPE vt = VT_I4;
    Int iValue ［］ = {60，130};
    int i;
    CMN_ERROR Error;
    //get project name
    if （DMGatRuntimeProject （szProjectName，_MAX_PATH + 1，&Error） = = FALSE）
    {
       printf （" \ r \ nError in DMGetRuntimeProject （） \ r \ n"
                   " \ t% s \ r \ n". Error. szErrorText）;
           return;
    }
    //initialize API interface of the graphics designer
    if （PDLCSGetOleAppPtr （FALSE，&Error） = = FALSE）
    {
       printf （" \ r \ nError in PDLCSGetOleAppPtr （） \ r \ n% s \ r \ n"，
            Error. szError Text）;
         return;
    }
    //open picture without displaying it
    if （PDLCSOpenEx （szProjectName，szPictureName，1，&Error） = = FALSE）
    {
       printf （" \ r \ nError in PDLCSOpenEx （） \ r \ n% s \ r \ n". Error. szErrorText）;
           goto OPEN_FAILED;
    }
    //set propertys
    for （i = 0；i < 2；i + +）
    {
```

```
        if（PDLCSSetPropertyEx（szProjectName. szPictureName. szObjectName.
          szPropertyName［i］, vt, iValue + i, 0, NULL, &Error）= = FALSE）
      {
        printf（"\r\nError in PDLCSSetPropertyEx（）\r\n%s\r\n",
        Error. szerrorText）;
      }
  }
  //save picture
  if（PDLCSSave（szProjectName, szPictueName, &Error）= = FALSE）
  {
        printf（"\r\nError in PDLCSSave（）\r\n%s\r\n",
        Error. szErrorText）;
        Goto ACTION_FAILED;
  }
  //actualize the picture which contains the created object ActualizeObjects（）;
  //close picture
  ACTION_FAILED; PDLCSClose（szProjectName. szPictueName, &Error）;
  //disconnect from the API interface of the graphics designer
  OPEN_FAILED; PDLCSDelO1eAppPtr（FALSE）;
  }
```

在第一部分中，将装载图形编辑器 API 的 DLL。在第二部分中，定义了所需要的变量。将要设置的属性名称以及属性值均存储在向量中，与例 4 - 2 中所描述的过程相对应。通过 API 函数 DMGetRuntimeProject（）可确定项目名称。通过 API 函数 PDLCSGetOleAppPtr（）可对图形编辑器 API 进行初始化。通过 API 函数 PDLCSOpenEx（）来打开要编辑的画面。在 for 循环中，可通过 API 函数 PDLCSSetPropertyEx（）来设置对象属性。如果不同类型的属性均按这种方式进行设置，则必须定义一个向量，而不是 vt 变量。该向量将确定所要设置的每个属性的属性类型。

该程序通过 API 函数 PDLCSSave（）对画面进行保存；通过项目函数 ActualizeObjects（）再次选择所要编辑的画面；通过 API 函数 PDLCSClose（）再次关闭先前已打开的画面；通过 API 函数 PDLCSDelOleAppPrt（）再次终止与图形编辑器 API 的连接。

任务 4.8　Windows API

4.8.1　任务分析

Windows 应用程序接口：除 WinCC API 以外，在 WinCC 项目中也可以使用所有的 Windows API。这使得几乎可以不受限制地对系统进行访问。下面的几个例子是该主题的一个概括，通过这些例子说明了 Window API 的一般应用过程。然而，这并非有关 Windows API 的详尽叙述。Windows API 的函数也位于不同的 DLL 中，就如 WinCC API 的函数一样，在各种不同的头文件中对这些函数进行了说明。DLL 的集成遵循集成 WinCC DLL 所使用的同一原理。下列例子的程序代码也对这种集成进行了说明。

4.8.2　相关知识

4.8.2.1　设置 Windows 属性

例 4 - 3 说明如何更改 Window 窗口的属性。在本例中，更改运行系统窗口的标题和几何结构。该例在起始画面 cc - 0 - startpicture - 00. PDL 的"对象属性"对话框中，选择"事件"标签，选择"其他"，在"打开画面"处进行组态。

【**例 4 - 3**】　起始画面的 C 动作的程序代码如下：

```
#include" apdefep. h"
void OnOpenPicture（char * lpszPictureName，char * lpszObjectName，char * lpszPropertyName）
    {
    //get handle of runtime window
    HWND hwnd = NULL;
    hwnd = Findwindow（NULL," WinCC - Runtime_"）;
    //set text of runtime window
    SetWindowText（hwnd," WinCC C - Runtime_"）;
    //set position and size of runtime window
    SetWindowPos（hwnd. HWND_TOP，0，0，1024，768，0）; //set active the first chapter
    SetTagByte（" U08i_org_bar_1"，0）;
    CreateExternalTags（）
    }
```

在本例中所使用的 Windows 函数在 WinCC 项目中是已知的，因此，不需要加载任何 Windows DLL。在第一部分中，定义一个 HWND 类型的变量。并用 NULL 对其进行初始化，该变量就是所谓的窗口句柄，即指向某个 Windows 窗口的指针。通过 Windows 函数 FindWindow（），可借助指定窗口表来确定一个 Windows 窗口的窗口句柄。如果已指明运行系统窗口的默认标题，就可以确定其窗口句柄。通过 Windows 函数 SetWindowText（），可更改运行系统窗口的标题。在本例中，为将标题更改为 WinCC C - Runtime_。

通过 Windows 函数 SetWindowPos（），可指定屏幕上显示的左上角（位置为 0/0），并且将其大小设为 1024 × 768。上述程序代码中的其余语句执行是与本例不相关的初始化。

4.8.2.2　读取系统时间

例 4 - 4 将说明如何读取并显示系统时间。在本例中，将显示时间和日期。在画面 cc - 0 - startpicture - 00. PDL 中组态本例。

【**例 4 - 4**】　静态文本时间的 C 动作的程序代码如下：

```
#include" apdefap. h"
char * _main（char * lpszPictureName，char * lpszObjectName，char * lpszPropertyName）
    {
    #pragma code（" Kerne132. dll"）
    VOID GerLocalTime（LPSYSTEMTIME lpsystemTime）;
    #pragma code（）
```

```
SYSTEMTIME sysTime;
Char szTime [6] = "";
GetLocalTime (&sysTime);
Sprintf (szTime,"%02d:%02d", sysTime, w Hour, sysTime, wMinute);
Return szTime;
}
```

在第一部分中，集成 Windows DLL Kernel32，由于只需要 DLL 的一个函数，因此直接声明该函数。接下来，定义 SYSTEMTIME 数据类型的变量 sysTime。这是一个结构类型，用于存储系统时间。定义，一个字符串变量 szTime，用于接受 hh：mm 格式的当前时间。通过 Windows 函数 GetLocalTime（），将当前的系统时间写入变量 sysTime 中。将当前的系统时间设置为 hh：mm 格式，并通过 sprintf（）函数将其作为返回值返回。在属性→其他→工具提示文本处，按照所述步骤创建另一个 C 动作。该 C 动作传递当前日期，函数的执行周期为 1s。

4.8.2.3　播放声音文件

本节将说明如何播放声音文件。在如下例子中，如果从浏览栏基础切换到浏览栏 WinCC 和 WindowsAPI，则将播放一个声音文件，反之亦然。该例在画面 cc – 2 – keyboard – 01PDL 中为对象按钮组态。

```
项目函数 CC – PlaySound ()
#include" apdefap. h"
void oc_playSound (char * lpszSoundFile)
{
#pragma code (" winmm. dll")
BOOL PlaySound (LPCTSTR lpszSound, HMODULE hModule, DWORD dwSound);
#define SND_FILENAME 0x00020000L
#define SND_ASYNC 0x0001
#pragma code ()
BOOL bRet = FALSE;
char szProjectPath [_MAX_PATH];
char szSoundPath [_MAX_PATH];
GetProjectPath (szProjectPath);
Sprintf (szSoundPath. ,"% Sound \\ % s", szProjectPath. , lpszSoundFile);
bRet = PlaySound (szSoundPath, . NULL, SND_FILENAME | SND_ASYNC);
if (bRet = = FALSE)
{
  MessageBeep ((WORD) -1);
}
}
```

在第一部分中，集成 apdefap. h 文件。通过该文件，当前项目函数也可以调用其他项目函数。函数标题定义了一个字符变量，作为传送参数。使用该变量，可传递要播放的声音文件的名称。在第二部分中，集成 Windows DLL winmm。由于只需要 DLL 的一个函数，因此直接声明该函数。此外，还定义两个符号变量。该项目函数假定项目文件夹中存放一个声音子文件。在该文件中，存储项目中所使用的为声音文件。所期望声音文件的路径包括项目路径、声音文件夹的名称以及所传诵的声音文件的名称。它将存储在变量 szSoundPath 中。

通过 Windows 函数 PlaySound（）即可播放该声音。如果不能播放声音文件，则通过 Windows 函数 MesssageBeep（）产生简短的蜂鸣声来替代声音文件。

任务 4.9　标准对话框

4.9.1　任务分析

在 WinCC 中创建对话框的一般过程包括创建一个 WinCC 画面以及用画面窗口显示该画面。也可以用 C 动作或其他函数来创建标准对话框。在这种情况下，WinCC 标准对话框以及 Windows 对话框均可使用。有关这些对话框的信息可参见 WinCC ODK 和 Windows API 文档。

4.9.2　相关知识

4.9.2.1　变量选择

【例 4 – 5】　说明如何使用进行变量选择 WinCC 标准对话框。对话框内所选变量的内容显示在 I/O 域中。程序代码如下：

```
#include" apdefap. h"
void OnClick（char * lpszPictureName, char * lpszObjectName, char * lpszPropertyName）
    {
    //include file with the LinkType definitions
    #include" trigger. h"
    BOOL bRet;
    char szProjectFile [_MAX_PATH +1];
    CMN_ERROR Error;
    HWND hwndParent = NULL;
    DM_VARKEY dmYarKey;
    LINKINFO link;
    //select tag
    if（DMGetRuntimeProject（szProjectFile, _MAX_PATH +1, &Error）= = FALSE）
    {
    printf（" \ r \ nError in DMGetRuntimeProject（）\ r\ n"
            " \ t%s\ r\ n", Error. szErrorText）;
            return;
    }
    hwndParent = FindWindow（NULL," WinCC C – Course"）;
    if（DMShowVarDatabase（szProjectFile, HwndParent, NULL. NULL,
            &dmVarKey, &Error）= = FALSE）
    {
```

```
            printf ("\r\nError in DMShowVarDatabase () \r\n"
                "\t%s\r\n", Error. szErrorText);
            return;
        }
    }
```

在第一部分中，集成 trigger. h 文件。该文件包含本例中所使用的符号常量的定义。在第二部分中，定义所使用的变量，其中，定义了用于接受有关对话框中所选 WinCC 变量的信息变量 dmVarKey，以及用于接受有关变量连接的信息变量 link。通过 API 函数 DMGetRuntimeProject () 确定项目名称。通过 Windows 函数 FindWindow () 可运行系统的窗口的窗口标题来确定其窗口句柄。通过 API 函数 DMShowVarDatabase () 打开变量选择对话框。有关对话框中所选 WinCC 变量的信息存储在所传送的变量 dmVarName 中。如果已选择一个变量，则其名称将显示在静态文本域中，而其内容将显示在 I/O 域中。

4.9.2.2　出错框

【例 4 - 6】　说明如何才能显示 Windows 出错框。程序代码如下：

```
#include" apdefap. h"
void OnClick (char * lpszPictureName, char * lpszObjectName, char * lpszPropertyName)
    {
    HWND hwnd = NULL;
    hwnd = FindWindow (NULL," WinCC C - Course");
    MessageBox (hwnd," WinCC C - Course raised unknown Exeption!!!".
        " Error", MB_OK | MB_ICONSTOP | MB_APPLMODAL);
    }
```

在第一部分中，定义 HWND 数据类型的变量 hWnd。通过 Windows 函数 FindWindow () 将运行系统窗口句柄分配给该变量。通过 Windows 函数 MessageBox () 打开一个出错框。将出错文本指定为第二个参数，出错框的标题指定为第三个参数。第四个参数则指定出错框的外观和状态。出错框只是包含一个确定按钮（MB_OK），显示出错符号（MB - ICONSTOP）并且处于模态（MB_APPLMODAL）。由此可见，用户在往下进行之前，必须首先确定出错框。如果已经选择了一个变量，则其名称将显示在静态文本域中，而其内容将显示在 I/O 域中。

4.9.2.3　在 WinCC 中添加动态

"添加动态"表示运行期间的状态（例如位置、颜色和文本等）变化以及对事件（例如鼠标单击、键盘操作和数值变化等）的响应。将图形窗口中的每个元素看作独立的对象。图形窗口本身同样是一种称为画面对象的对象。WinCC 图形系统中的每个对象都具有属性和事件。除少数情况外，大部分属性和事件都能够动态化。少数例外情况主要是指运行期间不受影响的属性和事件，它们没有显示其可以动态化的符号。

A　使属性动态化

对象的属性（位置、颜色和文本等）可以静态地设置，并且可以在运行期间动态地改变。动态列中所有带有灯泡的属性都可以动态化。一旦属性被动态化，动态类型的彩色符号就代替白灯泡显示。已经动态化的主题（例如几何结构）以粗体字显示。在"对象属性"对话框中可使属性动态化，如图4－22所示。

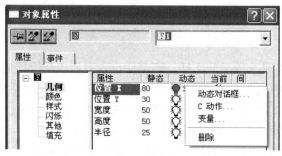

图4－22　属性动态化

B　使事件动态化

对象的事件（例如鼠标单击、键盘操作和数值变化等）可以在运行期间检索，并且可以动态地进行判断。动作列中所有带闪电符号的事件都可以动态化。一旦事件被动态化，动态类型的彩色闪电就代替白色闪电显示。已经动态化的主题（例如"其他"）以粗体字显示。在"对象属性"对话框中可使事件动态化，如图4－23所示。

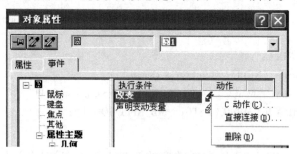

图4－23　事件动态化

C　对象的动态化类型

设备画面的对象可以用许多不同的方法来动态化，执行动态化的独立标准对话框面向不同的目标区域，并且在某种程度上会导致不同的结果，见表4－4。

表4－4　动态化类型的优缺点比较

动态类型	A[①]	B[②]	优　点	缺　点
动态向导	×	×	组态时以标准的方法提示	只适用于某些动态化的类型，始终生成一个C动作
直接连接		×	使画面动态化的最快方法，在运行系统中性能最佳	只限于一个连接，并且只能在画面中使用
变量连接	×		易于组态	对动态化有所限制
动态对话框	×		快速且清楚；用于数值范围或许多的选择项；在运行系统中性能较高	并不适用于所有动态化类型
C动作	×	×	由于脚本语言（ANSI－C）非常强大，所以对动态化几乎没有限制	错误的C指令可能会导致产生错误，与其他动态化类型相比性能较低

①A为对象属性的动态化。

②B为对象事件的动态化。

表 4-4 比较了动态化类型的优缺点，下述为打开各种动态化对话框的方法：

（1）"组态对话框"：并不是所有对象都有这样的对话框来自动创建这些对象。在画面中选择对象，单击鼠标右键打开其弹出式菜单，在菜单中选择"组态对话框"。

（2）"动态向导"：在"查看"菜单中打开"工具栏…"，在"动态向导"前加上复选标记。

在画面中选择对象，在"动态向导"窗口（如图 4-24 所示）中选择"标准向导"，在列出的可选项中选择"增加一个动态向导"来启动"动态向导"。

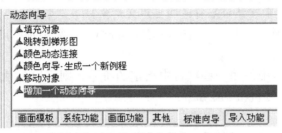

图 4-24　动态向导窗口

（3）"直接连接"：在图 4-22 所示画面中选择对象，单击鼠标右键打开其弹出式菜单，在菜单中选择"属性"，显示"对象属性"对话框，在"对象属性"对话框中选择"事件"标签，选择"动作"列，单击鼠标右键打开其弹出式菜单，在打开的弹出式菜单中选择"直接连接"。

（4）"变量连接"：在图 4-22 所示画面中选择对象，单击鼠标右键打开其弹出式菜单，在菜单中选择"属性"，显示"对象属性"对话框，在"对象属性"对话框中选择"属性"标签，选择"动态"列，单击鼠标右键打开其弹出式菜单，在打开的弹出式菜单中选择"变量"，在随后的对话框中，按照提示选择并应用相应的变量。

（5）"动态对话框"：在图 4-22 所示画面中选择对象，单击鼠标右键打开其弹出式菜单，在菜单中选择"属性"，显示"对象属性"对话框，在"对象属性"对话框中选择"属性"标签，选择"动态"列，单击鼠标右键打开其弹出式菜单，在打开的弹出式菜单中选择"动态对话框"，在随后的对话框中，按照提示选择并应用相应的动态。

（6）"C 动作"：在图 4-22 所示画面中选择对象，单击鼠标右键打开其弹出式菜单，在菜单中选择"属性"，显示"对象属性"对话框，在"对象属性"对话框中选择"属性"标签，选择"动态"列，单击鼠标右键打开其弹出式菜单，在打开的弹出式菜单中选择"C 动作"，在随后的对话框中，按照提示选择并应用相应的"C 动作"。

上述各种动态化对话框的结果和表现形式见表 4-5。

表 4-5　动态化对话框的结果和表现形式

对话框	结果	表现形式（符号）
动态向导	总是生成一个 C 动作	绿色闪电
直接连接		蓝色闪电
变量连接		绿色灯泡
动态对话框	自动生成 C 动作（lnProc），此 C 动作随后可以扩展，但是会在过程中丢失性能优势	红色闪电，C 动作一旦改变，就切换到绿色闪电
C 动作	已组态的 C 脚本	绿色闪电，黄色闪电表示动作仍然要编译

D　符号和位图的传送

状态显示的符号或画面文件中的图形对象可以作为项目画面文件夹中的独立文件存储。可通过将期望的符号文件（＊.emf 或 ＊.gif）复制到新建项目的目标文件夹 \ GraCS 来完成。这些画面立即存在于状态显示或图形对象的选择列表中。在导入时，可以将符号集成到画面中，或通过"插入"菜单中的"导入"子菜单将符号直接复制到正在编辑的图形画面中。对于后面这种情况，不一定要复制文件，可以通过访问源项目的路径（\ GraCS）直接导入想要的符号，然后选择所期望的符号文件。

E　传送项目库（带有预组态符号和自定义对象）

如果符号存储在项目库中，则通过将文件 library.pxl 复制到 \ library 路径下就可以将这个库用于另一个项目。

如果仅在新建项目中使用一些项目中指定的符号，则可以单独导出它们（符号文件 ＊.emf）。传送符号的过程和步骤如下：

（1）打开库。

（2）使用鼠标选择期望的符号并按住鼠标键将符号拖到画面中（拖放）。

（3）选择"文件"菜单中的"导出…"子菜单，打开用来保存符号的对话框。

（4）保存符号。

F　新建项目库

这些导出的符号现在可以作为独立的符号文件使用并可以通过导入来单独使用。如果这些符号在项目中频繁使用，则可以一次集成到新建的项目库中。可以通过调用符号库，特别是项目库来进行。

在创建自己的符号文件时（例如借助库窗口工具栏的文件夹图标通过拖放将已导入的符号复制到该文件夹中），可用这种方法来传送项目的部分符号并添加其他指定的符号，以再次创建新的项目指定的库。

G　动作传送

将项目中的动作或将要在不同项目动作间复制的动作存储为独立的文件，这些文件存储在 \ GraCS 文件夹下，其扩展名为 .act（表示动作）。任何时候都可以通过将它们从源文件夹复制到目标文件夹来进行传送。

从 C 动作编辑器中通过工具栏按钮导出动作，将动作文件存储到由用户命名的目标文件中。通过导入动作工具栏按钮，将所存储的动作文件传送到新建项目画面中的对象动作中。

H　变量的传送

在将数据传送到目标项目前，需要说明目标项目的地址。如果在 WinCC 的变量管理器中已经有大量变量存在，则应该将 WinCC 变量列表导入到目标项目。内部变量必须始终从 WinCC 的变量管理器传送，可以通过 Var_Exim.exe 工具来完成。

（1）使用动态向导传送 S7 数据变量。借助动态向导，可将使用 STEP 7 软件产生的数据区定义读入 WinCC 的变量管理器。其具体步骤如下：

1）备份项目数据，并在数据库中作相应改变。

2）使用 STEP 软件导出分配列表。创建名为 prj_zuli.SEQ 的文件。

3）删除所有不要求从该导出文件导入 WinCC 的特殊符号（例如对于程序调用）。可以使用典型的文本编辑器，例如写字板来完成。分配列表不能包含任何空白行。

4）打开 WinCC 资源管理器中的目标项目。项目必须处于组态模式下（运行系统没有激活）。

5）打开图形编辑器。在任意画面中，调转到动态向导，并选择导入功能标签。从此处，选择导入 S7 分配列表的功能。然后，必须指定（使用按钮）源文件（. seq）及其路径，还需要指定逻辑连接，在其中将放置对分配列表的变量描述，将数据输入 WinCC 变量管理器中。用于 WinCC 项目的变量名称必须是唯一的。将变量添加到已存在的 WinCC 变量管理器。

（2）使用帮助程序传送变量。可以在任何时候将定义在变量管理器中的变量作为文本文件导出，以补充变量列表。然后，必须将生成的数据导回项目的变量管理器。已创建的文件使用 CSV（逗号分隔的数值）格式，可使用任何编辑程序读取并做进一步的处理。

导出或导入数据的步骤如下：

1）打开 WinCC 资源管理器中的 WinCC 项目。

2）定义当前不可用但稍后需要用于导入的连接（通道 DLL – 逻辑连接 – 连接参数）。它只能在新建项目中进行。

3）激活 Var_exim 程序。

任务 4.10　画面切换

4.10.1　任务分析

本节通过一些具体的实例讲解画面切换的方法。

4.10.2　相关知识

4.10.2.1　实例 1：通过直接连接打开画面

（1）说明。在画面窗口中，通过按钮及借助直接连接，可完成画面切换。

使用三个"Windows 对象"选项板中的"按钮"，当将按钮按下时，即可将该按钮对应的画面显示在画面窗口中，通过按不同的按钮，即可进行画面切换。"画面窗口"从"智能对象"选项板中选取，在画面中，所用的"静态文本"从"标准对象"选项板中选取，静态文本用于说明画面切换后画面窗口中所显示的画面的名称。

（2）实现步骤。

1）打开"图形编辑器"。

2）通过"文件"菜单中的"新建"菜单条目，创建一个新的画面，并通过"文件"菜单中的"另存为…"菜单条目，将其以名称 pictu_5_kzz_00. pdl 进行保存。将鼠标指向新建画面，单击鼠标右键，在弹出的菜单中选择"属性"菜单条目，打开"对象属性"对话框（见图 4 – 25）。如图 4 – 25 所示将"属性"标签下的"几何"部分中的"画面宽度"设置为 270，"画面高度"设置为 280。

3）在 pictu_5_kzz_00. pdl 画面中，组态一个静态文本。鼠标点击该"静态文本"对象，单击鼠标右键，在弹出的菜单中选择"属性"菜单条目，打开"对象属性"对话框，如图 4 - 26 所示。将"属性"标签下的"字体"部分中的"粗体"设置为"是"，将"文本"的默认内容从静态列中删除，这样可以避免建立画面时输出不正确的文本。

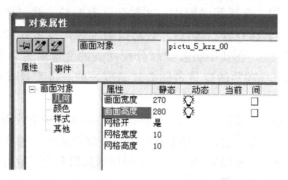

图 4 - 25　新建画面"对象属性"对话框

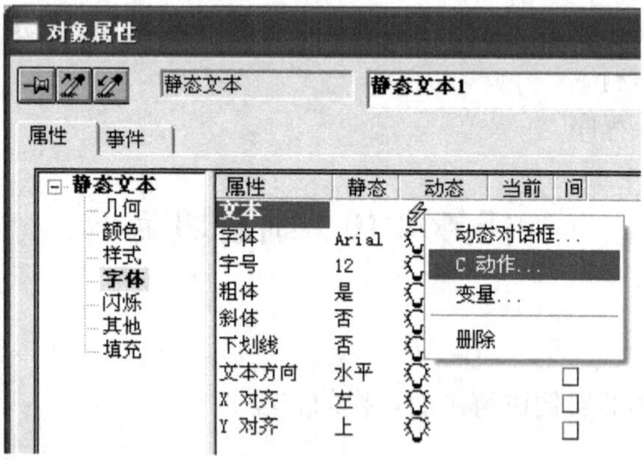

图 4 - 26　静态文本"对象属性"对话框

　　因"静态文本"中显示的是"画面窗口"中所显示的画面的名称，随着画面的切换，其所显示的名称也将随着改变。欲达到此目的，可在"静态文本"中使用 C 动作，该 C 动作把当前画面名称作为返回值返回。作用于 C 动作的触发器，使用默认周期 1 小时（低系统负载，不需任何修改）。在本例中，建立 C 动作的过程如图 4 - 26 所示，选取"字体"条目下的"文本"属性，指向该属性的"动态"列，单击鼠标右键，在弹出的菜单中选择"C 动作…"菜单条目，然后在弹出的界面中输入、编译 C 动作程序段。静态文本的 C 动作程序段如下：

```
# include" apdefap, h"
char * _nain（char * lpszpictureName，char * lpszobjectName，char * lpszPropertyName）
    {
    Char * name = lpszPictureName;
    Char * pdest;
      int ch = ":";
    //check if picture path contains char
    Pdest = strrchr（lpszPicureName，ch）;
```

```
//read only picture name without path
If (pdest = = NULL) return lpszPictureName;
else {
        name = strcpy (name, strrchr (name, ch) + 1);
        return name;
        } //else
}
```

4) 在 pictu_5_kzz_00. pdl 画面中, 组态全局库中的 "反应器6" 对象作为所要显示的信息。组态的方法为: 首先通过 "查看" 菜单中的 "库" 菜单条目或通过工具栏上的 按钮打开库浏览, 如图 4 - 27 所示; 然后将 "反应器6" 对象拖到画面适当位置, 即完成组态。

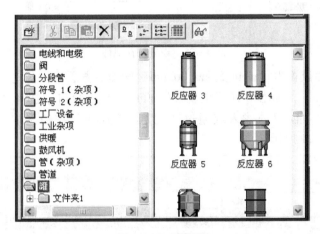

图 4 - 27 库浏览

5) 组态两个以上用于画面切换的画面, 简便的方法可通过利用 "文件" 菜单中的 "另存为…" 菜单条目完成。一个画面名称为 "pictu_5_kzz_01. pdl", 另一个画面名称为 "pictu_5_kzz_02. pdl"。在这两个画面中分别组态期望显示的内容。画面名称显示在静态文本中, 画面切换时不需要改变静态文本对象。

6) 通过 "文件" 菜单中的 "新建" 菜单条目, 创建一个新的画面, 在该画面中, 组态一个画面窗口。修改画面窗口的尺寸, 使其大小与先前创建的画面的大小一致。为了使窗口在运行系统中带边框显示, 可将 "画面窗口" 的 "边框" 属性设置为 "是"。

7) 在同一画面中, 组态一个按钮。打开 "按钮" 的 "对象属性" 窗口, 在窗口中选取 "对象属性" 对话框的 "事件" 条目, 如图 4 - 28 所示。然后选 "鼠标", 在 "执行条件" 中选 "按左键", 在 "按左键" 所对应的 "动作" 处创建一个直接连接。在 "直接连接" 对话框中, 将画面 pictu_5_kzz_00. pdl 选为源。在 "目标" 部分, 选取 "画面中的对象", 在 "画面中的对象" 列表中选 "画面窗口1"。

8) 复制按钮1对象, 生成两个按钮: 按钮2和按钮3。更改按钮2和按钮3所组态的 "直接连接" 的 "源" 属性, 对按钮2, 将其设置为 "pictu_5_kzz_01. pdl"; 而对按钮3, 则设置为 "pictu_5_kzz_02. pdl"。

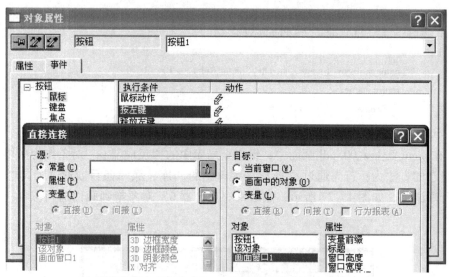

图4-28　设置按钮属性

9）将启动画面设置为"pictu_5_kzz_00. pdl"画面。方法为：首先在 WinCC 的资源管理器中选择"计算机"，弹出"计算机属性"窗口，在该窗口中选择"图形运行系统"；然后在"启动画面"窗口内输入或通过"浏览（B）…"按钮选取"pictu_5_kzz_00. pdl"，结果如图4-29所示。

图4-29　设置启动画面

4.10.2.2　实例2：利用动态向导打开画面

（1）说明。设置三个按钮，使用动态向导给按钮组态动作，系统运行时，按下不同的按钮，画面窗口将显示不同的画面。

（2）实现步骤。

1）新建一个画面，并在画面中组态一个画面窗口。调整画面窗口的尺寸以适应屏幕大小，为了使窗口在运行系统中带边框显示，可将"画面窗口"的"边框"属性设置为"是"，属性"画面名称"选择"pictu_5_kzz_01. pdl"。

2）如果没有显示动态向导，则从"查看"菜单中选"工具栏…"菜单条目将其激活。动态向导窗口如图 4 - 30 所示。

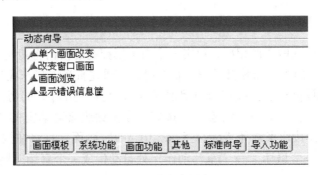

图 4 - 30　动态向导窗口

3）在同一画面中，组态一个按钮。在本实例中，使用了"按钮 4"对象。在画面中选择按钮，在动态向导窗口中选择"画面功能"，鼠标双击组中的"单个画面改变"条目，然后按动态向导对话框中的指令一步一步去做，最后确认完成。从动态向导选择触发器时，选择"按鼠标左键"，要求指出要显示的新画面名称时，选择"pictu_5_kzz_00. pdl"。

4）再组态两个附加的按钮。在本实例中，它们是对象"按钮 5"和"按钮 6"。该动态向导也应用于这些按钮。对按钮 5，当动态向导要求指出要显示的新画面名称时，选择"pictu_5_kzz_01. pdl"；对按钮 6，当动态向导要求指出要显示的新画面名称时，选择"pictu_5_kzz_02. pdl"。

4. 10. 2. 3　实例 3：通过内部函数打开画面

（1）说明。设置三个按钮，给按钮创建 C 动作，在 C 动作的程序段中使用内部函数来实现画面切换。系统运行时，按下不同的按钮，画面窗口将显示不同的画面。

（2）实现步骤。

1）新建一个画面，在画面中，组态一个画面窗口。调整画面窗口的尺寸以适应屏幕大小，为了使窗口在运行系统中带边框显示，可将"画面窗口"的"边框"属性设置为"是"，属性"画面名称"选择"pictu_5_kzz_01. pdl"。

2）在同一画面中，组态一个按钮，在该按钮的"鼠标"属性下的"按左键"执行条件处，创建 C 动作，用于画面切换。在 C 动作中通过内部函数 SetPictureName，可将"pictu_5_window_00. pdl"画面切换到画面窗口对象中。pictu_3_chapter_01. pdl 是画面窗口所在画面的名称。C 动作的程序段如下：

```
# include" apdefap. h"
Void onlButtonDown （char * lpszpictureName，char * lpszobjectName，char * lpszPropertyName）
```

```
        |
SetPictureName（" pictu_3_chapter_01. PDL",
                " picture window2",
                " pictu_5_window_00"）;
        |
```

另外再组态两个附加的按钮。在本实例中，它们就是对象"按钮 5"和"按钮 6"，这些对象上均设置经适当修改了的 C 动作。

4.10.2.4　实例 4：利用直接连接切换单个画面

（1）说明。与前面的实例相反，单击一个由鼠标控制的按钮将切换整个画面。这将不只是切换画面窗口的内容，而是打开一个新的窗口。通过直接连接来完成该组态。在本实例中，将执行从画面 pictu_5_kzz_01. pdl 到画面 pictu_5_kzz_02. pdl 的切换。

（2）实现步骤。在画面中，组态一个按钮。在按钮组态对话框的"单击鼠标改变画面"部分，使用选择按钮来选择"pictu_5_kzz_01. pdl"画面。这将在按钮的"对象属性"对话框的"事件"→"鼠标"→"鼠标动作"处自动生成一个直接连接。

4.10.2.5　实例 5：通过对象名称和画面名称的变量连接打开画面

（1）说明。在画面窗口中，画面切换通过按钮来执行，按钮则通过其对象名称来识别它将调用哪个画面。因此，按钮在复制之后，只有更改了对象名才能再次使用。画面名称存储在文本变量中。本实例中设置三个按钮，一个显示画面的画面窗口，还使用一个静态文本，用于画面名称的显示。这里将使用先前实例中已组态的画面，这些画面的名称由两部分组成：文本部分和画面编号。

（2）实现步骤。

1）在变量管理器中创建一个"文本变量 16 位字符集"类型的变量。在本实例中，使用变量 T16x_selec_00。此变量用于包含画面窗口中所显示画面的名称。

2）打开画面对象 pic_chapter_01a. pdl 的属性对话框。在"对象属性"对话框的"事件"→"其他"→"打开画面"处，组态一个将画面名称 pictu_5_kzz_01. pdl 分配给 T16x_selec_00 变量的 C 动作。这对应于首次打开画面时所要显示的画面。

3）在画面中，组态一个画面窗口。打开画面窗口的"属性对象"对话框，在对话框中调整画面窗口的尺寸，使其与先前创建的画面相匹配。为使窗口运行时带边框显示，将对话框中的"属性"→"其他"→"边框"设置为"是"。在"属性"→"其他"→"画面名称"处，选择 pictu_5_kzz_01. pdl 并创建与变量 T16x_selec_00 的变量连接。

4）在同一画面中，组态一个按钮。在该按钮的"事件"→"鼠标"→"按左键"处，组态一个读取按钮的名称和编号，并将各名称分配给内部变量 T16x_selec_00 的 C 动作。

5）复制按钮对象两次，得到两个按钮并更改这两个按钮的对象名。

6）在画面窗口上方组态一个静态文本。打开静态文本的"属性对象"对话框。在对话框中将"属性"→"字体"→"粗体"设置为"是"。在"属性"→"字体"→"文本"处，从静态列中删除已有的文本，并创建一个与变量 T16x_selec_00 的变量连接，将"更新"设置为"一旦改变"。

任务 4.11　显示画面窗口

4.11.1　任务分析

在本节中通过实例对显示画面窗口进行讲解。

4.11.2　相关知识

4.11.2.1　实例 1：画面窗口的隐藏（撤销选择）和显示（选择）

（1）说明。通过两个用鼠标操作的按钮显示和隐藏画面窗口。

（2）实现步骤。

1）组态要显示和隐藏的画面，例如帮助文本或信息框。在本实例中，使用 pictu_5_kzz _07，即一个不带任何附加控制元素的纯信息框。

2）在另一个画面中，组态一个画面窗口，其几何尺寸与先前创建的画面 pictu_5_kzz_07 相同。在本实例中，使用对象"画面窗口 1"。打开画面窗口 1 的"对象属性"对话框，对话框如图 4 - 31 所示。在对话框中将"属性"→"几何"→"宽度"设置为 246，将"属性"→"几何"→"高度"设置为 129。为使窗口在运行时带边框显示，将"属性"→"其他"→"边框"设置为"是"。为了在运行时隐藏窗口，将"属性"→"其他"→"显示"设置为"否"。在"属性"→"其他"→"画面名称"处，选择画面 pictu_5_kzz_07.PDL。

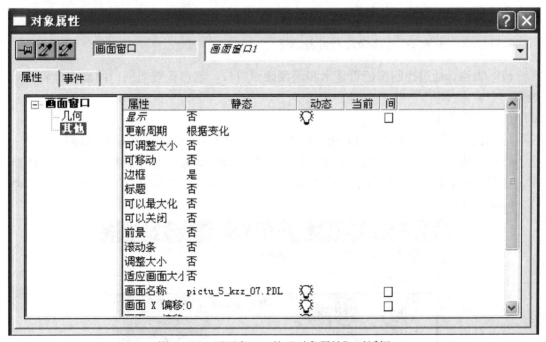

图 4 - 31　画面窗口 1 的"对象属性"对话框

3）在同一画面中，组态两个按钮："按钮 1"和"按钮 2"。对于按钮 1，打开其"对象属性"对话框，在对话框中的"事件"→"鼠标"→"按左键"处组态一个直接连接。将"源"→"常量"设为 1；在"目标"中选择"画面中的对象"，在"对象"窗口选择

"画面窗口 1",在"属性"窗口选择"显示"。设置结果如图 4-32 所示。

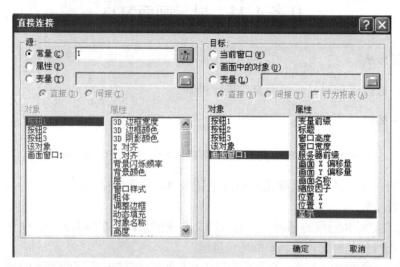

图 4-32　"直接连接"对话框

4)按照为按钮 1 组态所采用的相同方法来组态按钮 2,所不同的是在按钮 2 的"直接连接"对话框中将"源"→"常量"设置为 0。

在进行常规应用之前,必须完成对对象按钮 1 和按钮 2 处的直接连接,修改要显示的画面名称以及画面窗口的对象名称。所提供的画面 pictu_5_kzz_07 在修改其标题和信息文本之后可直接传送至另一个项目。

4.11.2.2　实例 2:对画面进行时控隐藏

(1)说明。通过控制按钮可显示和隐藏画面窗口。超过设置时间,画面窗口将自动隐藏。

(2)实现步骤。

1)组态将要显示和隐藏的画面,在本实例中,使用了 pictu_5_kzz_09 画面,它是一个不带任何其他控制元素的纯信息框。为了实现对图形对象的时控隐藏,如图 4-33 所示,在图形对象的属性对话框中选择"属性"→"几何"→"位置 X"处组态一个 C 动作。C 动作的程序段如下:

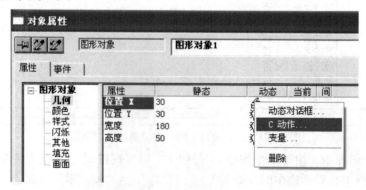

图 4-33　图形对象的"对象属性"对话框

```
# include" apdefap. h"
Long_main（char * lpszpictureName，char * lpszobjectName，char * lpszPropertyName）
  {
Static int i = 0;
//count time
i + + ;
//if maximum time is reached
if（i > 5）SetVisible（" pictu_5_kzz_09. PDL"," Picture window3"，0）;
return 0;
  }
```

在如图 4 - 34 所示的"编辑动作"对话框中点击 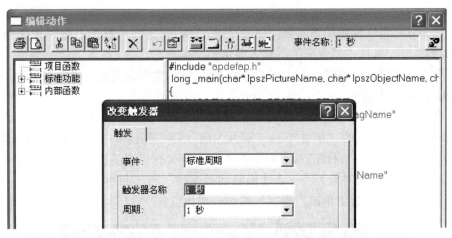 打开"改变触发器"对话框，将触发器设置为 1 秒。

图 4 - 34　"编辑动作"及"改变触发器"对话框

2）在另一个画面中，组态一个画面窗口，它与先前所创建的画面具有相同的几何尺寸。即宽度设置为 246，高度设置为 129。同时将"边框"设置为"是"。为使窗口能够移动，可将"属性"→"其他"→"可移动"设置为"是"。为了隐藏运行系统中的窗口，可将"属性"→"其他"→"显示"设置为"否"。在"属性"→"其他"→"画面名称"处，设置 pictu_5_kzz_09. pdl 画面。

3）组态一个按钮，打开按钮的"对象属性"对话框，在"对象属性"对话框的"事件"→"鼠标"→"按左键"处，组态一个 C 动作，用于显示或隐藏画面窗口。按钮处的 C 动作程序段如下：

```
#include" apdefap. h"
Void OnlButtonDown（char * lpszpictureName，char * lpszobjectName，Char * lpszPropertyName）
    {
    //set visibility in complement state
    setVisible（lpszPictureName," Picture Window3"
```

　　　｜　(SHORT)！GetVisible (lpszPictureName," picture Window3"))；

　　｝

4.11.2.3　实例 3：使用动态向导对信息框进行组态

　　（1）说明。如果变量超过数值 100，则显示一个信息（指令）框；如果该变量值超过150，则显示紧急框。在实例中使用一个滚动条对象以输入变量值，使用一个 I/O 域来显示变量值。

　　（2）实现步骤。

　　1）如果没有显示动态向导，则从菜单"查看"→"工具栏…"里将其激活。

　　2）新建一个画面，在画面中，组态一个 I/O 域（选自"智能对象"）。在画面中，用鼠标选中 I/O 域对象，然后选择动态向导中的"画面函数"标签，从"画面函数"中选择"显示错误信息框"条目。用鼠标左键双击该条目，按照动态向导的指令完成设置。在选择触发器时，选择"鼠标左键"列表条目；在选择附加参数时，选择"信息框"并输入显示的文本。

　　3）为 I/O 域再次使用动态向导。在选择触发器时，选择"鼠标右键"列表条目；在选择附加参数时，选择"紧急框"并输入显示的文本。

　　4）在变量管理器中创建一个"有符号的 32 位数"类型的变量。在本实例中，使用了S32i_pictu_boxes_00 变量。

　　5）在同一画面中组态一个"滚动条"对象（选自"Window 对象"）。在滚动条对象的"对象属性"对话框的"事件"→"属性主题"→"其他"→"过程驱动程序连接"处为滚动条对象创建一个直接连接。在如图 4 - 35 所示的"直接连接"对话框中将"源"→"属性"→"滚动条对象 1"→"过程驱动器连接"与"目标"→"变量"→"S32i_pictu_boxes_00"相连接。单击"确定"按钮完成设置。

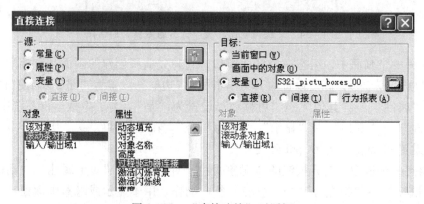

图 4 - 35　"直接连接"对话框

　　6）打开 I/O 域对象的"对象属性"对话框，如图 4 - 36 所示。在"属性"→"输入/输出域"→"输出/输入"→"输出值"上创建一个动态"变量"，并连接给变量 S32i_pictu_boxes_00，并选择"根据变化"进行触发。在"对象属性"对话框的"事件"→"属性主题"→"输出/输入"→"输出值"处为 I/O 域对象创建一个 C 动作，如果 S32i_pictu_boxes_00 变量值超出 100，则显示一个信息框，如果超出 150，则显示一个紧急框。在第 2）步中由动态向导为 I/O 域对象所产生的按下左键和按下右键的 C 动作可复制和粘贴到该 C 动作中。

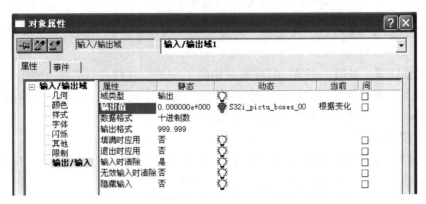

图 4 - 36　I/O 域对象的"对象属性"对话框

I/O 域的 C 动作说明：使用内部函数 GetTagDWord 读入变量值。如果超出 100，则显示信息框；如果低于 100，则静态 C 变量 i 复位为 0；如果变量值超出 150，则显示紧急框；如果低于 150，则静态 C 变量 j 复位为 0。程序段如下：

```
# include" apdefap. h"
Void onpropertyChanged（char * lpszpictureName，char * lpszobjectName，char * lpszPropertyName)
    {
    int a;
    Static int i = 0，j = 0;
    //get tag value
    a = GetTagDword（" S32i_pictu_boxes_00"）;
    //set visible info box
    if（（a > 100）&&（i = = 0））{
            i = 1;
            MessageBox（NULL," Der Variablenwert hat \ r \ n100 uberschritten"，
            " Hinweis"，MB_OK | MB_ICONEXCLAMATION | MB_SETFOREGROUND）;
    } //if
    if（a < = 100）（i = 0）;
    //set visible energency box
    if（（a > 150）&&（j = = 0））{
            j = 1;
            MessageBox（NULL," Der Variablenwert hat \ r \ n150 uberschritten"，
            " Achtung!!!"，MB_OK | MB_ICONSTOP | MB_SETFOREGROUND）;
        } //if
        if（a < = 150）（j = 0）;
        }
```

7）在 I/O 域对象的"对象属性"对话框中，选择"对象属性"对话框的"事件"→"鼠标"→"按左键"和"按右键"处的 C 动作进行删除。如果变量值超出 100，则使用

由动态向导所产生的 C 动作来显示信息框。

4.11.2.4　实例 4：显示用于文本输入的对话框

（1）说明。当用鼠标按下按钮时，将显示文本输入对话框，输入的文本将显示在画面中。

为实现该任务，可用一个 Windows 对象中的"按钮"来打开对话框，使用标准对象中的"静态文本"来显示文本。对于对话框中的文本输入，可用一个智能对象中的 I/O 域和两个 Windows 对象中的"按钮"来应用或取消输入。

（2）实现步骤。

1）在变量管理器中，创建两个"文本变量 16 位字符集"类型的变量。在本实例中，使用了 T16i_pictu_win_00 和 T16i_pictu_win_01 变量。

2）组态执行文本输入的画面。在本实例中，使用了 pictu_5_window_17. pdl 画面。

3）在该画面中，对 I/O 域（智能对象）进行组态。在其组态对话框中，选择 T16i_pictu_win_01 变量，并将触发器设置为"一旦改变"。将"属性"→"输出/输入"→"数据格式"设置为"字符串"，而将"属性"→"输出/输入"→"退出时应用"设置为"是"。也就是说，不必按下回车键就可以接受输入的文本。

4）在同一画面中，组态"按钮"（Windows 对象）。在本实例中，使用了"按钮 1"对象，使用该按钮来应用所输入的文本。在"对象属性"对话框的"事件"→"鼠标"→"按左键"处，组态一个"直接连接"，它包括源变量 T16i_pictu_win_01 和目标变量 T16i_pictu_win_00。在"对象属性"对话框的"事件"→"鼠标"→"鼠标动作"处，组态一个可隐藏画面的直接连接。

5）组态另一个"按钮"（Windows 对象）。本实例所组态的是按钮 2 对象。该按钮用来取消输入，保留先前输入的文本。在"对象属性"对话框的"事件"→"鼠标"→"按左键"处，组态一个"直接连接"，它包括源变量 T16i_pictu_win_00 和目标变量 T16i_pictu_win_01。该直接连接将把 T16i_pictu_win_00 的内容（包含先前的文本）传送给目标变量 T16i_pictu_win_01。在"对象属性"对话框的"事件"→"鼠标"→"鼠标动作"处，组态一个可隐藏画面的直接连接。

6）在第二个画面中，组态一个"画面窗口"（智能对象）。在本实例中，使用了画面窗口 1 对象。调整画面窗口的大小，使其与刚才创建的画面的大小相匹配。如果要使画面窗口带边框显示，则画面窗口的高度和宽度必须比一般画面要大 10 个像素。在"属性"→"其他"→"画面名称"下，输入 pictu_5_window_17. pdl。

7）对"按钮 1"对象进行设置，在"对象属性"对话框的"事件"→"鼠标"→"按左键"处，创建一个"直接连接"。将属性中的"源常数"设为"1"与目标画面中的"对象"下的"画面窗口 1"中的"显示"相连接。单击确定按钮即可应用这些设置。

8）在同一画面中，组态一个"静态文本"（标准对象）。在本实例中，使用了静态文本 1 对象。在"属性"→"字体"→"文本"处，将变量连接组态给 T16i_pictu_win_00 变量，并设置触发属性为"一旦改变"。

任务 4.12　操作控制权限

4.12.1　任务分析

本节将通过实例讲述操作控制权限的方法。

4.12.2　相关知识

4.12.2.1　实例 1：退出运行系统或整个系统

（1）说明。使用两个鼠标控制的按钮来选择两个控制窗口，用于从运行系统或整个系统退出。为实现该任务，可使用两个 Windows 对象中的按钮。当使用鼠标将其按下时，每个按钮都将在画面窗口（智能对象）中显示一个画面。在各个画面中，两个按钮既可调用相应的系统函数，又可取消过程。

（2）实现步骤。

1）组态一个画面用于退出运行系统。在本实例中，使用了 pictu_5_kzz_04. pdl 画面。

2）在该画面中，将组态一个"按钮"（Windows 对象）。在本实例中，使用了"按钮1"对象，使按钮 1 对象处于被选中状态，在"动态向导"对话框中选择"系统功能"标签，然后从"动态向导"列表中选择"退出 WinCC 或 Windows"条目。在随之出现的"选择触发器"对话框中选择"鼠标左键"条目，然后按照对话框的提示，通过单击"下一步"按钮进入"设置选项"对话框，在"设置选项"页面上选择"退出 Windows"条目，单击"完成"按钮结束设置。

3）组态另一个"按钮"（Windows 对象）。在本实例中，使用了"按钮 2"对象。该按钮用于取消过程。在"对象属性"对话框的"事件"→"鼠标"→"按左键"处，组态一个可隐藏画面的直接连接。

4）组态另一个画面用于关闭系统。在本实例中，使用了 pictu_5_window_03. pdl 画面。

5）在该画面中，组态一个"按钮"（Windows 对象）。在本实例中，使用了"按钮1"对象，使按钮 1 对象处于被选中状态，在"动态向导"对话框中选择"系统功能"标签，然后从"动态向导"列表中选择"退出 WinCC 运行系统"条目。在随之出现的"选择触发器"对话框中选择"鼠标左键"条目，然后按照对话框的提示，通过单击"下一步"按钮进入"设置选项"对话框，在"设置选项"页面上选择"退出 WinCC"条目，单击"完成"按钮结束设置。

6）组态另一个"按钮"（Windows 对象）。在本实例中，使用了"按钮 2"对象。该按钮用于取消过程。在"对象属性"对话框的"事件"→"鼠标"→"按左键"处，组态一个可隐藏画面的直接连接。

7）在另一个画面中，组态两个"画面窗口"（智能对象）。在该画面中，使用了"画面窗口 1"和"画面窗口 2"对象来叠加排列。调整画面窗口的大小，使其与刚才创建的画面大小相匹配。如果要使画面窗口的边框显示，则必须将画面窗口的高度和宽度设置为比一般画面多 10 个像素，以便能够显示整个画面。在"属性"→"其他"→"画面名称"处，输入各个画面名称。将"属性"→"其他"→"显示设置"为"否"。

8）在同一画面中，组态两个"按钮"（Windows 对象）。在本实例中，它们是"按钮 1"和"按钮 2"对象。在"对象属性"对话框的"事件"→"鼠标"→"按左键"处为按钮 1 创建一个"直接连接"。在属性对话框中将"源常数"设置为"1"与目标画面中的"对象"下的"画面窗口 1"下的"显示"相连接。单击"确定"按钮即可应用这些设置。用同样的方法为按钮 2 创建一个直接连接，但是要将其设置为与目标画面中的"对象"下的"画面窗口 2"下的"显示"相连接。

4.12.2.2　实例 2：根据用户授权执行画面切换

（1）说明。通过两个按钮，只有当用户具有相应的授权时，才执行画面切换。为了实现该任务，将使用两个"Windows 对象"类中的按钮，当使用鼠标将按钮按下时，每个按钮可在"智能对象"类中的画面窗口中显示不同画面。在用户管理器编辑器中，可完成对用户权限进行分配所需的设置。

（2）实现步骤。

1）在 WinCC 资源管理器中，选择"用户管理器"，单击鼠标右键，从弹出的菜单中选择"打开"，将用户管理器编辑器打开，如图 4 – 37 所示。

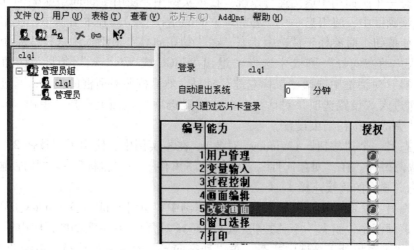

图 4 – 37　用户管理器编辑器

2）通过用户管理器，创建一个新的用户组，并为其分配一个名称。在本实例中，将使用名称 service。

3）通过"表格"添加新的授权等级，选择授权等级"改变画面"。该授权等级将分配给 service 组。分配给组或用户的授权等级由靠近授权列的红点来识别。

4）通过用户管理器，为 service 用户组创建一个新的用户。在同一项目中，已创建了一个名称为 willi 的用户，该用户带有口令 Project_CreatePicture。激活同时复制组设置复选框，把可用于这个组的授权等级传送给用户。通过"文件"→"退出"菜单，可关闭用户管理器编辑器。

5）在 WinCC 资源管理器中，通过在项目名称上单击鼠标右键打开项目属性对话框。选择"热键"标签，并完成用于调用登录和退出对话框的期望设置。

6）创建一个画面，在该画面中，组态两个"按钮"（Windows 对象）。在本实例中，使用了"按钮3"对象和"按钮4"对象。组态一个"画面窗口"（智能对象），通过两个按钮处的"直接连接"可将需切换的画面插入到窗口中。

7）对于对象按钮3与按钮4，选择"画面切换用户级"（位于"属性"→"其他"→"用户级"上），并将按钮属性对话框中的"属性"→"其他"→"操作员控制允许"设置为"否"。

8）选择按钮3对象，从"动态向导"对话框中选择"标准向导"标签，然后选择"经授权方可操作"条目。单击完成按钮，即可完成动态向导。对按钮4重复同样过程。

9）在变量管理器中，创建"文本变量16位字符集"类型的@CurrentUser系统变量。将当前注册的用户名自动分配给该变量。

10）触发按钮3与按钮4处的C动作，该C动作是在一旦改变该变量时由动态向导所产生的。这意味着C动作将不再每2s执行一次，而是只有在用户名发生变化后才执行。

由动态向导生成的C动作程序代码如下：

```
# include" apdefap. h"
Boot_main（char * lpszpictureName, char * lpszobjectName, char * lpszPropertyName）
{
  #pragma code（" UseAdmin, Dll"）
  #include" Pwrt_opi. h"
  #pragma code（）
  #define ND_MESSAGEBOX 1
  CMN_ERROR err;
  DWORD pvlevel = 0;
  pvlevel =（DWORD）GetPasswordlevel（lpszPictureName, lpszobjectName）;
  if（pVlevel = = 0）;
  return（TRUE）;
  else
  return（PwrtcheckPermissionOnPicture（pvlevel, lpszPictureName, M0_MESSAGEBOX））;
}
```

任务 4.13　画面缩放

4.13.1　任务分析

本节将通过实例对画面缩放方法进行讲述。

4.13.2　相关知识

4.13.2.1　实例1：在两种尺寸之间改变画面几何结构

（1）说明。通过鼠标操作的按钮显示和隐藏画面窗口。打开画面窗口时显示小画面。通过另一个按钮，可调整画面尺寸。为了实现这个任务，将使用两个"按钮"（Windows对象），当用鼠标将按钮按下时，可显示和隐藏"画面窗口"（智能对象）中的画面。两个附加的按钮可对画面进行放大和缩小。

（2）实现步骤。

1）组态要显示和隐藏的画面。在本实例中，使用画面 pictu_3_chapter_00（画面项目 project_CreatePicture 的启动画面）。

2）在另一个画面中，组态一个画面窗口。在本实例中，它就是"画面窗口1"。将其"属性"→"几何结构"→"宽度设置"为"172"；"属性"→"几何结构"→"高度设置"为"140"；"属性"→"其他"→"边框"设置为"是"；"属性"→"其他"→"适应画面大小"设置为"是"。这样，可使几何尺寸为 859×698 的画面以适应画面窗口的尺寸。在"属性"→"其他"→"画面名称"处，选择画面 pictu_3_window_00. pdl。将"属性"→"其他"→"显示"设置为"否"。

3）在同一画面中，组态两个附加的按钮。在本实例中，它们是对象"按钮1"和"按钮2"。对于按钮1，在"对象属性"对话框的"事件"→"鼠标"→"按左键"处创建一个直接连接。将"源常数"设置为"1"与目标画面中的"对象"下的"画面窗口1"处的"显示"相连接。通过单击确定按钮完成设置。

4）组态两个附加的按钮。在本实例中，它们是对象"按钮3"和"按钮4"。对于按钮3，在"对象属性"对话框的"事件"→"鼠标"→"按左键"处创建一个 C 动作，用于放大画面窗口、隐藏按钮3以及显示按钮4。对于按钮4，同样在"对象属性"对话框的"事件"→"鼠标"→"按左键"处创建一个 C 动作，用于缩小画面窗口、隐藏按钮4以及显示按钮3。将两个按钮的"属性"→"其他"→"显示"均设置为"否"。

5）对于按钮1，在"对象属性"对话框的"事件"→"鼠标"→"鼠标动作"处创建一个"直接连接"。将"源常数"设置为"1"与目标画面中的"对象"下的"按钮3"处的"显示"相连接。通过单击确定按钮完成设置。对于按钮2，在"对象属性"对话框的"事件"→"鼠标"→"按左键"处组态一个 C 动作，用于隐藏按钮3和按钮4、缩小画面窗口1的尺寸然后隐藏画面窗口。

6）将按钮3与按钮4重叠放置一起。

C 动作功能：通过内部函数 SetHeight 和 SetWidth 更改画面窗口1的宽度与高度；隐藏放大按钮（按钮3）；显示缩小按钮（按钮4）。

按钮3的 C 动作程序段如下：

```
# include" apdefap. h"
Void OnLButtonDown（char ∗ lpszpictureName，char ∗ lpszobjectName，char ∗ lpszpropertyName）
    {
        SetHeight（lpszpictureName," picture window1"，120）;
        Setwidth（lpszpictureName," picture window1"，516）;
        Set Visible（lpszpictureName," Button3"，0）;
        Set Visible（lpszpictureName," Button4"，1）;
    }
```

按钮4的 C 动作程序段如下：

```
# include"apdefap. h"
Void OnLButtonDown（char ∗ lpszpictureName，char ∗ lpszobjectName，char ∗ lpszpropertyName）
```

```
        }
    SetHeight（lpszpictureName,"picture window1",140）;
    Setwidth（lpszpictureName,"picture window1",172）;
    Set Visible（lpszpictureName,"Button3",1）;
    Set Visible（lpszpictureName,"Button4",0）;
        }
```

按钮 2 的 C 动作程序段如下：

```
# include"apdefap. h"
Void OnLButtonDown（char * lpszpictureName, char * lpszobjectName, char * lpszpropertyName）
        {
    SetHeight（lpszpictureName,"picture window1",140）;
    Setwidth（lpszpictureName,"picture window1",172）;
    Setwidth（lpszpictureName,"picture window1",0）;
    Set Visible（lpszpictureName,"Button3",0）;
    Set Visible（lpszpictureName,"Button4",0）;
        }
```

4.13.2.2　实例 2：连接更改画面几何结构

（1）说明。通过两个用鼠标操作的按钮可显示和隐藏画面窗口。此外，通过滚动条对象可连接调整画面尺寸。为了实现此任务，将使用两个"按钮"（Windows 对象），以便用鼠标将按钮按下时，可显示和隐藏"画面窗口"（智能对象）中的画面；并将使用一个"滚动条"（Windows 对象）对象以便更改画面尺寸。

（2）实现步骤。

1）组态要显示和隐藏的画面。在本实例中，使用画面 pictu_5_window_10. pdi，其宽度与高度之比为 2∶1。

2）在另一个画面中，组态一个画面窗口。在本实例中，它是"画面窗口 2"。将其"属性"→"几何结构"→"宽度"设置为"160"，"属性"→"几何结构"→"高度"设置为"80"（宽度：高度也是 2∶1）。为使窗口在运行时带边框显示，将"属性"→"其他"→"边框"设置为"是"，"属性"→"其他"→"适应画面大小"设置为"是"。这样就可使画面适应画面窗口的尺寸。在"属性"→"其他"→"画面名称"处，选择画面 pictu_5_window_10. pdl。将"属性"→"其他"→"显示"设置为"否"。

3）在同一画面中，组态两个附加的按钮。在本实例中，它们是对象"按钮 5"和"按钮 6"。对于按钮 5，在"对象属性"对话框的"事件"→"鼠标"→"按左键"处创建一个"直接连接"。将"源常数"设置为"1"与目标画面中的"对象"→"画面窗口 2"→"显示"相连接。通过单击确定按钮完成设置。

4）采用同样的方法，在"对象属性"对话框的"事件"→"鼠标"→"按左键"处，为按钮 6 创建一个"直接连接"。将其常数指定为数值 0。

5）在变量管理器中，创建一个"无符号的 16 位数"类型的变量。在本实例中，使用 U16i_pictu_zoom_00 变量。

6）组态一个滚动对象。在本实例中，它是"滚动条对象 1"。将其"属性"→"其他"→"最大值"设置为"300"。在"属性"→"其他"→"过程驱动程序连接"处，创建一个"直接连接"。将"源属性"→"本对象"→"过程驱动程序连接"与目标变量 U16i_pictu_zoom_00 相连接。

7）对于对象画面窗口 2，在"属性"→"几何结构"→"窗口高度"处创建一个动态对话框。使用按钮 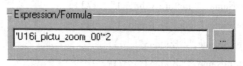 来选择变量 U16i_pictu_zoom_00。在更改触发器对话框中使用按钮 将变量 U16i_pictu_zoom_00 确定为触发器名称，并将标准周期设置为"一旦改变"。在字数据类型域中，选择直接选项钮，并通过单击应用按钮退出动态对话框。

8）对于对象画面窗口 2，在"属性"→"几何结构"→"窗口高度"处创建一个动态对话框。可根据上面的描述进行设置，但是必须按如下所示方法完成表达式/公式域，它将使窗口宽度的值是窗口高度的两倍，如图 4 - 38 所示。

图 4 - 38　完成表达式的方法

9）对于画面对象 pictu_3_chapter_04，在"对象属性"对话框的"事件"→"其他"→"打开画面"处组态一个 C 动作，用于在打开画面时，将变量 U16i_pictu_zoom_00 设置为 80。如果不进行这种初始化，则直到首次激活滚动条对象 1 为止，变量值都将保持为 0。如果按下按钮 5 对象，则画面窗口 2 将会以尺寸 0×0 显示。

打开画面的 C 动作，将变量 U16i_pictu_zoom_00 设置为 80，其程序段如下：

```
# include" apdefap. h"
Void OnOpenPicture（char * lpszpictureName，char * lpszobjectName，char * lpszpropertyName）
    {
    //init tag
    SetTagword（" U16i_pictu_zoom_00"，80）;
    }
```

任务 4.14　Windows 控制中心

4.14.1　任务分析

本节将通过实例对画面缩放方法进行讲述。

4.14.2　相关知识

4.14.2.1　实例 1：操作面板的访问

（1）说明。通过一个鼠标控制按钮对操作面板进行访问。操作面板将包含一个用于打开和关闭阀门的按钮和另一个用于关闭面板的按钮。为了实现该任务，可使用一个按钮，当使用鼠标按下时，将在画面窗口中显示画面，还可另外使用两个按钮来切换操作和关闭面板。

（2）实现步骤。

1）在变量管理器中，创建一个"二进制变量"类型的变量。该变量包含数值的当前状态。在本实例中，使用了 BINi_Pictu_input_00 变量。

2）组态一个具有两个按钮的画面。在本实例中，使用了 pictu_5_kzz_11 画面，它包含了"按钮 1"和"按钮 2"对象。在"对象属性"对话框的"事件"→"鼠标"→"按左键"处为按钮 1 创建一个"直接连接"。将"源常数"设置为"0"与目标"当前窗口"→"显示"相连接。

3）对按钮 2 组态一个 C 动作，用于对二进制变量 BINi_pictu_input_00 的状态求反。

4）在另一个画面中，组态一个画面窗口。在本实例中是"画面窗口 1"。将其"属性"→"几何结构"→"宽度"设置为"246"，"属性"→"几何结构"→"高度设置"为"129"。为了使窗口在运行期间带边框显示并可移动，将"属性"→"其他"→"边框"设置为"是"，"属性"→"其他"→"可移动"设置为"是"。在"属性"→"其他"→"画面名称"处，选择 pictu_5_window_11. pdl 画面。将"属性"→"其他"→"显示"设置为"否"。

5）在同一画面中，组态一个按钮。在本实例中，这是 pictu_3_chapter_05. pd 画面中的按钮 1 对象。在"对象属性"对话框的"事件"→"鼠标"→"按左键"处为按钮 1 创建一个"直接连接"。将"源常数"设置为"1"与目标画面中的"对象"→"画面窗口 1"→"显示"相连接。

4.14.2.2　实例 2：自动输入检查

（1）说明。通过鼠标操作的按钮来访问可操作面板。该操作面板用来把一定量的液体装入容器，液体数量值也将被输入面板。自动检查所输入的数值，确定是否超过容器的最大容量。为实现该任务，可使用按钮，当用鼠标按下按钮时，将在画面窗口中显示画面。此外，还将使用三个按钮来分别打开和关闭阀门以及关闭操作面板。使用 I/O 域来输入填充量。

（2）任务的实现步骤。

1）在变量管理器中，创建一个"二进制变量"类型的变量，它包含阀的当前状态。在本实例中，使用变量 BINi_pictu_input_06。

2）创建两个"无符号的 16 位数"类型的变量。在本实例中，是变量 U16i_pictu_input_04 和 U16i_pictu_input_05。其中第一个变量包含容器填充量的设定值，第二个变量包含实际值。

3）用三个按钮和一个 I/O 域组态画面，在本实例中，使用按钮 1、按钮 2 和按钮 3 以及 I/O 域 1 对象。对于这个画面，使用的是 pictu_5_kzz_14. pdl。

4）在 I/O 域 1 对象的组态对话框中，组态一个与 U16i_pictu_input_04 变量的变量连接，并且根据变化就对其触发。

5）假设容量最大填充量是 40L。因此 I/O 域只接受 0 到 40 之间的输入。为此，设置"属性"→"限制值"→"下限值"为"0"，设置"属性"→"限制值"→"上限值"为"40"。

6）对按钮 1，在"对象属性"对话框的"事件"→"鼠标"→"按左键"处组态一个"直接连接"以隐藏该画面。

7）对按钮 2，在"对象属性"对话框的"事件"→"鼠标"→"按左键"处组态一个"直接连接"，以便将数值 1 分配给变量 BINi_pictu_input_06。对按钮 3，组态一个"直接连接"将数值 0 分配给变量。

8）在第二个画面中，组态画面窗口。在本实例中，使用对象"画面窗口 1"。调整画面窗口的尺寸以便与刚创建的画面的尺寸相匹配。如果要使画面窗口带边框显示，必须将画面窗口的高度和宽度设置得比画面的高度和宽度大 10 个像素。在"属性"→"其他"→"画面名称"处，选择画面 pictu_5_kzz_14. pdl。

9）在同一画面中，组态一个按钮。在本实例中是对象"按钮 1"。在"对象属性"对话框的"事件"→"鼠标"→"按左键"处，创建一个"直接连接"。将"源常数"设置为"1"与目标画面中的"对象"→"画面窗口 1"→"显示"相连接。

10）为了显示填充量，使用库中的对象 TanK2。为了模拟填充过程，在"属性"→"几何结构"→"宽度"处创建 C 动作。在"属性"→"变量分配"→"填充量"处，组态变量 U16i_pictu_input_05 的"变量连接"。

11）对于显示填充量的第二种形式，使用 I/O 域，在本实例中是 I/O 域 1。

模拟填充过程的 C 动作如下：读取阀的状态，打开阀时，读取填充量的实际值和设定值。增加实际值；当实际值达到设定值时，关闭阀。设置包含实际值的变量；返回值是对象的宽度。其 C 动作程序段如下：

```
# include" apdefap. h"
Long_nain（char ∗ lpszpictureName，char ∗ lpszobjectName，char ∗ lpszpropertyName）
    {
    BooL state；
    SHORT level1，level2；
    //get valave state
    State = GetTagBit（" BINi_pictu_input_06"）；
    if（state = = TRUE）{
            level1 = GetTagword（" U16i_pictu_pictu_04"）；
            level2 = GetTagvord（" U16i_pictu_pictu_05"）；
            level2 + +；
            if（level2 > = level1）{
                    SetTagBit（" BINi_pictu_input_06"，FALSE）；
                    }
            if（level2 < = level1）{
                    SetTagBit（" U16i_pictu_input_05"，level2）；
                    } //if
    } //if
    Return（80）；
    }
```

任务 4.15　动态化

4.15.1　任务分析

本节将通过实例对画面缩放方法进行讲述。

4.15.2　相关知识

4.15.2.1　实例 1：颜色更改

（1）说明。文本颜色将根据变量值更改为各种颜色。

为了实现上述任务，将使用一个 Windows 对象中的滚动条对象更改变量的值。文本显示借助于标准对象中的的静态文本。

（2）任务的实现步骤。

1）在变量管理器中创建一个有符号的 32 位数类型的变量。在本实例中，使用变量 S32i_dyn_00。

2）组态一个"滚动条对象"。在本实例中使用"滚动条对象 1"。在组态对话框中，将最大值设置为 1000，并将最小值设置为 0。在"对象属性"对话框的"事件"→"属性主题"→"其他"→"过程驱动程序连接"处，创建一个与变量 S32i_dyn_00 的"直接连接"。

3）组态一个"静态文本"。在本实例中，使用对象"静态文本 5"。在"属性"→"字体"→"文本"处创建一个 C 动作，用于输出带相应变量的文本。一旦变量改变就会触发该 C 动作。

4）在"属性"→"颜色"→"字体颜色"处创建一个动态对话框。在"表达式/公式域"中设置变量 S32i_dyn_00，设置为"一旦改变"，只要变量一改变就触发它。选择数据模型并通过添加按钮来添加 4 个数值范围，设置如图 4 - 39 所示的数值范围。

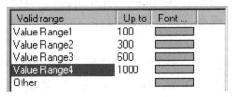

图 4 - 39　数值范围

5）在"属性"→"闪烁"→"闪烁背景激活"处，创建一个动态对话框。在表达式/公式域中设置变量 S32i_dyn_00，设置为"一旦改变"，只要变量一改变就触发它。选择数据模型并通过添加按钮来添加一个数值范围。

静态文本的 C 动作说明如下：首先读取变量值。用 sprintf 函数生成由文本段和数值段组成的文本。它根据当前设置的运行系统语言来执行。返回值是生成的文本。静态文本的 C 动作程序段如下：

```
# include" apdefap. h"
Char * _main（char * lpszpictureName，char * lpszobjectName，char * lpszPropertyName）
```

```
{
    Char text［100］;
    DWORD temp;
    //get tag value
    Temp = GetTagDword（" S32i_pictu − dyn_00"）;
    //generate text
    Switch（GetLanguage（））
    {
    Case 0x407;
        Sprintf（text," Die Kesseltemperatur betragt \ r \ n% d Grad", temp）;
        Return text;
    Case 0x409;
        Sprintf（text," Container Temperature is \ r \ n% d degree", temp）;
        Return text;
    Case 0x40c;
        Sprintf（text,""", temp）;
        Return text;
    Default;
        Sprintf（text," Container Temperature is \ r \ n% d degree", temp）;
        Return text;
    }
}
```

4.15.2.2　实例2：文本切换

（1）说明。根据变量的状态自动切换与不同对象相关的文本。工具提示文本同样被切换。

为了实现该任务，将使用一个 Windows 对象中的按钮，它将用于打开和关闭阀。使用标准对象中的静态文本显示阀是打开还是关闭的。

（2）任务的实现步骤。

1）在变量管理器中创建一个二进制变量的变量。在本实例中，使用变量 BINi_dyn_01。

2）组态一个按钮。在本实例中，使用"按钮1"对象。在"对象属性"对话框的"事件"→"鼠标"→"按左键"处创建一个 C 动作，用于对 BINi_dyn_01 变量的状态求反。

3）在"属性"→"其他"→"工具提示文本"处创建一个动态对话框。在表达式/公式域中设置变量 BINi_dyn_01 变量，设置为"一旦改变"，只要变量一改变就触发它。选择数据类型为"布尔型"，并在有效范围"是/真"中输入文本关闭，在有效范围"否/假"中输入文本打开。

4）组态一个静态文本。在本实例中，使用"静态文本7"对象。在"属性"→"字体"→"文本"处创建一个动态对话框，在表达式/公式域中设置变量 BINi_dyn_01 变量，设置为"一旦改变"，只要变量一改变就触发它。选择数据类型为"布尔型"，并在有效范围"是/真"中输入文本关闭，在有效范围"否/假"中输入文本关闭。

4.15.2.3　实例 3：移动过程的动画

（1）说明。根据变量值将对象移动到屏幕上的指定位置。

为了实现该任务，将使用一个智能对象中的画面窗口，其位置由变量控制。使用 Windows 对象中的滚动条对象来更改变量值。

（2）任务的实现步骤。

1）在变量管理器中创建一个有符号的 32 位数类型的变量。在本实例中，使用变量 S32i_dyn_03。

2）组态一个滚动条对象。在本实例中使用"滚动条对象 2"。在组态对话框中，将最大值设置为 300，并将最小值设置为 0。在"对象属性"对话框的"事件"→"属性主题"→"其他"→"过程驱动程序连接"处，创建一个与变量 S32i_dyn_03 的"直接连接"。

3）组态一个画面窗口。在本实例中，使用对象"画面窗口 1"。将"属性"→"其他边框与适应画面大小"设置为"是"。在"属性"→"其他画面名称"处，设置为 pictu_3_chapter_00. pdl 画面。

4）在"属性"→"几何结构"→"位置 X"处，创建一个动态对话框。在表达式/公式域中，输入表达式（（S3_dyn_03 * 2）+ 90），将触发设置为"一旦变量 S32i_dyn_03 改变"。选择数据类型为"直接"。

5）在"属性"→"几何结构"→"位置 Y"处，创建一个动态对话框。在表达式/公式域中，输入式（400 - S32i_dyn_03）。将触发设置为"一旦变量 S32i_dyn_03 改变"。选择数据类型为"直接"。

4.15.2.4　实例 4：利用 C 动作创建移动过程的动画

（1）说明。通过单击一个按钮使一个对象沿某个方向移动。通过单击另一个按钮使其沿另一个方向移动。

为了实现该任务，将使用一个智能对象中的画面窗口，用两个 Windows 对象中的按钮来控制沿两个不同的方向移动对象。

（2）任务的实现步骤。

1）在变量编辑器中，创建三个二进制类型的变量；在本实例中，使用变量 BINi_dyn_05、BINi_dyn_06 和 BINi_dyn_07。

2）组态一个"状态显示"。在本实例中，使用"状态显示 1"对象。在组态对话框中，设置 BINi_dyn_05 变量并将触发设为"一旦改变"。再添加另一个"状态"。为"状态 0"时设置 Ferrari1. gif 画面，为"状态 1"时设置 Ferrari2. gi 画面。

3）在"属性"→"状态"→"基本画面透明颜色"处，为两种状态（1 与 0）设置颜色为白色，并将"画面透明颜色设置打开设置"为"是"。也就是说画面不以白色背景来显示。

4）组态一个按钮。在本实例中，使用"按钮 1"对象。在"对象属性"对话框的"事件"→"鼠标"→"按左键"处，创建一个 BINi_dyn_07 变量，并设置为"1"的"直接连接"，在"对象属性"对话框的"事件"→"鼠标"→"按右键"处，创建一个将同一变量复位为 0 的"直接连接"。

5）在第二个按钮处，按照上述相同方法创建一个与变量 BINi_dyn_06 的"直接连接"。在本实例中，使用"按钮 2"对象。

6）对于"状态显示 1"对象，在"属性"→"几何结构"→"位置 X"处创建一个 C 动作，用于根据所按下的按钮来执行移动过程的动画。将该动作的触发设置为 250ms。

移动过程动画的 C 动作如下。

说明：定义一个 static int 类型的变量，并用对象的当前位置对其进行初始化。检查按钮 1 是否已按下以及 X 位置是否小于 652，如果是，则将包含 X 位置的值增加 20，然后改变状态显示 1 中的显示画面；之后检查按钮 2 是否已按下以及 X 位置是否大于 200，如果是，则将包含 X 位置的值减少 10，然后改变状态显示 1 中的显示画面。返回值就是新的 X 位置。其程序段如下：

```
# include" apdefap. h"
Long_main（char * lpszpictureName，char * lpszobjectName，char * lpszpropertyName）
    {
    Static int a = 90;
    //forword
    If（GetTagBit（" BINi_pictu_dyn_07"）&&（a < 652））{
    a + = 20;
    SetTagBit（" BINi_Pictu_dyn_05"，（SHORT）! GetTagBit（" BINi_Pictu_dyn_05"））;
    }
    //rewind
    If（GetTagBit（" BINi_pictu_dyn_06"）&&（a > = 0））{
    a - = 10;
    SetTagBit（" BINi_Pictu_dyn_05"，（SHORT）! GetTagBit（" BINi_Pictu_dyn_05"））;
    }
    //return x - Position
    Return a;
    }
```

4.15.2.5　实例 5：使用向导创建移动过程的动画

（1）说明。变量改变时对象的屏幕位置随之改变。X 和 Y 轴位置对应不同的变量。通过动态向导执行组态。

为了实现这种操作，可使用一个标准对象中的圆，它将在屏幕上进行移动。使用了两个 Windows 对象中的滚动条对象用于变量输入。

（2）任务的实现步骤。

1）在变量管理器中创建两个无符号的 32 位数类型的变量。在本实例中，使用了变量 S32i_dyn_10 与 S32i_dyn_11。

2）组态两个滚动条对象。在本实例中，使用了"滚动对象 1"与"滚动对象 2"。为"滚动对象 1"创建一个"直接连接"。将"源属性"→"滚动条对象 1"→"过程驱动程序连接"与变量 S32i_dyn_10 相连。采用同样的方法，为"滚动条对象 2"创建一个至变量 S32i_dyn_11 的"直接连接"。

3）在滚动条对象的组态对话框中，将最大值设置为 255。

4）组态一个圆。在本实例中，使用了对象"圆 1"。在将对象加亮时，选择"标准动态标签"，从动态向导中选择用于 X 方向的变量 S32i_dyn_10 和用于 Y 方向的变量 S32i_dyn_11，分别输入 0 与 255，用作格式化的下限值与上限值。在下一页上，指定用于对象所属的画面区域。单击完成按钮结束向导。

5）在由动态向导所产生的 C 动作中，为在"属性"→"几何结构"→"位置 X 与属性"→"几何结构"→"位置 Y"处所使用的变量设置其触发器为"一旦改变"。

由向导在位置 X 处生成的 C 动作程序段如下：

```
# include" apdefap. h"
Long_main (char * lpszpictureName, char * lpszobjectName, char * lpszpropertyName)
    {
    Long i, j, k;
    i = GetTagword (" S32i_pictu_dyn_10");
    j = ( (i-0) * 100/ (255-0));
    k = min ( ( ( (j* (690-490)) /100) +490), 690);
    return max (490, k);
    }
```

4.15.2.6　实例 6：通过 C 动作更改颜色

（1）说明。随着变量值的改变，对象颜色要逐渐由深变浅。

为了实现上述任务，将使用一个标准对象中的圆，其颜色随变量值的变化而变化。为了输入变量值，使用一个 Windows 对象中的滚动条对象。

（2）任务的实现步骤。

1）在变量管理器中，创建一个无符号的 32 位数类型的变量。在本实例中，使用变量 S32i_dyn_10。

2）组态一个滚动条对象。在本实例中，使用了"滚动对象 1"。在"滚动对象 1"的"对象属性"对话框的"事件"→"属性主题"→"其他"→"过程驱动程序的连接"处，创建一个"直接连接"。将"源属性"→"滚动条对象 1"→"过程驱动程序连接"与变量 S32i_dyn_10 相连。

3）在滚动条对象 1 处，将属性→其他最大值设置为 255。

4）组态一个圆。在本实例中，使用了对象"圆 1"。在"属性"→"颜色"→"背景色"处创建一个 C 动作，用于根据 S32i_pictu_dyn_10 变量来提供颜色值。一旦该变量改变就触发此动作。

用于更改颜色的 C 动作程序段如下：

```
# include" apdefap. h"
Long_main (char * lpszpictureName, char * lpszobjectName, char * lpszpropertyName)
    {
    Return (GetTagDWord (" S32i_Pictu_dyn_10") < <8);
```

说明：该动作将读取的变量 S32i_pictu_dyn_10 向左移动 8 位后作为返回值返回。

颜色值通过指定红、绿、蓝的值来进行编码。在 24 位颜色值中为每个数值保留 8 位。在本实例中，变量值向左移动了 8 位，因此代表绿色数值。否则，颜色将从黑色变为红色；如果变量移动 16 位，则颜色从黑色变为蓝色。

任务 4.16　信息的显示和隐藏

4.16.1　任务分析

本节将通过实例对画面缩放方法进行讲述。

4.16.2　相关知识

4.16.2.1　实例 1：显示和隐藏对象

（1）说明。在许多设备画面内，某些信息条目在画面中不会一直显示，但可以在需要或指定事件发生时显示。

用户可以隐藏画面中的某些对象或对象组。

使用显示多个阀的画面来执行控制动作给每个阀分配一个 Windows 对象中的按钮来控制这个阀，一个标准对象中的静态文本来显示阀的名称和表示阀的状态的一组对象。此外，画面还描述了容器，其填充量通过智能对象中的 I/O 域来显示。通过三个 Windows 对象中的按钮，可以显示和隐藏所有的 I/O 域、所有的按钮和所有的静态文本。

（2）任务的实现步骤。

1）在变量编辑器中，创建三个二进制类型的变量，它们可控制各种对象组的可见性。在本实例中，使用变量 BINi_info_12、BINi_info_13 和 BINi_info_14。

2）在变量管理器中，创建二进制变量类型的其他变量，它们包含阀的当前状态。所需要的变量数依阀的数目而定。在本实例中，将变量 BINi_info_1 到 BINi_info_11 用于总共 11 个阀。

3）为了显示打开的阀，组态一个标准对象类型中的多边形。在其"属性"→"颜色"→"背景色"处，将颜色设置为深绿色。

4）为了显示关闭的阀，组态一个多边形，它具有阀的外形。

5）组态两个完全相同的矩形，并在画面的"属性"→"颜色"→"背景色"处设置画面的背景色。矩形应比阀略大一些，以便隐藏阀。

6）将矩形与打开的阀重叠放置，并通过单击按钮将打开的阀设置为前景。通过"编辑"→"组对象"→"组菜单"将两个对象构成组。为所产生的组对象，在其"属性"→"其他"→"显示"处，组态一个至变量 BINi_pictu_info_1 的"变量连接"。

7）将关闭的阀定位于第二个矩形上并设置为前景。然后将步骤 6）生成的组对象定位于阀上并将此设置为前景，现在编组这三个对象。为组其余的阀，可以复制这个新的组对象。必须修改的只有变量连接。

8）为每个阀组态一个按钮，并在"对象属性"对话框的"事件"→"鼠标"→

"按左键"处创建一个 C 动作来对应的变量值求反。

9）为每个阀组态一个静态文本，它包含的阀的名称。

10）组态多个容器，通过智能对象中的 I/O 域显示起填充值。

11）组态三个按钮，在本实例中，使用了对象"按钮 12"、对象"按钮 13"和对象"按钮 14"。在"对象属性"对话框的"事件"→"鼠标"→"按左键"处，为按钮 12 创建一个 C 动作来对变量 BINi_info_12 的数值求反。对于其余按钮，以同样的方式为变量 BINi_info_13 和 BINi_info_14 创建 C 动作。

12）为了通过按钮 12 显示或隐藏所有的对象，可创建一个至变量 BINi_pictu_info_12 的变量连接。对于其他对象执行同样的过程。在本实例中，按钮 12 使 I/O 域可见，按钮 13 使静态文本可见，按钮 14 使按钮可见。

4.16.2.2　实例 2：日期和时间的显示

（1）说明。提供显示日期和时间的不同方法。

为了实现该任务，将使用 OCX 对象。此外，使用两个标准对象中的静态文本来显示日期和时间。

（2）任务的实现步骤。

1）从对象选项板的控件选择菜单中，选择 WinCC 数字模拟时钟的控件。这会生成时间显示，用户只要根据需要调整显示的尺寸和类型。

2）组态一个静态文本。在本实例中，使用对象"静态文本 22"。在"属性"→"字体"→"文本"处，创建一个读取当前计算机时间并将其作为返回值返回的 C 动作。为该动作设置的触发是 1s。

3）组态一个附加的静态文本。在本实例中，使用对象"静态文本 23"。在"属性"→"字体"→"文本"处，创建一个读取当前日期并将其作为返回值来返回的 C 动作。

读取时间的 C 动作如下。

说明：time（timer）以 s 为单位返回当前系统时间。localtime（timer）返回一个指向系统时间结构的指针。SysMalloc 保留一个存储区域。Sprintf 生成由静态段和多个数字段组成的文本。读取时间的 C 动作程序段如下：

```
# include" apdefap. h"
Char * _main （char * lpszpictureName，char * lpszobjectName，char * lpszpropertyName）
    {
    Time_t timer；
    Struct tm * Ptm；
    Char * p；
    Time （&timer）；
    Ptm = localtime （&timer）；
    P = Sysmalloc （9）；
    Sprintf （0，" % 02d：% 02d：% 02d% "，ptm - > tm_nday，Ptm - > tm_mon，Ptm - > tm_Year）；
    Return （p）；
    }
```

学习情景 5 组态软件通信和通信组态

任务 5.1 通信基础

5.1.1 任务分析

本节介绍从用户开始选择最佳通信、进行组态和安装、直至启动的全过程，以及出现问题时的快速解决方法。

5.1.2 相关知识

5.1.2.1 通信

通信是用于描述两个通信伙伴之间数据传送的术语。传送的数据可以有不同的作用，如果在 PLC 和 WinCC 之间进行通信，数据可以用于：控制通信伙伴、显示通信伙伴的状态、报告通信伙伴的意外状态、归档。

通信伙伴：通信伙伴是可以互相进行通信的模块，也就是说它们可以互相交换数据，它们可以是 PLC 中的中央处理器板和通信处理器，或者是 PC 中的通信处理器。站是可以作为一个单元与一个或多个子网连接的设备，它可以是 PLC 或者是 PC。子网（络）是用于描述一个单元的术语，该单元包含建立数据连接所必需的所有物理组件以及相关的数据交换方式。网络是一个或多个互相连接的子网（它们可以相同，也可以不相同）组成的单元，它包括所有可以互相通信的站。

5.1.2.2 网络拓扑

本小节描述子网的不同结构。如果多个独立的自动组件要相互交换数据，则它们之间必须进行物理连接。该物理连接可以有不同的结构，网络拓扑是这种结构的基本几何布置。各个通信伙伴构成了这种结构的节点。

（1）点对点。这种最简单的结构仅用于由两个通信伙伴组成的网络，这种布置称为点对点连接。

（2）线形。线形结构的网络根据一根主线（也就是所谓的总线）进行布置，所有的通信伙伴通过馈线与总线连接。多个通信伙伴不能同时对话，一次只有一个通信伙伴可以进行发送。这是必要的规则，称为总线访问方式。一个通信伙伴出现故障对于整个网络影响很小或者没有影响。

（3）环形。在这种结构中，通信伙伴互相连接成环形，一个环可以由按顺序排列的点对点连接组成。在这种结构的网络中，每个节点都可以用作中继器，这使得桥接距离可以更长。但是与线形结构相比，如果在环形结构中通信伙伴出现故障，则会引起更大的问题。

（4）星形。在星形结构中，所有通信伙伴与中央的星形耦合器相连接，该星形耦合器控制整个通信。通常，星形耦合出现故障会使整个网络中断，一个通信伙伴出现故障对于整个网络影响很小或者没有影响。

（5）树形。树形结构可以看作连接的线形结构，可以具有不同的尺寸，并且类型也可以不同。连接各条线的元素非常重要。如果要连接的线类型相同，则这些元素可以只是中继器；如果要连接的线类型不同，则需要转换器。

5.1.2.3　网络的分类

根据地理范围，网络可以分为三类，它们是：LAN（局域网），范围小于 5km；MAN（城域网），范围在 10 ~ 100km；WAN（广域网），范围可以是一个国家或一个洲际网络。由于限制的不确定性，有时不能精确地进行分类。

拓扑：因为要进行桥接的距离不同，所以对于使用的拓扑来说，网络类型的信息很有用，WAN 的拓扑根据其地理要求来确定。出于经济方面的考虑，在大多数情况下都使用不规则树网结构的网络。LAN 的拓扑结构更为明确，LAN 的典型拓扑是线形、环形和星形。

传送媒体：物理传送媒体的选择取决于期望的网络大小、抗干扰性和传送率。按照复杂性和性能的升序排列，传送媒体有：未屏蔽的非绞合双线、未屏蔽的双绞线、同轴电缆、光纤电缆。

5.1.2.4　访问方式

访问方式是指确定通信伙伴何时可以发送消息的规则。主要有以下几种方式：

（1）主从方式。在主从方式中，主站控制整个总线的通信量。主站把数据发送至连接的从站，同时提示它们发送数据。在大多数情况下，从站之间不提供直接通信。这种方式很好，因为它是一个简单而有效的总线控制器。

主从方式也用于现场总线，例如 PROFIBUS – DP。令牌传递方式：在令牌传递方式中，通过网络中的令牌信号来确定发送的权利。令牌是固定的确位模式。拥有令牌的站具有发送的权利。但是，它持有令牌的时间不能比预定时间长。在 PROFIBUS 网络中，主站的总线访问通过令牌传递方式来控制。

（2）CSMA/CD 方式。在 CSMA/CD（带冲突检测的载波侦听多路访问）方式中，每个通信伙伴在任何时候都可以发送数据。但是，与此同时其他通信伙伴不能发送数据。

如果由于信号延迟而使两个通信伙伴同时开始发送，则会引起冲突。在这种情况下，两者都会进行冲突检测，并且停止发送。经过一段时间之后，它们会试图再次进行发送。工业以太网使用 CSMA/CD 方式。

5.1.2.5　ISO – OSI 参考模型

如果在共享的总线系统上进行两个设备之间的数据交换，则必须定义传送系统和访问方式。为此，国际标准化组织（ISO）已经定义了一个 7 层的模型。

满意而且安全的通信需要第 1、2 和 4 层。第 1 层定义物理条件，例如电源和电压级别；第 2 层定义访问机制和通信站的寻址；第 4 层（传输层）确保数据的安全性和一致性。除了控制传输以外，传输层还负责数据流控制、分块和确认任务。

ISO – OSI 参考模型：在 ISO – OSI 参考模型中定义的各个层控制通信伙伴的行为。各层依次向上排列，顶层为第 7 层。只有同样的层才可以互相通信。

各个层的说明见表 5 – 1，各层的功能如下：

（1）物理层。这一层通过物理媒体提供位的透明传输。此处定义电气和机械属性，以及传送类型。

（2）数据连接层。这一层确保两个系统之间位串的传送。这包括对错误的检测和更正，或者传输错误的转发以及数据流控制。在本地网中，也只有连接层才允许访问传送媒体。

（3）网络层。这一层在两个终端系统之间指引数据。终端系统是消息的发送器和接收器，该消息可以穿过多个转接系统。网络层选择路径。

表 5 – 1　ISO – OSI 参考模型

层	名　称	说　　明
7	应用层	使应用程序指定的通信服务有效
6	表示层	把数据从通信系统的标准格式转换为设备指定格式
5	会话层	负责建立、终止和监控通信连接
4	传输层	负责控制传输
3	网络层	负责指引数据从一个地址到另一个地址
2	数据连接层	主要负责检测和更正错误，定义总线访问方式
1	物理层	定义数据传送的物理属性

（4）传输层。传输层保证连接从头至尾安全可靠。提供的服务包括建立传输、传送数据和终止连接。通常，接收服务的用户可以指定一个质量级别，质量参数包括传送率或者漏检错误率。

（5）会话层。会话层的主要任务是使通信关系同步。会话层服务可以将较长的传输截为多个较短的传输，也就是说设置同步点。如果传输在完成以前被终止，则不必重复整个传输过程（传输将从指定的同步点继续进行）。

（6）表示层。通常刚开始数据交换时，不同的系统用不同的语言。表示层用抽象语法把通信站的不同语言转换成统一的语言。

（7）应用层。应用层包括不同通信应用程序的指定服务。由于应用程序有很多，所以要提出统一的标准非常困难。

5.1.2.6　总线系统的连接

为了确保两个不同网之间的信息流连续，需要特殊的连接元素。根据连接的复杂性或者将要连接的子网之间的差异，可以区分用于网络连接的中继器、网桥、路由器或网关。

（1）中继器。中继器将收到的信息从一根线复制到另一根线，并且将其放大。中继器对于通信站的各个层都是透明的，也就是说两个网络的物理层必须完全相同。中继器不仅用于连接相似的子网，而且用于扩展现有的子网（例如总线系统）。

（2）网桥。网桥用于连接在数据链接层（逻辑链路控制 LLC）上使用相同协议的子网。对于连接的子网，其传送媒体和总线访问方式（媒体访问控制 MAC）可以不同。网桥主要用于连接拓扑不同的本地网络。如果特殊的应用程序需要特定结构连接至子网，则也可以使用网桥。

（3）路由器。路由器用于连接第 1 层、第 2 层不同的 ISO 网络。路由器也为通过现有网络的消息确定最佳的通信路径（路由选择）。确定最佳路径的标准可以是路径长度，也可以是短的传送延迟。为了执行其任务，在转发到达的数据包之前，路由器在网络层中改变数据包的目标地址和源地址。

由于路由器与网桥相比，执行的任务明显更加复杂，所以其处理速率较慢。

（4）网关。网关用于连接具有不同体系结构的网络，也就是说可以连接任何两个子网。根据 ISO 参考模型，网关的任务是转换所有层的通信协议。网关也可以用于连接 ISO 网络和非 ISO 网络。通常，通过网关进行的网络连接需要进行更多的工作，因此速度会更慢。

任务 5.2　通信网络

5.2.1　任务分析

本节主要描述：工业通信概述、工业通信子网、利用 MPI 的工业通信、利用 PROFI-BUS 的工业通信、利用以太网的工业通信、OPC 接口标准。

5.2.2　相关知识

5.2.2.1　工业通信概述

根据要求，工业通信可以使用不同的通信网络。工业通信网络分为：管理级、单元级、现场级、执行器 - 传感器级。

（1）管理级。在管理级处理影响整个操作的任务。它包括归档、处理、求值和过程值与消息的汇报。也可以从多个站点收集和处理操作数据，从管理级也可以访问其他站点。在这种网络中的站数可以超过 1000。

对于管理级，以太网有多种网络结构。为了连接更远的距离，在绝大多数情况下使用 TCP/IP 协议。

（2）单元级。在单元级处理自动化任务。在该级别，PLC、操作和监控设备以及 PC 彼此连接。根据性能要求，主要的网络类型是工业以太网和 PROFIBUS。

（3）现场级。现场级是 PLC 和设备之间的连接链路。在现场级使用的设备提供过程值和消息等，并且也向设备转发命令。大多数情况下，在现场级传送的数据量较小。

对于现场级，PROFIBUS 是主要的网络类型。为了与现场设备通信，通常使用 DP 协议。

（4）执行器 - 传感器级。在执行器 - 传感器级，主站与连接到其子网的执行器和传感器进行通信。该级别的特征是数据传送量极小，可是响应却很快。

5.2.2.2　工业通信子网

工业通信子网分为 MPI、PROFIBUS 和工业以太网。

（1）MPI。MPI（多点接口）适用于现场级和单元级的小型网络。它只能用于连接 SI-MATICS7。MPI 子网使用 PLC 中央处理器的 MPI 接口进行通信。该接口被设计为可编程接口，随着通信要求的增加，它很快就会到达其性能极限。PC 可以通过安装的 MPI 卡访问 MPI 子网，也可以使用访问 PROFIBUS 的通信处理器。

（2）PROFIBUS。PROFIBUS（过程现场总线）是一种用于单元级和现场级的子网。它是一种独立于制造商的开放式通信系统。PROFIBUS 用于在少数几个通信伙伴之间传送少量数据或中等数量的数据。通过 DP（分散设备）协议，PROFIBUS 可与智能型现场设备通信。这种通信类型具有快速、周期性传送数据的特点。

（3）工业以太网。工业以太网是一种适合于管理级和单元级的子网。它用于许多站之间长距离、大数据量的传送。工业以太网是一种用于工业通信的最有效的子网。不用费很大的力，就可以轻松配置和扩充它。

5.2.2.3　利用 MPI 的工业通信

MPI 子网可用在单元级和现场级上。所连接的通信伙伴必须为 SIMATIC S7 系列的成员。MPI 子网可以非常经济地连接少数站。然而，必须接受 MPI 方案的低性能，最多站数限制在 32 个。在 SIMATIC S7 系列 PLC 上可用 MPI 接口进行通信。本接口已设计为可编程接口。

图 5 - 1 所示为 MPI 网络实例。通过相应中央处理器卡上的可编程接口实现各个通信站的总线访问。

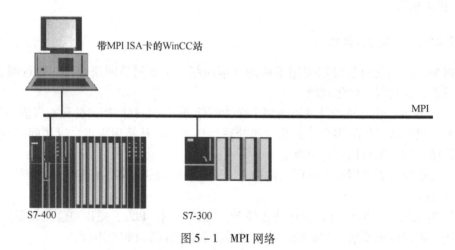

图 5 - 1　MPI 网络

（1）访问方式。MPI 使用令牌传递访问方式，访问总线的权利从一个站传送到另一个站，这种访问权称为令牌。如果一个站收到令牌，它就有权发送消息。如果该站没有消息发送，它就将令牌直接传给逻辑环中的下一个站。否则，令牌将在指定的保留时间之后传递。

（2）传递媒体。PROFIBUS 网络的传送方式同样可用于 MPI 网络。它可以设计为光纤或电子网络，传输速率通常为 187.5kbit/s。然而，最新版本的 S7 - 400 可以达到 12Mbit/s 的传输速率。

5.2.2.4　利用 PROFIBUS 的工业通信

PROFIBUS 是一种用于只具有有限数量站点的单元级和现场级子网。最多站数限制在 127 个。

PROFIBUS 是与制造商无关的开放式通信系统。它基于欧洲标准 EN50170（第 2 卷）PROFIBUS。通过满足这些要求，PROFIBUS 保证与符合该标准的第三方组件连接的开放性。

图 5 - 2 所示为 PROFIBUS 网络。它说明各个通信伙伴为实现其总线访问所使用的组件。PROFIBUS 概念中的开放性当然允许第三方设备与通信网络进行连接。

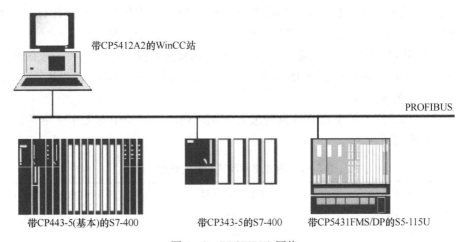

图 5 - 2　PROFIBUS 网络

（1）PROFIBUS 访问方式。PROFIBUS 网络区分主网站和从网站。主站使用令牌传递访问方式，而从站使用主从访问方式。因此，PROFIBUS 访问方式也称为具有下级主从站的令牌传递。

所有主站按照设置顺序形成一个逻辑环。每个主站都知道其他主站以及它们 PROFIBUS 上的顺序。该顺序与物理站在总线上的排列无关。

总线访问权从一个主站向另一个主站传递，这种访问权称为令牌。如果一个站收到令牌，它就有权发送消息。如果该站没有消息发送，它就将令牌直接传给逻辑环中的下一个站。否则，令牌将在指定的保留时间之后传递。

如果具有下级从站的主站接收到令牌，则它将询问其从站并把数据发送给它们。从站本身不接收令牌。

（2）PROFIBUS 协议总体结构。可以使用为不同应用情况优化的 PROFIBUS 协议。以下列出了三种可用的协议版本：

1）PROFIBUS - FMS（现场总线消息规定）适用于小型单元网络中 PLC 的通信以及与具有 FMS 接口的现场设备的通信。有效的 FMS 服务为大批通信任务的管理提供了广泛的应用范围以及很大的灵活性。

2）PROFIBUS - DP（分散的外围设备）适用于分散的外部设备（如 ET200）的连接，并具有快速的响应时间。

3）PROFIBUS - PA（过程自动化）已专门设计用于处理工程，它是 PROFIBUS - DP 的通信兼容扩展。它允许在有潜在爆炸危险的区域中连接现场设备。

所有协议都使用相同的传送技术以及一致的总线访问协议，因此它们可以全部在同一条线上操作。

除以上协议之外，也支持下列通信选项：通过 FDL 服务（发送/接收），可以快速且方便地实现与支持 FDL（现场数据链接）的任意通信伙伴进行通信；S7 功能允许在 SIMATIC S7 系列内实现优化的通信。

（3）传送媒体。PROFIBUS 网络可以设计为光纤或电子网络，也可以实现由光纤和电子 PROFIBUS 网络组成的混合结构。

1）电子网络：电子 PROFIBUS 网络使用屏蔽双绞线电缆作为其传送媒体。RS485 接口根据电压差进行工作。因此，它的抗干扰性比电压或电流接口强。

各种 PROFIBUS 站通过总线端子或总线连接器插头连接到总线上。每一段最多可以连接 32 个站。各个段通过中继器相互连接。传送速率可以从 9.6kbit/s 逐步调到 12Mbit/s。极限段长由传送速率决定。

表 5 - 2 列出了传送速率及其各自的最大间距。列出的间距中有使用中继器的间距和不使用中继器的间距。

表 5 - 2　传送速率及其各自的最大间距

传送速率	不用中继器的间距/m	使用中继器的间距/km
9.6 ~ 93.75kbit/s	100	10
187.5kbit/s	800	8
500kbit/s	400	4
1.5Mbit/s	200	2
3 ~ 12Mbit/s	100	1

2）光纤网络：光纤 PROFIBUS 网络使用光纤电缆作为其传送媒体。光纤网络不易受到电磁干扰，适合长距离并且可以使用塑料或玻璃光纤电缆。传送速率可以从 9.6kbit/s 逐步调到 12Mbit/s。除冗余光纤之外，极限段长与传送速率无关。

（4）建立光纤。PROFIBUS 网络有两种连接方式可用：使用塑料或玻璃光纤电缆的光链路模块（OLM）。OLM 允许以线形、环形或星形结构配置光纤网络。终端设备直接与 OLM 连接。光纤环可以使用单光纤电缆（发挥最大的经济效益）或双光纤电缆（增加网络利用率）。光链路插头（OLP）允许将总线从站连接到单光纤电缆环上。OLP 直接插入总线站的 PROFIBUS 接口中。在光纤 PROFIBUS 网络中，对于所有传送速率，最远距离大于 100km。

5.2.2.5　利用工业以太网的通信

工业以太网是工业环境中最有效的一种子网，它既适用于管理级又适用于单元级。工业以太网是一种符合 IEEE802.3 标准的开放式通信网络，专门设计它来经济地解决工业环境中所要求的通信任务。这种子网的主要优点在于其速度、简单的扩展性和开放性以及其高利用率与全球分布性。只需费很小的力，就可以配置工业以太网子网。

访问方式：工业以太网使用 CSMA/CD（带冲突检测的载波侦听多路访问）访问方式。在发送消息之前，每个通信站必须检测总线是否通畅。如果总线通畅，则该站可以立即发送消息。如果两个通信站同时开始发送消息，则将会出现冲突。两个站都会检测到冲突，它们将停止发送消息。等待随机选择的一段时间之后，它们将尝试重新发送。

（1）工业以太网协议配置文件。通过工业以太网的通信可以使用下列协议，配置文件执行的方式有：MAP（生产自动化协议）使用用户界面的 MMS 服务；TF 协议包含已在许多应用中经过验证的开放式 SINEC AP 自动化协议。基于此，其技术性功能是可用的。发送/接收提供允许在 S7 和 PC 之间快速实现通信的功能。S7 功能在 SIMATIC S7 系列中提供优化的通信。不用改动应用程序，就可以更改通信配置文件。

（2）传输协议。对于通过工业以太网进行的通信，其传输协议有：ISO 传输为使用连接的数据传送提供服务，激活的数据可以分配到多个数据消息内；ISO－on－TCP 传输对应于具有 RFC1006 扩充的 TCP/IP 标准，由于 TCP/IP 使用不对数据进行分块的数据流通信，所以需要这种扩充；UDP 只能完成不加保密的数据传送。

（3）传递媒体。工业以太网可以设计为光纤或电子网络。也可以采用由光纤和电子网络组成的混合结构，这样就可以利用两种网络类型的配置选项。

1）电子网络。设计电子工业以太网可以使用两种不同的电缆类型：三同轴电缆（AUI）或工业双绞线电缆（ITP）。为了将只具有 AUI 接口的通信模块连接到 ITP 网络上，必须使用双绞线收发器（TPTR）。

2）光纤网络。光纤网络可以设计为线形、环形或星形结构。只能使用玻璃光纤电缆作为传送媒体。

5.2.2.6　OPC 接口标准

OPC（用于过程控制的 OLE）是一种用于自动化领域内组件的新的通信标准。这种概念将办公应用、HMI 系统（如 WinCC）、PLC 和现场设备集成为一体。

OPC 基金会将 OPC 定义为开放式接口标准，该基金会成员包括来自自动化领域的 120 多家公司。当前的 OPC 规定可以通过 Internet 查看。该网站也包含有关各个 OPC 基金会成员及其产品系列的信息。

通信原理：OPC 最少的组件配置应包括一台 OPC 服务器和一台 OPC 客户机。应用 OPC 服务器，可使数据用于 OPC 客户机，OPC 客户机取回这些数据并做进一步处理。

WinCC 与 OPC：WinCC 可以使 OPC 客户机与任何 PLC 进行通信，相应的 OPC 服务器也能与该 PLC 进行通信。此外还可使用几台 SIMATIC NETOPC 服务器。

WinCC 也有一台 OPC 服务器，这样就允许与其他具有 OPC 客户机接口（也包括 WinCC）的应用程序进行数据交换。

任务 5.3　通信组态

5.3.1　任务分析

通信组态主要有 WinCC 过程通信、WinCC 通信组态。

5.3.2 相关知识

5.3.2.1 WinCC 过程通信

数据管理器：WinCC 数据管理器管理数据库。此数据管理器不为用户所见。该数据管理器处理 WinCC 项目产生的数据和存储在项目数据库中的数据。在运行期间，它管理 WinCC 变量。WinCC 的所有应用程序必须以 WinCC 变量的形式从数据管理器中请求数据。这些应用程序包括图形运行系统、报警记录运行系统和变量记录运行系统。

通信驱动程序：为了使 WinCC 与各种不同类型的 PLC 进行通信，所以采用通信驱动程序。WinCC 通信驱动程序连接数据管理器和 PLC。通信驱动程序包括 C++ DLL，它与称为 Channel API 的数据管理器接口进行通信。通信驱动程序为 WinCC 变量提供过程值。

通信结构：WinCC 数据管理器管理运行时的 WinCC 变量。各种 WinCC 应用程序从数据管理器中请求变量值。

数据管理器的任务是从过程中取出请求的变量值。它通过集成在 WinCC 项目中的通信驱动程序来完成该过程。通信驱动程序利用其通道单元构成 WinCC 和过程处理之间的接口。WinCC 通信驱动程序使用通信处理器来向 PLC 发送请求消息；然后，通信处理器将相应地回答消息中请求的过程值，并发回 WinCC。

5.3.2.2 WinCC 通信组态

在 WinCC 中建立与 PLC 的通信连接所必需的组态步骤如下。

（1）通信驱动程序。WinCC 中的通信是通过使用各种通信驱动程序来完成的。对于不同总线系统上有不同 PLC 的连接，有许多通信驱动程序可用。

将通信驱动程序添加到 WinCC 资源管理器内的 WinCC 项目中。在此处，将通信驱动程序添加到变量管理器中。通常，可通过鼠标 R 变量管理器条目，并从弹出式菜单中选择添加新驱动程序来完成该添加过程。该动作将在对话框内显示计算机上安装的所有通信驱动程序。每个通信驱动程序只能被添加到 WinCC 项目一次，如图 5-3 所示。

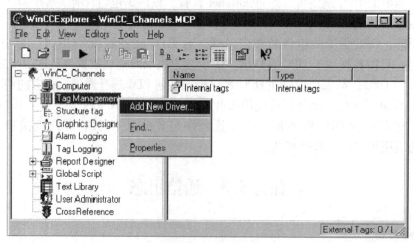

图 5-3　驱动连接

通信驱动程序是具有 . chn 扩展名的文件。计算机上安装的通信驱动程序位于 WinCC 安装文件夹的 Bin 子文件夹内。

将通信驱动程序添加到 WinCC 项目中之后，它就会在 WinCC 资源管理器中列出，在变量管理器下作为与内部变量相邻的子条目。

（2）通道单元。变量管理器中的通信驱动程序条目至少包含一个子条目，这就是通常所说的通信驱动程序的通道单元。每个通道单元构成一个确定的从属硬件驱动程序和 PC 通信模块的接口。必须定义由通道单元寻址的通信模块。

在系统参数对话框中分配该通信模块。通过鼠标 R 相应的通道单元条目，并从弹出式菜单中选择系统参数来打开此对话框，如图 5 - 4 所示。

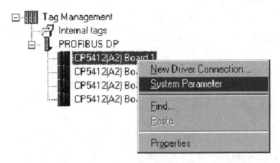

图 5 - 4　通道设置

该对话框的外观取决于所选择的通信驱动程序。通常，在此处指定通道单元适用的模块，可能也需要指定附加的通信参数。

（3）连接。通道单元要读写 PLC 的过程值，则必须建立与该 PLC 的连接。通过鼠标 R 相应的通道单元条目，并从弹出式菜单中选择新建驱动程序连接来建立新的连接。

要设置的连接参数取决于所选择的通信驱动程序。必须为连接分配一个在该项目中唯一的名称。附加的参数通常指定可到达的通信伙伴。

（4）WinCC 变量。要获得 PLC 中的某个数据，则必须组态 WinCC 变量。相对于没有过程驱动程序连接的内部变量，它们也被称为外部变量。必须为每个组态的连接创建 WinCC 变量。要创建新的 WinCC 变量，可以通过鼠标 R 相应的连接条目，并从弹出式菜单中选择新建变量。将打开"变量属性"对话框，其中可以定义不同的变量属性。必须为变量分配一个对该 WinCC 项目而言是唯一的名称，如图 5 - 5 所示。

图 5 - 5　变量连接

另外，必须指定变量的数据类型。WinCC 支持的外部变量数据类型有：二进制变量、无符号 8 位数、有符号 8 位数、无符号 16 位数、有符号 16 位数、无符号 32 位数、有符号 32 位数、IEEE 754 的 32 位浮点数、IEEE 754 的 64 位浮点数、文本变量 8 位字符集、文本变量 16 位字符集和原始数据类型。对于数值数据类型，除二进制变量数据类型外，都有执行格式调整的选项。也就是说 WinCC 变量可以表示 PLC 中与 WinCC 变量的数据类型不一致的数据区。默认情况下，调整格式选项不能激活。于是，在 PLC 中为 WinCC 变量分配一个与 WinCC 变量的数据类型相一致的数据区。而且，对于数值数据类型，除二进制变量数据类型之外，都可以执行线性标度。也就是说过程值范围将被线性映射到 WinCC 变量的已定义的数值范围。

　　例如，该过程可以请求以 bar 为单位输入的设定点数值，而用户将该数值输入 WinCC 中时以 mbar 为单位。对于这种问题，最简单的解决方法是采用线性格式调整，如图 5 - 6 所示。

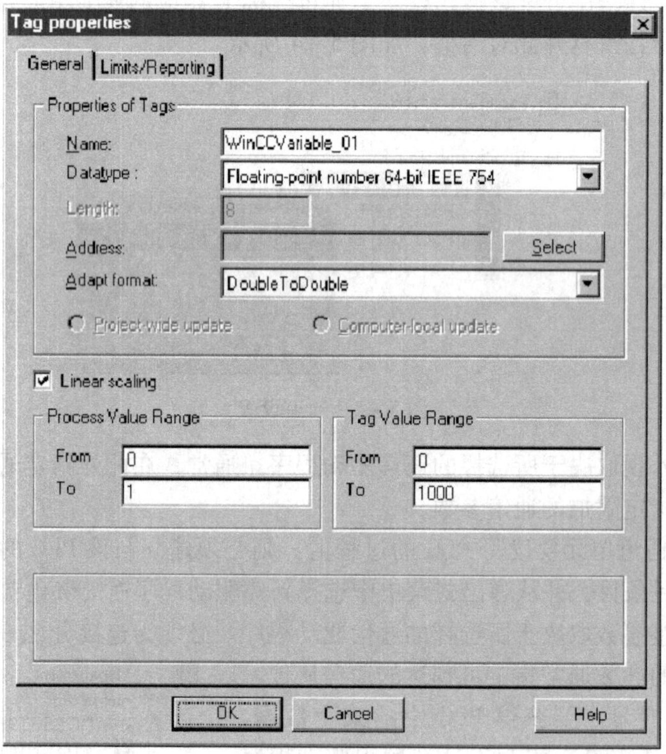

图 5 - 6　变量属性

　　文本变量 8 位字符集和文本变量 6 位字符集数据类型的变量需要长度规定，并按字符指定其长度，也就是说文本变量 16 位字符集数据类型的变量接收 10 个字符，就必须用长度 10 来组态它。

　　在通信伙伴中，必须为 WinCC 变量分配一个数据区。这些变量必须以某种方式进行编址，编址类型取决于通信伙伴的类型。用于指定变量地址的对话框，可以通过选择按钮打开。

5.3.2.3　通信方案选择

　　本小节主要讲述帮助用户根据应用选择正确的通信方案，概述根据现有条件和要求来选择最适合项目的通信方案的一般步骤。影响决定通信方案的因素很复杂，做决定的阶段（时间）非常重要。做决定的最佳时间是在设备的规划阶段。如果设备已存在，那么由于现有条件，会使做决定的自由空间更受限制。

根据大量项目的经验，有以下几点建议：通信方案的预算应包含约20%的余地，在以后的通信方案组态和扩充阶段实行节约，通常可以收回与此相当的附加费用。

决定某种通信方案的主要因素包括要传送的数据量、所连接的站数、网络大小以及可扩充性。主要是规范和确定要处理的数据量和数据的来源。

5.3.2.4　规范

框架规范时，要确定必须由通信系统处理的数据量，其中包括确定 WinCC 项目所需的数据量。同时，必须确定 WinCC 项目从何收集该数据。

要估计 WinCC 项目所需的数据量，只需相加单位时间内各个应用程序所需的数据量即可。也就是说，确定对通信系统的要求需通过：图形运行系统、报警记录运行系统、变量记录运行系统、全局脚本运行系统（以及各个 WinCC 画面中的 C 动作）、客户指定的应用程序等。

（1）图形运行系统的要求。图形运行系统只从更新当前所示 WinCC 画面的数值所需的数据管理器中请求数据。也就是说对通信系统的要求，可以各个画面互不相同。通信量最高的画面应该参与决定图形运行系统的通信系统。

（2）报警记录运行系统的要求。报警记录运行系统从数据管理器请求所有要以系统定义的周期进行监控的变量。它们可以是事件变量，也可以是用于监控限制值的变量。如果还没有组态报警记录，则用于确定消息数的数据，可以根据测量点和 I/O 列表推断出。

（3）变量记录运行系统的要求。变量记录运行系统从数据管理器请求所有要归档的变量（使用指定的更新周期）。这些归档的变量值的显示（趋势图或者表格）对通信系统的要求没有影响。如果还没有组态变量记录，则用于确定变量（其数值将要归档）数的数据，可以根据客户对归档和制作报表过程的要求推断出。

（4）全局脚本运行系统的要求。全局脚本运行系统对通信系统的要求取决于 WinCC 脚本中请求的变量类型及其执行周期。此外，要考虑到有全局执行的 WinCC 脚本和局部执行的 WinCC 脚本（在各种 WinCC 画面中）。在大多数情况下，确定全局脚本运行系统对通信系统的要求只是对最坏情况下要处理的数据量进行粗略的估计。

各通信伙伴之间通过发送消息来进行通信。它包括 PLC 与 HMI 站之间的通信、PLC 之间的通信、PLC 与外部设备之间的通信。除了消息以外，也经常使用 PDU（协议数据单元）。

例如 WinCC 站通过发送一个请求消息来向 PLC 请求数据。然后 PLC 将在回答消息中把请求的数据发送给 WinCC 站。

（5）WinCC 变量的网络空间要求。为了确定 WinCC 所需的数据量，必须具有关于各 WinCC 变量空间要求的信息。根据数据类型，空间要求有很大不同。表5-3列出了适用于 WinCC 变量的各种数据类型的空间要求。

注意：这些数据类型允许对格式调整进行组态。此时，通信系统的净空间要求相当于 WinCC 变量调整后格式所占用的空间，而不是原来的格式所占用的空间。格式调整实例：一个数据类型为无符号32位数的 WinCC 变量，只是用 PLC 存储区中的16位进行映射。它通过使用 Dword To Unsigned Word 格式调整来实现。通信消息中 WinCC 变量的空间要求将不再等于表5-3列出的4B，而只是2B。

表 5 - 3　适用于 WinCC 变量的各种数据类型的空间要求

编号	变量类型	所需空间/B	编号	变量类型	所需空间/B
1	二进制变量	1	7	有符号 32 位数	4
2	无符号 8 位数	1	8	IEEE 754 32 位浮点数	4
3	有符号 8 位数	1	9	IEEE 754 64 位浮点数	8
4	无符号 16 位数	2	10	文本变量 8 位字符	每个字符 1
5	有符号 16 位数	2	11	文本变量 16 位字符	每个字符 2
6	无符号 32 位数	4	12	原始数据类型	设定长度

（6）WinCC 变量的总空间要求。要将消息中的变量从一个通信伙伴传送至另一个，不仅仅与网络数据相关，此外，还需要通信伙伴中变量分配的地址信息。

例如，对于 SIMATIC S7 通信，每个变量的附加信息需要 4B。这很明显增加了各变量的空间要求。此外，由于要传送附加的信息，所以网络空间要求为 1B 的变量的空间要求增加四倍。这些数字专门用于与 SIMATIC S7 进行通信。但是对于不同的通信系统，可以预计相似的数。

（7）更新周期。无论是图形运行系统、报警记录运行系统请求的 WinCC 变量，还是其他应用程序请求的 WinCC 变量，它们都必须指定更新周期。该更新周期对于 WinCC 项目，对通信系统的要求影响很大。因此，应该非常仔细地选择更新周期。通常使用表 5 - 4 列出的随同 WinCC 一起的更新周期。另外，最多可以设置 5 个用户定义的周期。要确定由 WinCC 引起的数据通信量，可以设计使用以表 5 - 4 为模板的表格。在此表格中，以字节为单位输入各种应用程序所需的数据量。

表 5 - 4　更新周期

更新周期	图形运行系统	报警记录运行系统	变量记录运行系统	全局脚本运行系统
根据变化				
250ms				
500ms 等				
用户周期				

对于通信系统，更新周期"一旦改变"表示请求变量的周期为 250ms。

（8）确定总数据量。现在必须把各应用程序确定的数据量相加。这样就得出了由 WinCC 引起的总的通信负载。注意，本节中确定 WinCC 对通信系统的要求时，所使用的方法没有精确到字节。更确切地说，它是对设备运行期间通信系统将会遇到的数据通过量进行的估算。

（9）确定消息数。确定每个应用程序要处理的数据量以及时间单位之后，可以估算出所需的信息数。这种估算也需要知道消息的极限长度（根据通信解决方案指定）。根据使用的通信网络和通信模块，消息的极限长度有很大的不同。但是，不同通信解决方案的消息数是可以确定的，即使这些数字可能很不精确，它们仍然有助于作出决定。

确定单位时间的近似消息数时，必须考虑几个因素，其中之一是通信伙伴的数量。从通信伙伴请求数据，同时还必须考虑通信伙伴回答请求的类型和方式。例如，对于每个数据块 SIMATIC S5 使用一条消息，而 SIMATIC S7 可以将多个数据块组合在一个消息中。

（10）对消息数的限制。通常 PLC 通过通信处理器与通信系统连接。这样一个通信处理器在单位时间内，只能处理一定数量的消息。该数值通常在每秒 15 条和 20 条消息之间。

通信系统定义的属性是其传送速率。该数值允许估算单位时间内可以处理的一定长度的消息数。传送速率越大，单位时间内可以进行通信的最多消息数越多。

（11）考虑附加的通信站。除了 WinCC 对通信系统的要求以外，其他因素也会对确定某个通信解决方案产生影响。确定某个通信解决方案时，必须考虑的因素有：单个 PLC 之间的通信，PLC 与连接的现场设备之间的通信，其他 WinCC 站的通信，其他连接的站（操作面板、远程服务站等）的通信。更简单地说，就是必须考虑参与通信的附加站的数目。

5.3.2.5　组态注释

组态类型对于 WinCC 对通信系统的要求有重要影响。通过遵守一些基本的准则，用户可以组态一个运行良好，并且易扩充的通信系统。配合通信系统组态的优点包括最终产品的性能更好以及以后扩充有更好的灵活性。这将使客户更满意，并且可以减少费用。

A　数据更新周期

在组态中选择合适的更新周期对通信系统的性能有重要的影响。确定更新周期时，始终要从整体上考虑系统：从技术角度来看，确定要处理哪种数值以及应该多长时间从 PLC 请求一次新数值比较合理。

请求具有相同更新周期的消息组变量，也就是说如果使用了许多不同的更新周期，则消息总数会增加，这时通信系统的性能会产生负面影响。

B　数据更新类型

WinCC 数据管理器的任务是为 WinCC 项目的各种应用程序提供过程数据。为此，数据管理器必须根据请求的周期更新其数据库。数据管理器如何更新数据库将会影响通信系统上的负载。

活动的 WinCC 站：关于如何更新所需的数据有几种可能性。如果 WinCC 站作为活动的伙伴出现，则可以通过所谓的非周期性或周期性的读取服务来进行更新。非周期性的读取服务每次更新时，需要两条通信消息。WinCC 站向 PLC 发送请求，然后 PLC 用答复消息来处理它。如果使用周期性的读取服务，则 WinCC 站在 PLC 上登记读请求，然后 PLC 在相应的周期内对其进行处理。如果不再需要该数据或者其内容已改变，则 WinCC 站会取消相应的请求。

活动的 PLC：在这种数据更新类型中，如果 PLC 识别到数据发生变化，它会主动将数据发送给 WinCC。这样使数据通信量减到了最小，但是 PLC 的组态变得更加复杂。

组态指南：通常，合理组合上述两种数据更新类型是最节省成本的组态方法。

C　数据组织

组织 PLC 中出现的数据对通信负载会有明显的影响。这在很大程度上取决于使用的

PLC 类型。

对数据区进行分组：SIMATIC S7 系统将请求的数据组合成数据块。PLC 中所需的数据越分散，所需的消息数就越多。建议将 PLC 中与通信相关的数据包含在 3~5 个数据块内。如果不能避免数据分散，它仍然有助于在相同的数据区中定位分散的数据。但是，应该权衡通信系统获得的利益和对 PLC 造成的不利之处。

优化消息：SIMATIC S7 系统甚至能够将分散的数据组合在一条通信消息中。但是，把与通信相关的数据组合到几个数据块内仍然有益处。PLC 可以对消息结构进行优化。这使得通过一条消息可以传送更多请求的用户数据。通常，对于每个请求的变量，除了其过程值（网络数据）以外，还必须传送地址信息。如果变量位于相邻的数据区，则可以减少所需要的地址信息。

5.3.2.6　性能和数据

本小节包含关于各种通信系统的性能及其优缺点的详细信息。第一部分比较不同的通信系统。之后是有关各个通信系统的详细性能数据，以及关于使用该系统时，WinCC 所具有的通信选项的信息。这样可允许用户为确定的要求选择最佳的通信解决方案。确定通信解决方案包括选择有效的通信系统和要使用的硬件。

A　通信系统比较

为了确定某个通信系统，需要了解可用通信选项的性能。以下是对各个通信系统进行比较。

用于测量各个通信系统性能的标准包括传送速率、站的数量、消息长度、网络大小、可能的通信伙伴、成本。

通信数据：各个通信系统特性的总览见表 5－5。

表 5－5　通信系统特性

类　　型	串行	MPI	PROFIBUS	工业以太网
应用区域	现场级	现场级、单元级	现场级、单元级	现场级、管理级
传送速率	9.6~256kB/s	187.5kB/s~12MB/s	9.6kB/s~12MB/s	10kB/s~100MB/s
标准站数/个	2	2~10	5~20	5~100
最多站数/个	2	32	127	240
典型消息长度/B	60	60	120	240
极限的消息长度/B	128	240	240	4~512
网络大小	50m	50~100m	10~90km	1km 至全球

WinCC 通信数据：表 5－5 中列出的最多站数，通常指的是通信系统。可以与 WinCC 进行通信的实际 PLC 数量，不仅取决于通信系统本身，而且取决于通信驱动程序、使用的通信卡和 PLC 的类型等。

一些通信模型实例的最多通信站数量见表 5－6。

表 5 – 6 通信模型实例的最多通信站数量

类型及数量	通信驱动程序	PLC	数量/个
MPI	S7 MPI	S7	29
PROFIBUS	PROFIBUS FMS	S7	32
PROFIBUS	S7 PROFIBUS	S7 – 400	32
PROFIBUS	S7 PROFIBUS	S7 – 300	118
PROFIBUS	PROFIBUS	PROFIBUS DP 从站	126
工业以太网	S7 工业以太网	S7	60

通信伙伴：表 5 – 6 显示了 WinCC 对 PLC 进行寻址所使用的通信系统与 PLC 之间的一一对应关系。

B 串行通信

对于从 WinCC 至 PLC 的通信，成本最合算的选择是串行通信连接形式。WinCC 站的 COM 接口用于通信模块。

通信伙伴：有两个 WinCC 通信驱动程序可用于建立至 SIMATIC S5 生产线的串行通信连接。SIMATIC S5 PROGRAMMERS PORT AS511 通过相应 CPU 的编程接口进行通信；SIMATIC S5 SERIAL 3964R 通过串行接口进行通信。

通信数据：WinCC 站的每个 COM 接口最多可以寻址一个 PLC。PLC 最大的通信数是 4。

C 利用 MPI 的通信

通信处理器用于实现与 MPI 网络的通信连接。WinCC 站必须配有合适的通信处理器。

可以使用连接至 PROFIBUS 网络的通信处理器及要使用的驱动器软件。SIMATIC S7 PROTOCOL SUITE 通信驱动程序，通过各种通道单元提供与 SIMATIC S7 – 300 和 S7 – 400 PLC 的通信。其中，MPI 通道单元可用于利用 MPI 进行的通信。

通信伙伴：通信驱动程序 SIMATIC S7 PROTOCOL SUITE. CHN 允许 SIMATIC S7 – 300 和 S7 – 400PLC 进行通信。

通信数据：MPI 通道单元支持通过 Hardnet 和 Softnet 模块进行的通信。每个 PC 只能使用一个用于 MPI 通信的模块。

D 利用 PROFIBUS 的通信

(1) 通信处理器。要实现与 PROFIBUS 网络的通信连接，WinCC 站必须配有合适的通信处理器。此外，必须为期望的通信协议安装合适的驱动程序软件。WinCC 可使用两种类型的通信处理器。它们用于 Hardnet 和 Softnet 通信处理器。两者之间的主要区别在于 Hardnet 模块具有自己的微处理器，以减少 CPU 上的负载，而 Softnet 模块则没有。

Hardnet：整个协议软件在模块上运行，可以同时运行两个协议（多协议运行），与 Softnet 模块相比，该模块的功能更强大。

Softnet：整个协议软件在计算机的 CPU 上运行，一次只能运行一个协议（单协议运行），该模块的成本比 Hardnet 模块低。

(2) 通信驱动程序。在 WinCC 中，对于通过 PROFIBUS 进行的通信，有数个通信驱动程序可用。

通信协议：可用于 PROFIBUS 的通信驱动程序，通过某些通信协议来实现通信。

通信连接：各通信驱动程序可建立的通信连接数见表 5 - 7。这些数值始终与通道单元相关，即与 WinCC 站中使用的通信处理器相关。

PLC：通常，PLC 与 PROFIBUS 网络的连接方法有两种，即使用中央模块上的集成接口或者特殊的通信模块。

表 5 - 7 是由 PROFIBUS 网络的各种 WinCC 通信驱动程序提供的通信选项总览。

表 5 - 7　由 PROFIBUS 网络的各种 WinCC 通信驱动程序提供的通信选项

系　统	模　块	PB DP	PB FMS	S7 PB
S7 - 200	CPU 215	√		
S7 - 300	CPU 315 - 2DP	√		√
	CP 342 - 5	√		√
	CP 343 - 5		√	√
S7 - 400	CPU 41X - 2DP			√
	CP 443 - 5 扩充			√
	CP 443 - 5 基本		√	√
	IM 467			√
DP 从站	例如 ET200	√		

（3）PROFIBUS DP。通过通信驱动程序 PROFIBUS DP，WinCC 站可以与所有的 PLC 以及可以作为 DP 从站操作的现场设备进行通信。如果与许多具有很少数据量的从属设备进行通信，则在 WinCC 中应用通信驱动程序 PROFIBUS DP 才合理。尽管数据很分散，但可以达到快速变量更新。通过 PROFIBUS DP 的周期性数据交换来实现通信，此时 WinCC 站用作 DP 主站。

通信伙伴：通过通信驱动程序 PROFIBUS DP，可以建立与所有的 PLC 以及可作为 DP 从站来操作的现场设备的通信。

通信数据：通信驱动程序 PROFIBUS DP 只支持通过通信处理器 CP5412 A2 所进行的通信。在 WinCC 站中，至多可以使用其中 4 个模块。然而，可用于作 WinCC 站的 PC 的系统资源可能有所限制。每个 CP5412 A2 通信处理器至多可以与 62 个 DP 从站进行通信。如果使用中继器，该数字才使用。否则，与没有中继器的 PROFIBUS 网络连接的站，通常限制在 32 个。

（4）PROFIBUS FMA。通过通信驱动程序 PROFIBUS FMS，WinCC 站可以与支持 FMS 协议的 PLC 进行通信。通信驱动程序 PROFIBUS FMS 可用于与来自不同制造商的设备进行通信。这种类型的通信可以管理大量的数据。

通信伙伴：通过通信驱动程序 PROFIBUS FMS，WinCC 可以与支持 FMS 协议的所有 PLC 进行通信。

通信数据：通信驱动程序 PROFIBUS FMS，只支持通过通信处理器 CP - 5412 A2 所进行的通信。对于每台计算机，只能有一个模块用于 FMS 通信。理论上，至多可以与 32 个 FMS 设备进行通信。但是由于性能原因，进行通信的 FMS 设备不应该超过 12 个。

（5）SIMATIC S7 PROTOCOL SUITE。SIMATIC S7 PROTOCOL SUITE. CHN 通信驱动程序通过各种通道单元提供与 SIMATIC S7 - 300 和 S7 - 400 PLC 的通信。其中，两个 PROFI-BUS 通过单元可用于通过 PROFIBUS 进行的通信。

通信伙伴：通信驱动程序 SIMATIC S7 PROTOCOL SUITE. CHN 允许与 SIMATIC S7 - 300 和 S7 - 400PLC 进行通信，如图 5 - 7 所示。

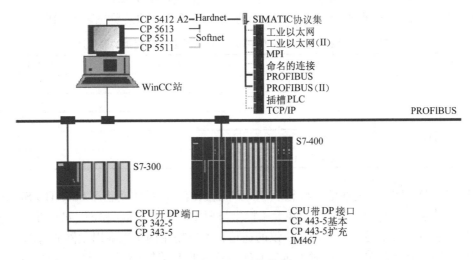

图 5 - 7　通信伙伴

通信数据：PROFIBUS 通道单元支持通过 Hardnet 和 Softnet 模块所进行的通信。WinCC 站至多可以使用其中两个模块。

E　利用工业以太网的通信

（1）通信处理器。要实现与工业以太网的通信连接，WinCC 站必须配有合适的通信处理器。此外，还必须为期望的通信安装合适的驱动程序软件和通信协议。WinCC 使用两种类型的通信处理器，它们是 Hardnet 和 Softnet 通信处理器。两者之间的主要区别在于，Hardnet 模块具有自己的微处理器以减少 CPU 上的负载，而 Softnet 模块则没有。

可以与 WinCC 站进行系统连接的通信处理器见表 5 - 8。

表 5 - 8　可以与 WinCC 站进行系统连接的通信处理器

通信处理器	配　置	类　型
CP1413	ISA 卡	Hardnet
CP1613	PCI 卡	Hardnet
CP1411	ISA 卡	Softnet
CP1511	PCMCIA 卡	Softnet

（2）通信驱动程序。在 WinCC 中，对于通过工业以太网进行的通信有多个通信驱动程序可用。

通信协议：可用于工业以太网的通信驱动程序，通过相应的通信协议来实现与某个 PLC 的通信。

通信驱动程序及其传输/通信协议的分配见表 5 - 9。

表 5 - 9　通信驱动程序及其传输/通信协议的分配

通信驱动程序	传输/通信
S7 PROTOCOL SUITE（工业以太网）	ISO WITH S7 - FUNCTIONS
S7 PROTOCOL SUITE（TCP/IP）	ISO - ON - TCP WITH S7 - FUNCTION

PLC：PLC 与工业以太网的连接，通过特殊的通信模块来实现。

由工业以太网的各种 WinCC 通信驱动程序提供的通信选项总览见表 5 - 10。

表 5 - 10　由工业以太网的各种 WinCC 通信驱动程序提供的通信选项

系　统	模　块	S7 ISO	S7 TCP
S7 - 300	CP341 - 1	√	
	CP343 - 1 TCP		√
S7 - 400	CP443 - 1	√	
	CP443 - 1 TCP		√
	CP443 - 1 IT		√

（3）与 SIMATIC S7 的通信。与 SIMATIC S7 的通信，通过驱动程序 SIMATIC S7 ROTO-COL SUITE 来实现。它使用各种通道单元来提供与 SIMATIC S7 - 300 和 S7 - 400 PLC 的通信。

ISO 传输协议对于通过 ISO 传输协议的通信，可以使用两个工业以太网通道单元。

ISO - ON - TCP 传输协议：对于通过 ISO - ON - TCP 传输协议的通信，可以使用通道单元 TCP/IP。

对于较小的网络，建议使用 ISO 传输协议，因为它的性能更好。如果要穿过更多路由器连接的扩充网络来进行通信，则应该使用 ISO - ON - TCP 传输协议。

通信伙伴：通信驱动程序 SIMATIC S7 PROTOCOL SUITE 允许与 SIMATIC S7 - 300 和 S7 - 400 PLC 所进行的通信。它们必须配有支持 ISO 或 ISO - ON - TCP 传输的通信处理器。

通信数据：工业以太网和 TCP/IP 通道单元支持通过 Hardnet 和 Softnet 模块所进行的通信。通过使用 ISO 传输协议的两个工业以太网通道单元，通信驱动程序 SIMATIC S7 RO-TOCOL SUITE 支持至多两个模块进行的通信。通过使用 ISO - ON - TCP 传输协议的 TCP/IP 通道单元，它也支持与一个模块进行的通信。

任务 5.4　通信连接的诊断

5.4.1　任务分析

组态连接之后，如果在 WinCC 站和 PLC 之间不能建立通信，则最大的障碍在于找到出错的原因。组态计算机系统和 PLC 之间的连接可能会成为一项非常复杂的任务。各种位置上都可能不知不觉地出现错误，阻止通信伙伴之间的正确连接。

5.4.2　相关知识

5.4.2.1　错误检测

通常在运行时会首先识别建立通信连接时发生的错误或故障。当把 WinCC 图片切换到运行系统时，如果存在连接错误，将以灰色显示实际情况，原因是 WinCC 变量使其动态化时未提供当前过程的对象。其中，这些对象包括 I/O 域、滑块、复选框或棒图。

如果并非连接的所有 WinCC 变量都显示错误，则表明错误源仅限于个别 WinCC 变量。在这种情况下，检查图形编辑器中的变量编址、计数器和应用。如果连接的所有 WinCC 变量都显示错误，则表明错误源影响整个连接。WinCC 具有各种信息源，它们可以稍微限定可能出现的错误源。

A　WinCC 资源管理器

WinCC 资源管理器包含一个用于确定所组态连接的当前状态对话框。只有 WinCC 项目在运行时，才能访问该对话框。如果 WinCC 项目不在运行中，就没有已建立到通信伙伴的连接，因此不能监控其状态。

从 WinCC 资源管理器通过"工具"→"驱动程序连接的状态"菜单，可以访问用于监控当前连接状态的对话框，并将显示所有已组态连接的状态。通过选择相应的复选框，可以激活可定义更新周期中的周期更新。在 WinCC 资源管理器中，将鼠标指示在右窗口中的连接线上也可以显示连接状态。连接状态将作为工具提示来显示。

B　通道诊断

要诊断 WinCC 项目的通信连接，可以使用通道诊断程序。通过"开始"→"SIMATIC"→"WinCC"→"通道诊断"可以启动它。该程序只提供英文版。如果 WinCC 项目处于运行中，则通道/连接标签将显示所有已组态的连接。此外，将显示有关每个连接的当前通信状态的信息。不同的 WinCC 通信驱动程序中所显示信息的类型会有所不同。在默认情况下，所显示的信息每秒更新一次。

如果有连接错误，将显示十六进制错误代码。这些错误代码可以帮助更精确地定位错误源。为此，需要错误代码的解释。通过鼠标右键单击"错误代码条目"，选"帮助"，可以从 WinCC 在线帮助中获得对应代码的解释。组态标签给出组态文本文件跟踪输出的选项。通过标记域内的复选框，可以设置所期望的跟踪深度。

在输出文件名域内，指定跟踪文件的名称。在默认情况下，跟踪文件被放置在 WinCC 安装文件夹的 DIAGNOSIS 子文件夹内（C：\\ SIEMNS \\ WINCC \\ DIAGNOSIS）。跟踪文件将获得 TRC 扩展名，并且可被任意的文本编辑器打开。在跟踪文本域内，可以进行附加的跟踪文件设置。允许复选框可激活跟踪输出，所做的设置必须通过单击"保存"按钮来保存。它将显示一条警告消息，告之跟踪信息的输出将对通信连接的性能产生负面影响。因此，在设备运行时应确保取消激活跟踪输出，只应在调试或错误检测期间使用跟踪输出。产生跟踪输出之前，必须退出运行系统后再启动它。要取消跟踪输出，则取消选定允许复选框，通过单击保存该设置，然后退出运行系统。

C　使用动态对话框的状态监控

在 WinCC 运行系统中，可以监控各个 WinCC 变量的状态。通过这样一个受监控的 WinCC 变量的状态，排除编址错误，可以推断出它的状态。建立状态监控需要的一些组态工作。

在图形编辑器中对监控进行组态，可以用对象的任何属性来组态监控。对于监控，选择静态文本的文本属性比较好。在该属性下，必须组态一个动态对话框。在对象属性对话框的属性标签内创建对话框，在期望的属性处，单击鼠标右键，选择"动态列"，并从弹出式菜单中选择动态对话框。这样将会打开"动态数值范围"对话框。

在"动态数值范围"对话框中，执行以下步骤：

（1）在表达式/公式域中，指定要监控的变量。

（2）在表达式/公式的结果域中的其他行内，输入文本状态正常。

（3）激活判断变量的状态复选框。

（4）在随后的域内，为每个现有的有效范围输入相应的属性数值而不是文本（例如颜色等）。

如果项目切换到运行系统，则刚才组态的对象将根据变量的当前状态显示所输入的状态文本之一。如果没有错误，则显示文本状态正常。

5.4.2.2　故障消除指南

本小节将逐步分析通信连接，以便确定产生通信错误的原因。

A　通信伙伴可用性

成功建立连接的基本要求是 PLC 准备就绪。这主要指必须给 PLC 提供电源，并且它处于接通状态。此外，所有模块必须正确运行。如果不能成功激活所有模块，可以执行本节所描述的检查。通常，如果出错，LED 没亮，则可以假定成功激活模块。

所有必需的数据被装载检查：主要通过编程设备或计算机上的编程软件来完成 PLC 的组态。必须把 PLC 运行所需的数据（数据块、程序块等）载入其 CPU 内。检查 CPU 中是否存在所有必需的数据。

单个模块可用性检查：确定各组件的当前模块状态。简单的辅助器件是安装在模块上的 LED。通常，如果建立了通信连接，则 PLC 上指示出错的 LED 应该不亮。某些 LED 发亮时（例如缓冲区的电池用尽）可能不会对建立实用通信连接产生严重影响，但是仍然建议在完全无错状态下操作 PLC。

对于 SIMATIC S7 PLC，可以通过 STEP7 软件方便地确定模块。为此，用鼠标右击要检测的模块条目，然后从弹出式菜单选择"目标系统"→"模块状态"来打开"模块状态"对话框。在常规标签的状态域中，显示当前模块状态和所有存在的错误。诊断缓冲区标签包含更多关于存在的错误和如何进行更正的详细信息。

硬件配置正确性检查：对于 SIMATIC S7 PLC，硬件配置必须正确。这可以通过 STEP7 软件的 HW - Config 程序来完成。可得到一份硬件目录表，它对使用的组件进行了确切说明。保证在项目中指定的硬件配置对应于 PLC 的实际配置。在硬件目录中，可根据序号识别各个硬件组件，这些序号也应在指定的硬件配置组件上，检查这些序号是否一致。此外，将硬件配置载入 PLC，还要检查是否硬件配置的所有组件都已被载入 PLC。

同步通信处理器检查：对于 SIMATIC S5 PLC，启动 CPU 时，必须使所有现有的通信处理器同步。这可以通过 CPU 启动块中的 SYNCHRON 处理块来执行。作为 SYNCHRON 处理块的参数，通信处理器的接口数 SSNR、数据传送所期望的块大小 BLGR 和参数化的错误字节 PRFE 被传送。

B　网络连接

若没有可以使用的网络连接，就不能在 WinCC 站和 PLC 之间成功地建立通信。由于这个原因，最基本的检查就包括确定与每个通信伙伴的网络连接正常工作。

检查网络连接：有多个选项可以检查网络连接。也就是说，要进行检查以便确定是否可以通过网络连接真正到达通信伙伴。

通过设置 PG/PC 接口程序来实现检查 PROFIBUS 或 MPI 网络，为网络上使用的通信处理器故障诊断提供了一个很好的方法。处理方法是选择相关通信处理器的条目并单击"诊断"按钮。

要建立正确的网络连接，应使用专门提供的网络组件；否则，建立连接时会出现问题，会偶发连接错误或者出现性能损失。

C 计算机中的通信模块检查

为了建立从 WinCC 站到 PLC 的通信连接，计算机上必须安装合适的通信模块。在大多数情况下，该模块为特别指定的通信处理器。在一些应用中，使用普通的网卡或计算机的 COM 接口就能满足要求。下列说明主要讲述通信处理器的应用。

通信处理器：用设置 PG/PC 接口程序完成了通信处理器安装后，检查安装是否成功。通常，退出设置 PG/PC 接口程序后，会立即提醒用户安装是否成功。

各种通信处理器都提供附加诊断功能，从设置 PG/PC 接口程序，通过"诊断"按钮可访问它们。单击该按钮将显示"Simatic NET 诊断"对话框。通过单击默认显示的标签内的"测试"按钮，可以启动诊断程序，此后将显示诊断的结果。

在通信处理器的"属性"对话框中，可以找到对其进行测试的第二个选项。单击设置 PG/PC 接口程序中的"属性"按钮可访问该对话框。

从运行状态标签可以控制通信处理器。可以重新设置、重新启动它或进行测试。在输出域内，可以查看所执行的动作的结果。最初，可以试着重新启动模块。如果重新启动失败，则至少会获得一些关于出错原因的信息，它们将显示在下面的输出域和错误消息框内。

确定错误源：确定错误源的信息源是 Ainec2. log 文件。该文件位于 Windows NT 资源管理器内，可以在 C：\\ WinNT \\ System32 路径下找到该文件，并打开它。此外，从事件浏览器程序中收集信息，通过"开始"→"程序"→"管理工具（公用）"→"事件浏览器"启动该程序。

事件浏览器程序列出系统报告的所有事件。移动鼠标到列表中的某个事件，点击右键以打开"事件详细资料"对话框，它包含了有关所选事件的详细信息。通过"前一个"和"下一个"按钮可跳转到邻近的事件。

所分配的资源：如果在安装时已将系统资源分配给了通信处理器，检查是否其他设备尚未占用这些资源，可以使用 Windows 诊断程序进行该项检查，通过"开始"→"程序"→"管理工具（公用）Windows 诊断"启动该程序。

在 Windows 诊断程序的资源标签中，列出了由各种系统组件所占用的资源。比较已占用的系统资源和为通信处理器所设置的资源。用设置 PG/PC 接口程序，可确定安装时为通信处理器设置的资源：从设置 PG/PC 接口程序中单击"安装"按钮，打开"安装/删除模块"对话框；在安装/删除模块对话框内，从已安装列表中选择期望的模块条目；单击"资源"按钮以显示为所选的通信处理器设置的资源。将这些数值与已占用的资源进行比较。如果资源设置已被占用，则必须将通信处理器的设置改变为所显示的不被 Windows 诊断程序占用的数值。

现在，必须重新启动带有新数值的通信处理器。可以从响应的通信处理器的属性对话框中完成此操作，通过设置 PG/PC 接口程序的属性按钮可以访问该对话框。在运行状态标签中，单击"重新启动"按钮来重新启动通信处理器。可从输出域中查看是否已成功地完成了对具有新设置的通信处理器的重新启动。即使使用已检查的设置，通信处理器仍有可能不启动。在这种情况下，尝试使用不同的设置可能会获得成功。

　　D　通信组态正确检查

为了在 WinCC 站和 PLC 之间建立通信连接，必须了解某些有关组件的信息（WinCC项目、通信处理器、PLC 程序等），以便组态每个组件。它包括有关站地址、变量名称等的信息。如果一个组件没有正确的信息，则建立连接可能会失败。

（1）检查站地址设置是否正确。WinCC 中可用的大多数通信驱动程序，都需要通信伙伴的站地址规范，以便组态连接。检查是否已指定正确的站地址（组态的站地址用于要访问的通信伙伴）。例如，将使用可以通过通信驱动程序 SIMATIC S7 Protocol Suite 来创建的连接。图 5 - 8 所示通道单元工业以太网的设置。在连接属性对话框中设置的地址必须与为通信伙伴所组态的地址一致，如图 5 - 8 所示。

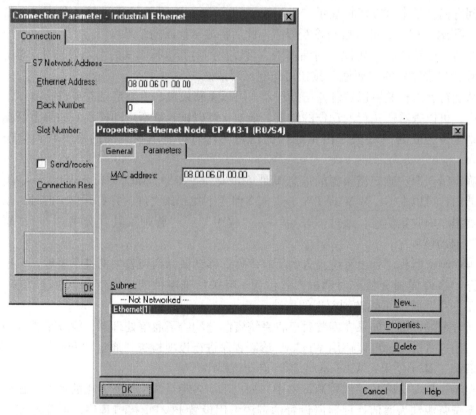

图 5 - 8　站地址设置

（2）检查 TSAP 数值设置是否正确。在 WinCC 中可用的一些通信驱动程序需要 TSAP数值规范用于组态，这些就是所谓的服务访问点，它代表用于执行某些服务的各种连接的端点。因而经常提到本地和远程参数。本地参数与当前正在组态的站的数值有关；远程参数与当前正在组态的站所要访问站的数值有关。检查此处所输入的数值是否就是为要访问的通信伙伴已组态的数值，确保已保留了本地和远程参数。

例如，将使用可以通过通信驱动程序 SIMATIC S5 Ethrmet Layer4 来创建的连接。在连接属性对话框中设置的 TSAP 数值必须与为通信伙伴所设置的数值一致。在本例中，比较十六进制格式的 TSAP 数值也有用。

（3）检查是否使用了正确的机架号和插槽号。如果通过通信驱动程序 SIMATIC S7 Protocol Suite 组态连接，则除非使用了已命名的连接通道单元，否则必须指定 CPU 的确切位置。也就是说，必须指定要访问的 CPU 的机架号和插槽号，确保用于建立网络连接的通信处理器的数值在 PLC 中输入无误。

检查在 WinCC 和 STEP7 中是否使用了正确的机架和插槽号，并且它们是否与实际值一致。图 5 - 9 所示为用于通道单元 PROFIBUS 的设置。在连接属性对话框中设置的数值必须与 STEP7 中所组态的数值一致。

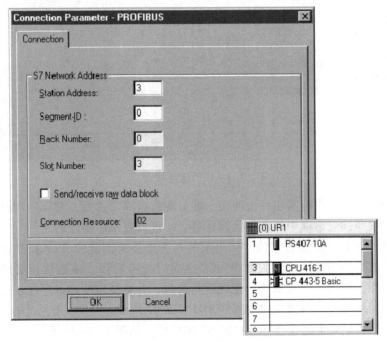

图 5 - 9 槽口地址

（4）检查是否设置了正确的访问点。在多数情况下，通信驱动程序的某个通道单元用来通信的模块的定义，是通过设置访问点实现的，检查是否将此设置的访问点正确地分配给了期望的模块。

例如，将使用可以通过通信驱动程序 SIMATIC S7 Protocol Suite 创建的连接。图 5 - 10 所示为用于通道单元工业以太网的设置。必须将期望的通信模块分配给在系统参数对话框中设置的访问点。在有些情况下，具有让 WinCC 自动设置访问点的选项。在这种情况下，检查 WinCC 是否已选择了正确的模块。

（5）检查是否使用了正确的数据库文件。如果创建数据库文件来实现连接，则它必须能由通信模块访问，必须指定该文件的路径。检查是否已设置了正确的数据库文件，并且其路径和名称是否正确。例如，将使用可以通过通信驱动程序 PROFIBUS FMS 创建的连接。在这种情况下，必须将数据库文件分配给所使用的通信模块。

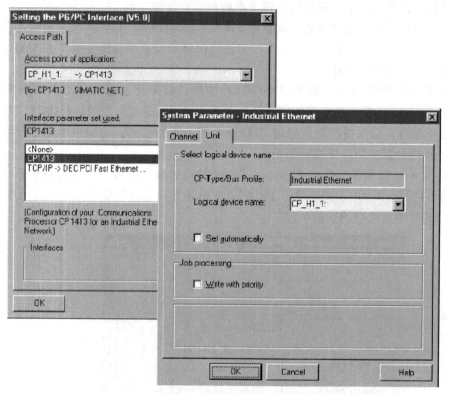

图 5 - 10　通道单元

　　还要确保数据库文件确实正在被使用。在分配数据库文件后，重新启动通信模块。这时，可以从模块属性对话框中的操作状态标签处，进行重新启动。

　　(6) 检查变量的寻址是否正确。如果不能与为连接所创造的 WinCC 变量的某个组态建立连接，最有可能的原因是有关的 WinCC 变量寻址有错误。通信伙伴必须能够映射为 WinCC 变量所组态的地址。检查是否正确进行寻址，并且指定的地址存在于通信伙伴中。

　　例如，将使用可以通过通信驱动程序 SIMATIC S7 Protocol Suite 来创建的连接。在地址属性对话框中设置的地址必须在 SIMATIC S7 中可用，如图 5 - 11 所示。

　　其他经常忽略的错误源，可归于因在图形编辑器中通过 WinCC 变量已经设为动态对象的组态。如果已使用键盘输入了该 WinCC 变量的名称，则可能存在的输入错误将导致得出连接错误的错误结论。为避免这种错误，应使用变量选择对话框。

　　(7) 检查网络设置是否正确。为建立工作通信连接，必须指定有关数据传输的一些参数。将要设置的参数类型和数量取决于通信网络的类型。必须向各种通信伙伴报告这些参数，确保所有的通信伙伴都收到了完全相同的参数。

　　例如，将使用可以通过 PROFIBUS 通信驱动程序的连接。其中，为各个站所设置的传输率必须一致。图 5 - 12 所示为 SIMATIC S7 和 WinCC 的设置。

　　FMS 如果为通信创建了数据库文件，则也必须检查其中的网络设置是否正确。

　　E　S7 连接参数

　　创建 S7 MPI 或 S7 PROFIBUS 连接时，在 S7 网络地址下的对话框将要求的站地址、段标识号、机架号和插槽号填写正确，如图 5 - 13 所示。

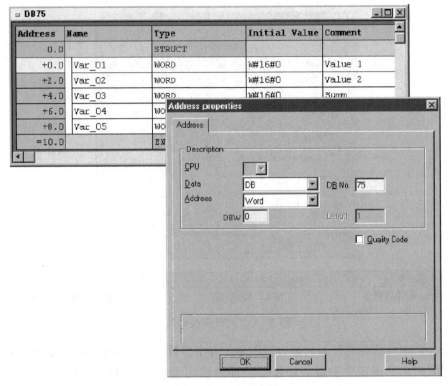

图 5 - 11　地址选择

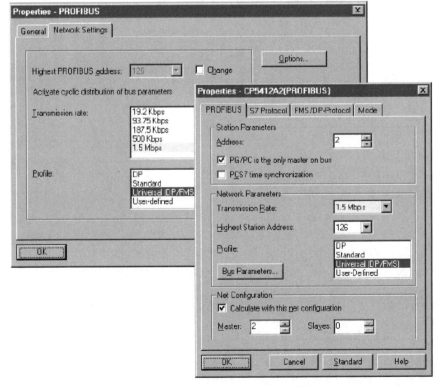

图 5 - 12　SIMATIC S7 和 WinCC 的设置

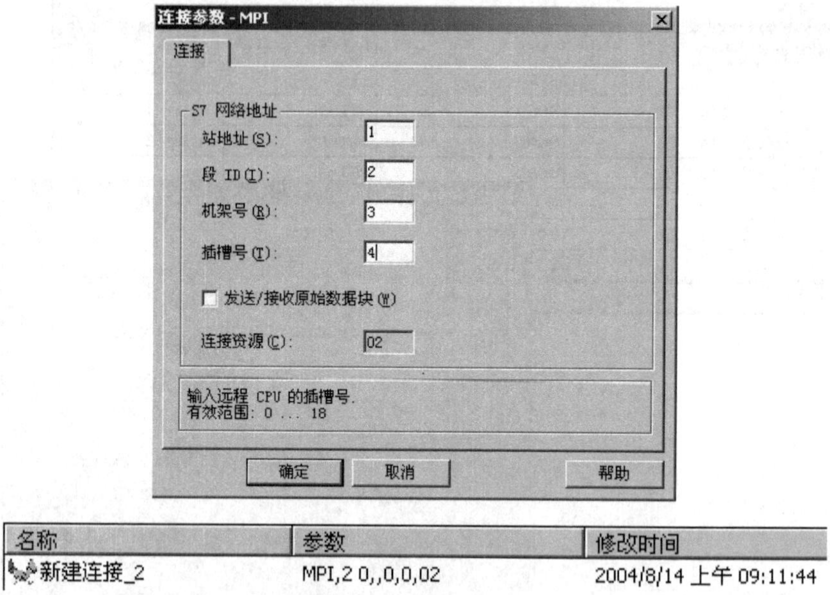

图 5－13   MPI 连接参数

　　然而，WinCC 资源管理器的列表试图显示五个参数，如果使用通用的 APL，则必须通过逗号把语法句分成四个参数。如果把这种语法用于 APL，将创建不带 S7 连接参数的连接。

学习情景 6 WinCC 编辑器

任务 6.1 变量记录

6.1.1 任务分析

变量记录是用于申请来自 WinCC 外部与内部变量数据的函数。这类数据可以用各种方法进行归档。数据在运行系统中可以按趋势或表格的形式进行显示。

6.1.2 相关知识

6.1.2.1 周期连续的归档

（1）任务定义。来自 WinCC 外部与内部的不同过程值将以设定的周期连续存储在一个归档中。所存储的数据将在运行系统中使用趋势的形式进行图形显示。

（2）概念的实现。为了对所需要显示的数据进行归档，在变量记录编辑器中需要创建一个周期连续的过程值归档。在运行系统中，通过特定的控件来显示归档，该控件将以趋势的形式显示数据。

（3）创建过程值归档。

1）首先，在变量管理器中创建需要进行归档的变量。例如创建 ProcessValue_1、ProcessValue_2、ProcessValue_3 三个变量，它们可以由 WinCC 变量模拟器来提供数值。

2）打开"变量记录"编辑器。在 WinCC 资源管理器中通过鼠标右键打开变量记录条目，然后从弹出式菜单中选择"打开"来完成，如图 6-1 所示。

3）创建一个新归档。通过鼠标右键打开归档条目，从弹出式菜单中选择"归档向导"来启动向导，该向导将指导用户创建一个新归档，如图 6-2 所示。

图 6-1 打开变量记录编辑器   图 6-2 启动归档向导

4）通过单击"下一步"按钮退出起始页。在下一页中，将归档类型设置为过程值归档选项。输入归档名称，在本例中，归档名称为"ProcessValueArchive"。通过单击"下一步"继续到下一页，如图 6-3 所示。

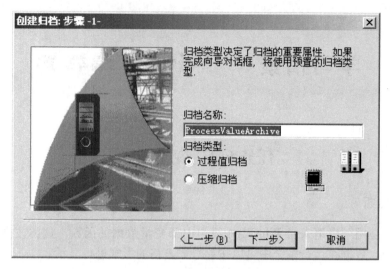

图 6 - 3　创建归档步骤 1

5）在向导的第三页中，定义要进行归档的变量，并通过选择按钮来完成。在本例中，使用 ProcessValue_1、ProcessValue_2、ProcessValue_3 三个变量。通过单击"完成"按钮关闭此向导页，如图 6 - 4 所示。

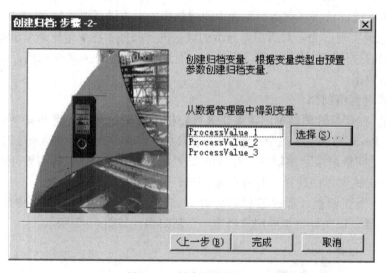

图 6 - 4　创建归档步骤 2

6）在常规信息标签中，可设置基本的归档参数。归档参数与归档类型已在归档向导中指定，且归档类型不能再更改。系统启动时归档是激活的。在系统启动后将直接启动归档。不需要通过一个单独的功能来激活归档。在授权等级域中，将读访问和写访问设置为无访问保护。该数据可被任何用户使用，而不需要进行特殊的访问保护。在启动归档时，不执行特殊动作，这类动作可用来获取有关归档状态的信息，如图 6 - 5 所示。

7）在归档参数标签中，还可设置其他的归档属性。例如可将归档的条目数设置为 1000 条数据记录，将存储位置选择在硬盘上，将归档模式选择短期归档。也可为用于导出短期归档的动作设置一个函数，如果短期归档已满，将自动执行该函数。本例没有指定任何动作。

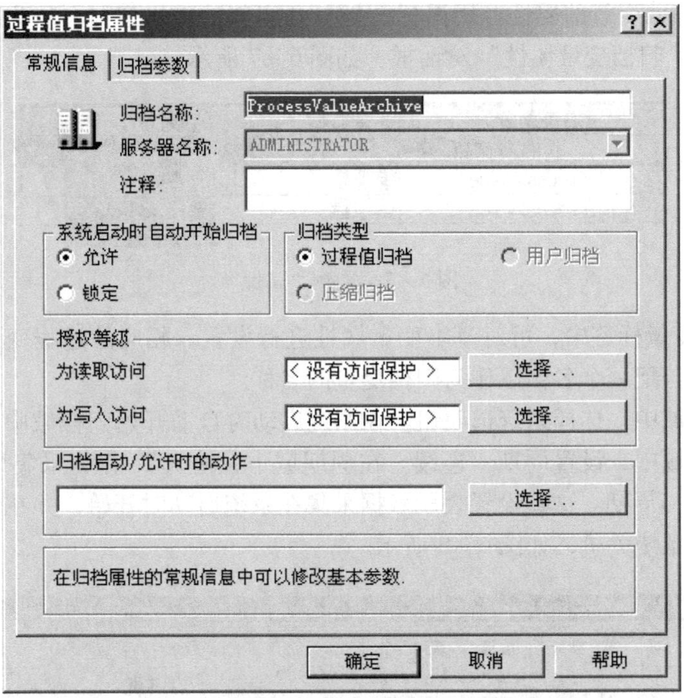

图 6-5 过程值归档属性的常规信息设置

使用这些设置，将有 1000 条数据记录被归档到硬盘上。如果超出了数据记录的最大数，则最前面的归档条目将被删除并由新的条目取代。单击"确定"按钮关闭归档属性对话框，如图 6-6 所示。

图 6-6 过程值归档属性的归档参数设置

8）指定各归档变量的属性。用鼠标右键打开底部的表格窗口，从弹出式菜单中选择“属性”以打开“归档变量属性”对话框，如图 6－7 所示。

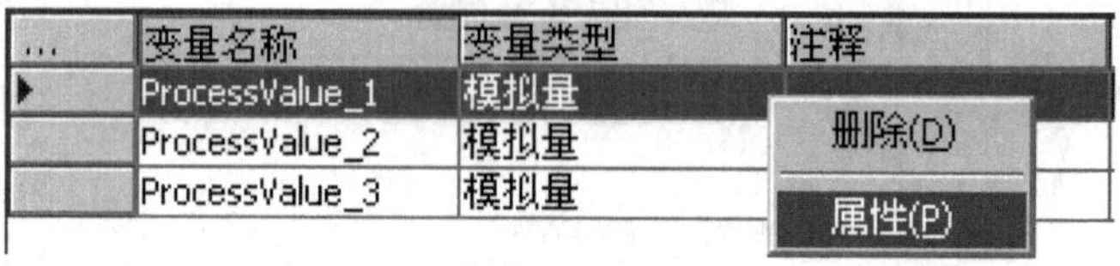

变量名称
变量类型
注释
ProcessValue_1
模拟量
ProcessValue_2
模拟量
ProcessValue_3
模拟量
删除(D)
属性(P)

图 6－7　选择“属性”

9）在归档变量标签中，可对基本变量属性进行设置。相应的过程变量已在归档变量中指定，可为其分配一个名称以作为归档变量的名称。

在提供变量域中，选择系统选项钮。在系统启动时自动开始归档域中，选择允许选项钮。在采集类型域中，设置周期—连续。在周期域中，输入 1s 作为采集周期，输入“1”＊“1s”作为归档周期。这些设置表示数据采集在系统启动时开始，并在恒定的时间间隔内连续进行直到系统关机，如图 6－8 所示。

过程变量属性
归档变量
参数
显示
事件
归档变量名称
变量类型
ProcessValue_1
模拟量
过程变量名称
ProcessValue_1
选择...
注释
提供变量
系统
手动输入
系统启动时自动开始归档
允许
不能
采集类型
周期 - 连续
周期
采集:
1 秒
归档/显示:
1
*
1 秒
同时在变量中输入归档值
选择...
在变量属性的常规部分可以改变基本参数.
确定
取消
帮助

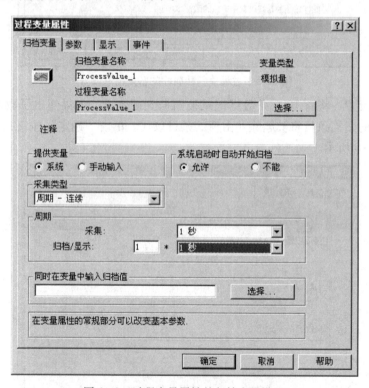

图 6－8　过程变量属性的归档变量设置

10）在参数标签中进行其他设置。在处理域中，选择真实值选项钮，没有指定单元。在出错的情况下，将保存最近的值，如图 6－9 所示。

11）在显示标签中，指定变量进入归档的可接受范围。在本例中，选择没有显示限制选项钮，如图 6－10 所示。

12）在事件标签内，本例没有在动态域中输入改变归档周期的动作。单击“确定”按钮关闭过程变量属性对话框，如图 6－11 所示。

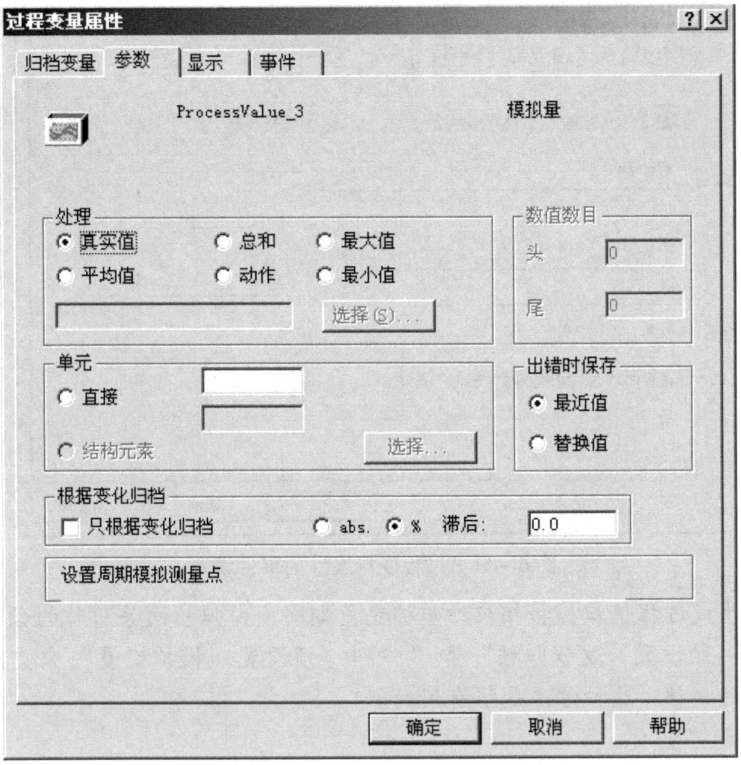

图 6-9　过程变量属性的参数设置

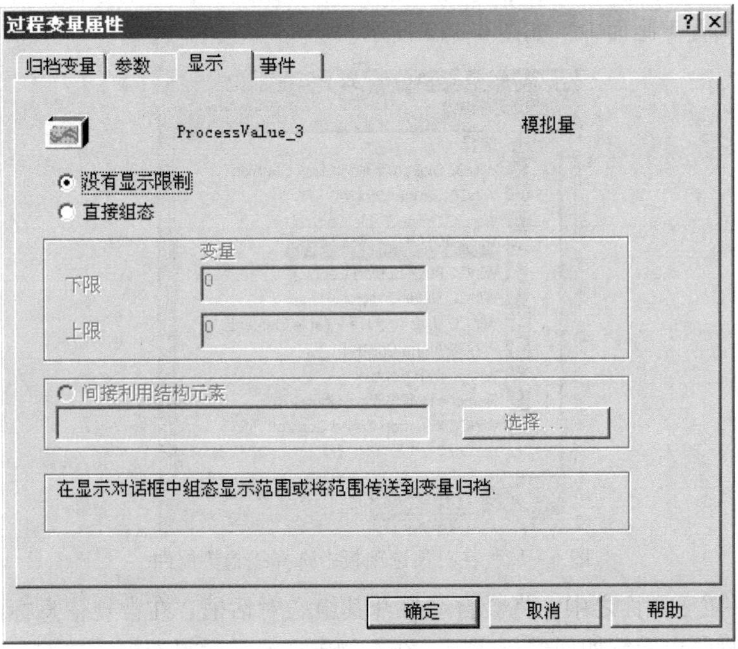

图 6-10　过程变量属性的显示设置

13）另外，还必须指定另两个归档变量（ProcessValue_2、ProcessValue_3）的属性。因此，还必须重新执行步骤 8）~步骤 12）。

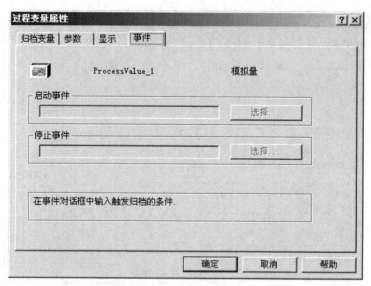

图 6 – 11　过程变量属性的事件设置

注意：在生成过程值归档和相应的归档变量期间，由归档向导所作的预设置，可由用户通过"归档→预设置→过程归档"和"归档→预设置→模拟变量"来更改。如果需要创建大量类似的归档，这种方法是很有用的。

（4）组态趋势显示。

1）在图形编辑器中创建一个新画面。

2）组态用于显示趋势图的线趋势控件。从"对象选项板"的控制选择菜单中选择该控件，然后将其置于画面中，如图 6 – 12 所示。

图 6 – 12　在对象选项板中选择线趋势控件

3）将控件置于画面之中，将会自动打开其组态对话框。在常规信息标签中，可以指定控件的窗口标题以及它如何进行标记。在本例中选择显示复选框，并输入先前创建的归档名"ProcessValueArchive"作为窗口标题。

在打开画面域中，选择装载归档数据复选框，如果没有选择该复选框，则在画面打开后该控件将只显示已归档的值。

在数据源域中，可选择显示归档变量或在线变量。如果选择在线变量，则也可以显示没有进行归档的变量的趋势图。在本例中，设置为归档变量。

通过颜色按钮，可指定窗口的背景色。

在显示域中，本例规定显示状态栏和工具栏，为趋势的写方向选择从右写入。此外，还使用共享 X 轴和共享 Y 轴，并且窗口大小不可改变，如图 6-13 所示。

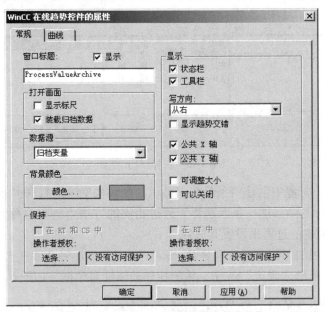

图 6-13　线趋势控件的常规属性设置

4）在"曲线"标签中，可详细地规定要显示的趋势图。打开曲线标签，已经创建了一条趋势。在本例中，将该趋势命名为"趋势 1"。通过"颜色"按钮，可以选择该趋势线显示的颜色。在显示类型中可将趋势线的显示类型设置为连接点。通过"选择"按钮，可以把要显示的归档变量分配给该趋势，如图 6-14 所示。

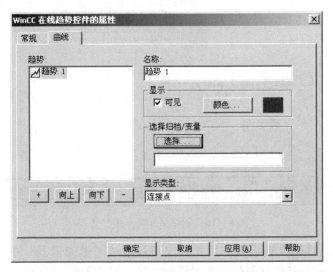

图 6-14　线趋势控件的曲线属性设置

5）打开"选择归档/变量"对话框。在对话框左边的窗口中，选择所期望的 Process-ValueArchive 归档。在右边的窗口中，选择所期望在该归档中可用的归档变量"Process-Value_1"，如图 6 - 15 所示。

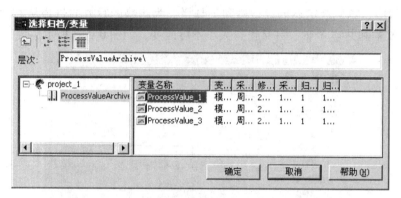

图 6 - 15   选择归档/变量

6）在"曲线"标签中创建两条趋势来显示其余归档变量。打开"曲线"标签，单击"＋"按钮在趋势标签中添加一条新趋势。通过相同的方法可创建另外两条趋势，并按步骤 4）～5）中所描述的过程来设置其属性。

两条新趋势使用的归档变量分别是 ProcessValue_2 和 ProcessValue_3，且命名为"趋势 2"和"趋势 3"。单击"确定"按钮，关闭控件的属性对话框，如图 6 - 16 所示。

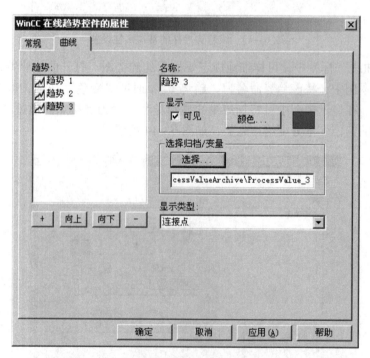

图 6 - 16   创建另外两条线趋势

7）趋势控件属性的其他设置。用鼠标左键双击"图形编辑器"中的趋势控件界面，将会出现更加详细的趋势控件属性设置对话框，除上面用到的"常规"、"曲线"标签外，还有"字体"、"工具栏"、"时间轴"、"数值轴"和"限制值"等标签,通过这些标签中的对话框可对趋势控件进行更加详细的设置。

例如在"数值轴"标签的标签对话框中,可将上面建立的 3 条趋势进行不同的命名,如将趋势 1 命名为"压力 1(Pa)",趋势 2 命名为"压力 2(Pa)",趋势 3 命名为"频率(Hz)",如图 6 - 17 所示。

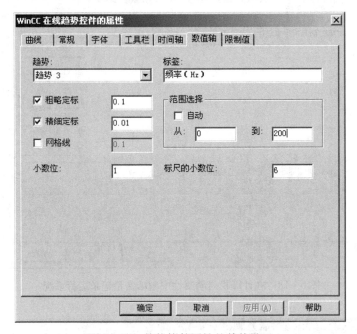

图 6 - 17 趋势控件属性的其他设置

8)激活变量记录运行系统。在 WinCC 资源管理器中用鼠标右键单击"计算机"条目,然后从弹出式菜单中选择属性来打开"计算机列表属性"对话框。单击"属性"按钮来打开"本地计算机的属性"对话框。在"启动"标签中,选择要激活的运行系统应用程序。注意必须选择变量记录运行系统复选框。单击"确定"关闭"计算机属性"和"计算机列表属性"对话框,如图 6 - 18 所示。

9)连接具体的过程值变量,即可进行各个过程值变量的线趋势显示,如图 6 - 19 所示。

6.1.2.2 周期选择归档

(1)任务定义。不同的过程值将以设定的周期,连续地存储在一个归档中,并可通过按钮来启动和停止归档。所存储的数据将在运行系统中用趋势进行图形显示。另外对已定义了对象的工具栏和状态栏还需要进行组态。

(2)概念的实现。为了对所有显示的数据进行归档,在变量记录编辑器中创建一个周期选择的过程值归档。在运行系统中,归档通过特定的控件来显示,该控件以趋势形式显示数据。所需的工具栏用各种按钮、状态显示和图形对象来实现,状态栏则用两个按钮来实现。为了控制归档,还需要一个项目函数来启动和停止归档。

(3)创建过程值归档。

图 6 - 18　在计算机启动属性中激活变量记录运行系统

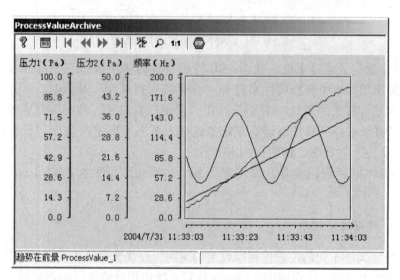

图 6 - 19　激活后的线趋势显示示例

1）在变量管理器中创建要进行归档的变量。在本例中，对 G64_ex_tlg_01、G64_ex_tlg_02 和 G64_ex_tlg_03 变量进行归档。创建一个二进制变量类型的附加变量 BINi_ex_tlg_00，用于存储归档的当前状态。

2）在全局脚本编辑器中创建一个项目函数来启动和停止归档。在本例中，这一项目函数为 ZS_PA_Start，其功能将在后面进行描述。

3）在变量记录编辑器中创建一个过程值归档，并通过归档向导来完成。在本例中，归档命名为"ZS_ProcessValueArchive_00"，并选择变量 G64_ex_tlg_01、G64_ex_tlg_02 和 G64_ex_tlg_03 进行归档。

4）设置过程值归档的属性。在归档参数标签中将归档大小设置为 1000 条数据记录，其余选项保留默认值设置。

5）设置归档变量的属性。在归档变量标签中，三个变量都选择周期选择作为归档类型。这种归档类型使用户可以选择设置事件标签中的启动事件和停止事件。在本例中，将先前创建的项目函数 ZS_PA_Start 设置为启动事件。其余选项保留默认设置，如图 6 – 20 所示。

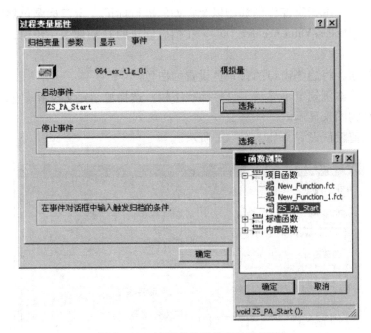

图 6 – 20　过程变量属性事件对话框

项目函数 ZS_PA_Start：

BOOL ZS_PA_Start（）

｛

if（GetTagBit（" BINi_ex_tlg_00"））

｛

return TRUE；

｝

else

｛

return FALSE；

｝

｝

说明如下：

该函数根据二进制变量 BINi_ex_tlg_00 的状态，返回数值为 TRUE 或 FALSE；

在每个归档周期中，由变量记录调用函数。通过返回值，决定是否执行归档。返回值为 TRUE 则启动归档。

（4）组态趋势显示。

1）在图形编辑器中创建一个新画面。

2）组态用于显示趋势图的控件。它是 WinCC 在线趋势控件，从对象选项板的控件选择菜单中选择它，然后将其置于画面中。将控件置于画面中之后，其组态对话框将自动打开。

在常规标签中，可指定控件的标题以及它如何进行标记。窗口标题仍然输入先前创建的归档名称 "ZS_ProcessValueArchive_00"。在稍后创建的 C 动作中，该窗口标题用于注明相应的控件。

通过颜色按钮，将趋势窗口的背景色设置为白色。

在显示域内，本例规定不显示工具栏和状态栏。选择显示趋势交错复选框，也就是说每个趋势用单独的图来显示。

其余选项保留默认设置，如图 6-21 所示。

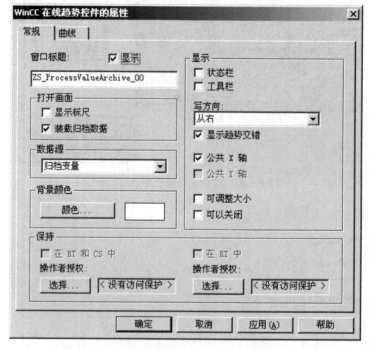

图 6-21　WinCC 在线趋势控件的常规属性设置

3）在趋势标签内，详细规定要显示的趋势图。创建三个趋势。将归档 ZS_ProcessValueArchive_00 的变量 G64_ex_tkg_01 至 G64_ex_tlg_03 分别分配给这些趋势。将三个趋势的颜色设置为黑色，并将显示类型设置为只显示点。

其余选项保留默认设置。单击 "确定" 按钮关闭控件的属性对话框。如图 6-22 所示。

图 6-22　WinCC 在线趋势控件的曲线属性设置

4）各趋势的特殊属性设置。特殊属性设置通过使用"扩充的属性"对话框来实现，该对话框通过鼠标双击"控件"来打开。

"扩充的属性"对话框除了包含已经提及的常规信息和趋势标签外，还包含五个附加的标签。在本例中，只在数值轴标签内进行设置。

在趋势域中，设置条目 Trend_G64_ex_tlg_01 来定义该趋势的属性。在标签域内，输入文本趋势 1。范围选择不是自动执行，而是设置为 -50～50。其余选项保留默认设置。

其余趋势的属性用前述的相同方法进行设置，单击"确定"按钮关闭控件的属性对话框，如图 6-23 所示。

（5）组态工具栏和状态栏。

1）在变量管理器中，创建一个二进制变量类型的内部变量。在本例中，此变量为 BINi_ex_tlg_06。

2）为了控制更新，组态一个智能对象→状态显示。在本例中，使用对象状态显示 5。通过其组态对话框，将对象连接到变量 BINi_ex_tlg_06 上，并设为根据变化触发。另外，创建状态 0 和 1。在本例中，将位图 stoptlg.bmp 和 stopgotlg.bmp 分配给这些状态。

单击"确定"按钮退出对象的组态对话框。

3）在"事件→鼠标→按左键"处，为刚组态的对象状态显示 5 创建一个 C 动作，该 C 动作用于模拟按下控件的标准工具栏的"停止/执行"按钮。

此外，对变量 BINi_ex_tlg_06 的状态求反以显示已改变的控件更新的状态。若变量值为 0，则对应于更新已激活。

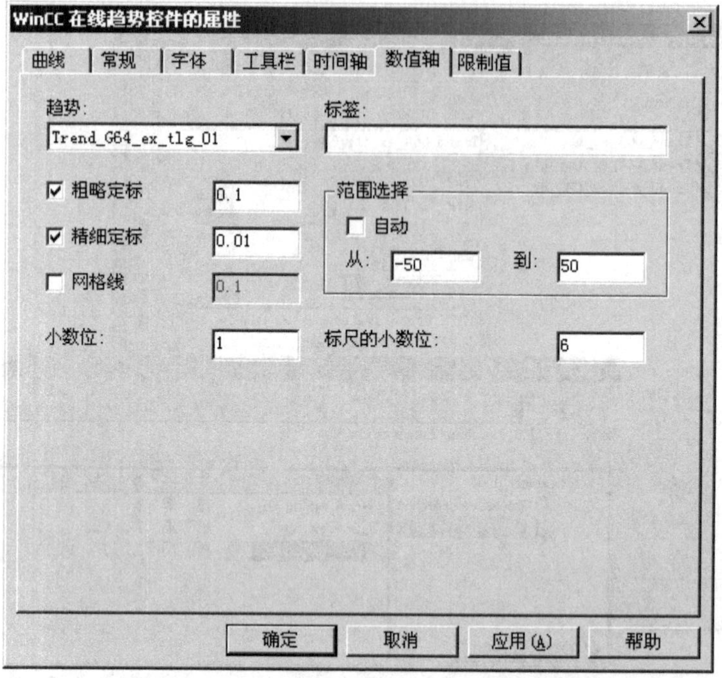

图 6 - 23　WinCC 在线趋势控件的数值轴属性设置

　　由于当画面打开时总是会激活趋势窗口的更新,所以在打开画面时变量 BINi_ex_tlg_06 的状态总是为 0。通过画面对象 BINi_ex_tlg_06 的"事件→其他→打开画面"处的直接连接来实现,这样就将该变量的状态设置为 0。

　　4)按步骤 2)的描述,组态第二个智能对象→状态显示。在本例中,它是对象状态显示,该对象用于控制归档。

　　将该对象与前一部分中所创建的变量 BINi_ex_tlg_00 相连接,相应地使用不同位图 (Archive. bmp/Archive. inv. bmp)。

　　在"事件→鼠标→按左键"处,创建一个 C 动作。该动作对变量 BlNi_ex_tlg_00 求反。该变量用于显示归档已改变的状态,并且通过项目函数 ZS_PA_Start 将该信息传送给归档。

　　5)为了当更新停止时在归档中进行浏览,需要复制四个控件的标准工具的浏览按钮。

　　为此,需组态四个 Windows 对象→按钮。在本例中,它们是对象按钮 4、按钮 7、按钮 8 和按钮 11。然后为每一个对象,在"事件→鼠标→鼠标动作"处创建一个 C 动作。这些动作用于模拟按下标准工具栏上的按钮。

　　此外,需要一个智能对象→图形对象,将其本身置于这些按钮上,并使它们在启动更新时不可操作。在本例中,它是图形对象 2,此对象显示四个处于不可操作状态的按钮 (Pfeile dis. bmp)。在"属性→其他→显示"处,创建一个"动态"对话框,此对话框根据变量 BlNi_ex_tlg_06 控制对象的可见性,该变量包含有关控件更新的信息。

　　6)为了显示状态栏,组态两个 Windows 对象→按钮。

　　在本例中,它们是对象按钮 5 和对象按钮 6。对于文本显示、使用按钮,因为它们很容易配备 3D 边框,因此无需任何附加对象。为按钮 5,在"属性→字体→文本"处,创建一个 C 动作。该动作根据变量 BlNi_ex_tlg_00 将文本归档已启动或归档已停止返回给属性。利用 C 动作，而不是等效的动态对话框来实现语言的切换。

按刚才描述的相同方法对按钮 6 与变量 BINi_ex_tlg_06 进行处理。

"停止/执行"按钮对象（状态显示 5）的 C 动作程序如下：

```
#include" apdefap. h"
Void OnLButtonDown（char＊lpszpictureName, char＊lpszobjectName, char＊lpszpropertyName)
    {
    TlgtrendWindowsPressStopButton（" ZS_ProcessValueArchive_00"）;
    SetTagbit（" BlNi_ex_tlg_06", (SHORT)! GetTagBit（" BlNi_ex_tlg_06"））;
    }
```

说明：

调用标准函数 TlgtrendWindowsPressStopButton 与按下控件的标准工具栏上的停止/执行按钮具有相同的效果。将文本分配给函数，以便允许它识别要访问的控件。该文本就是在组态控件时已指定的窗口标题。

在本例中，它是文本 ZS_ProceessValueArchive_00。

对变量 BINi_ex_tlg_06 求反来存储控件更新的当前状态。

浏览按钮开始（按钮 4）的 C 动作程序如下：

```
#include" apdefap. h"
void OnChick（char＊lpszpictureName, char＊lpszobjectName, char＊lpszpropertyName)
{
TlgTrendWindowsPressFirstButton（" ZS_ProcessValueArchive_00"）;
}
```

说明：调用该标准函数与按下控件的标准工具栏上的第一条数据记录按钮具有相同的效果。其他按钮所使用的函数是：

```
TlgtrendWindowsPressPrevButton
TlgtrendWindowsPressnextButton
TlgtrendWindowsPressLastButton
```

注意：对于 WinCC 在线趋势控件的标准工具的每一个按钮，可以使用模拟按下按钮的相应标准函数。

显示状态栏文本（按钮 5）的 C 动作程序如下：

```
#include" apdefap. h"
char＊_main（char＊lpszpictureName, char＊lpszobjectName, char＊lpszpropertyName)
char start［40］＝" ";
char stop［40］＝" ";
switch（GetLanguage（））
{
case1031：strcpy（start," Archivierung gestartet…"）;
     strcpy（stop," Archivierung gestoppt…"）;
breake;
```

```
case1033：strcpy（start," Archiving started…"）；
      strcpy（stop," Archiving stoped…"）；
breake；
case1036：strcpy（start," Archivage demarre…"）；
      strcpy（stop," Archivage arrete…"）；
breake；
default：strcpy（start," Archivierung gestartet…"）；
      strcpy（stop," Archivierung gestartet…"）；
}
if（GetTagBit（" BIN－ex－tlg－00"））
}
return start；
}
else
}
return stop；
}
```

说明：

创建两个文本变量，根据当前设置的语言，在这些变量中输入归档启动和归档停止状态的文本，当前设置的语言，通过函数 GetLanguage（）来确定；

根据变量 BINi_ex_tlg_00，将 start 变量或 stop 变量中的文本返回给属性，一旦变量 BINi_ex_tlg_00 改变，就触发该动作。

任务 6.2　报警记录

6.2.1　任务分析

报警记录编辑器负责消息的获取和归档。编辑器所包含的函数可用于：传递过程中的消息、处理消息、显示消息、确认消息以及归档消息。用户可使用报警记录查找错误的原因。

6.2.2　相关知识

6.2.2.1　创建、组态消息

（1）任务定义。例如由报警记录对 4 台电动机进行监控。电动机故障可通过在分配给每台电动机的变量中设置不同的位来显示。电动机的消息状态存储在内部变量中，电动机显示根据消息状态而改变。消息将显示在消息窗口。

（2）概念的实现。在报警记录中，必须创建多个与所监控的 4 台电动机相关的单个消息。

可使用一个 WinCC 报警控件在图形编辑器中执行消息窗口。可使用多个标准对象来显示各台电动机。电动机在不同消息状态下的显示变化，可通过使用 C 动作来实现。

（3）所需变量的创建。在变量管理器中，共创建 12 个无符号 16 位数类型的变量。其中 4 个变量用作消息变量，在本例中，它们是 U16i_ex_alg_00、U16i_ex_alg_03、U16i_ex_alg_06 与 U16i_ex_alg_09 变量。另外 4 个变量用作状态变量，在本例中，它们是 U16i_ex_alg_02、U16i_ex_alg_05、U16i_ex_alg_08 与 U16i_ex_alg_11 变量。其余变量，即本例中的 U16i_ex_alg_12、U16i_ex_alg_13、U16i_ex_alg_14 与 U16i_ex_alg_15 变量，将用作确认变量。

（4）消息块的组态。一条消息由多个不同的消息块组成，可将其归类为以下 3 个方面：

1）系统块。这些块包含由报警器记录所分配的系统数据，包括日期、时间、报表标识等。

2）过程值块。这些块包含了由过程值返回的数值，例如临界填充量、温度等。

3）用户文本块。用户常规信息与解释的文本，例如出错解释、消息原因、出错查找等。

①在 WinCC 资源管理器中，通过单击鼠标右键，从报警记录编辑器弹出式菜单中选择"打开"，打开报警记录编辑。

②选择所期望的消息块，通过单击鼠标右键，从消息块条目的弹出式菜单中选择消息块对话框来完成，将打开"组态消息块"对话框，如图 6 - 24 所示。

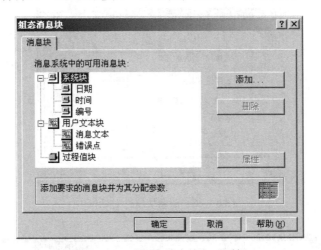

图 6 - 24　"组态消息块"对话框

③通过"添加"按钮，可为所选择的系统块条目、用户文本块条目或过程值块条目打开用于添加块的对话框，如图 6 - 25 所示。

④用鼠标在组态消息块对话框中选择一个块，则可操作删除按钮与属性按钮。删除按钮允许用户删除所选的消息块，属性按钮允许用户组态各个消息块的属性。

在本例中为保留名称，如消息文本，并将长度设置为 20 个字符。单击"确定"按钮以完成在消息块对话框中所做的设置，如图 6 - 26 所示。

（5）单个消息的创建。

1）在报警记录编辑器中，表格窗口位于较底部区域中。在该区域中，组态单个消息，并显示一个已经组态的消息。通过使用鼠标右键可添加新的行。

对于该例，总共创建了 12 个不同的单个消息。

每个消息对应于表格窗口中的一行，并由多列组成，在各列中可以直接进行设置。在本例中，是通过单个消息对话框来进行设置的。可通过鼠标右键选择弹出式菜单中的属性，打开相关消息行的对话框，如图 6 - 27 所示。

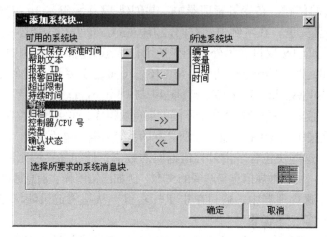

图 6 – 25　添加系统块

图 6 – 26　消息块属性对话框

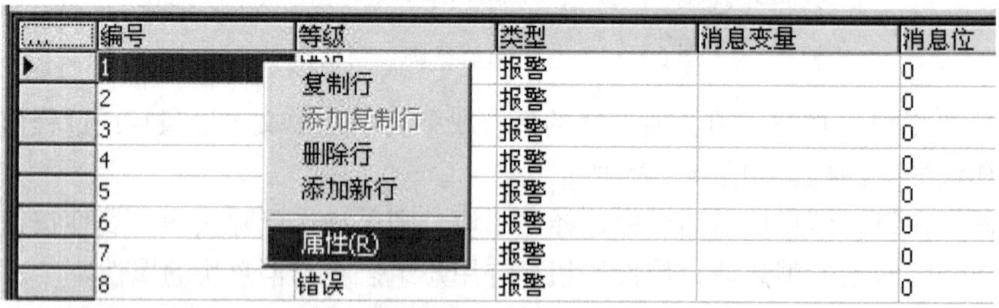

	编号	等级	类型	消息变量	消息位
▶	1		报警		0
	2	复制行	报警		0
	3	添加复制行	报警		0
	4	删除行	报警		0
	5	添加新行	报警		0
	6		报警		0
	7	属性(R)	报警		0
	8	错误	报警		0

图 6 – 27　打开单个消息属性对话框

2）按照如上所描述的步骤打开第一行的单个消息对话框。

在参数标签中，选择消息级别错误与消息类型故障。

在消息域中，选择复选框将被归档与将被报告。

在连接域中，选择变量 U16i_ex_alg_00 作为消息变量，输入 0 作为消息位。也就是说，如果变量设置的第一位为状态 1，则会产生消息。

对于确认变量，选择变量 U16i_ex_alg_12。对于确认位，则输入 0。换句话说，如果在运行系统中确认消息，则变量设置的第一位将设置为 1。

对于状态变量，选择变量 U16i_ex_alg_02。对于状态位，则输入 0。该设置表示变量设置的第一位代表了消息的到达/消失状态。如果消息是未决的，则该位将被设置为 1；如果消息不再是未决的，则重新设定该位。该变量的第九位包含消息的确认状态。如果没有对其确认，则该位的状态为 1。如果对其进行了确认，则状态为 0。

一个 16 位的状态变量可以代表 8 个单位消息的状态。低字包含到达/消失状态，而高字则包含确认状态。

第一行单个消息的参数设置如图 6 - 28 所示。单个消息文本对话框如图 6 - 29 所示。

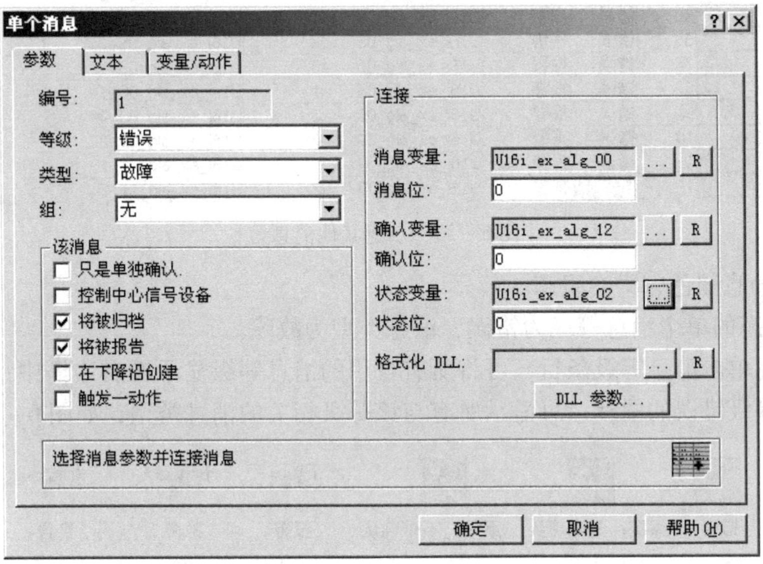

图 6 - 28　单个消息参数对话框

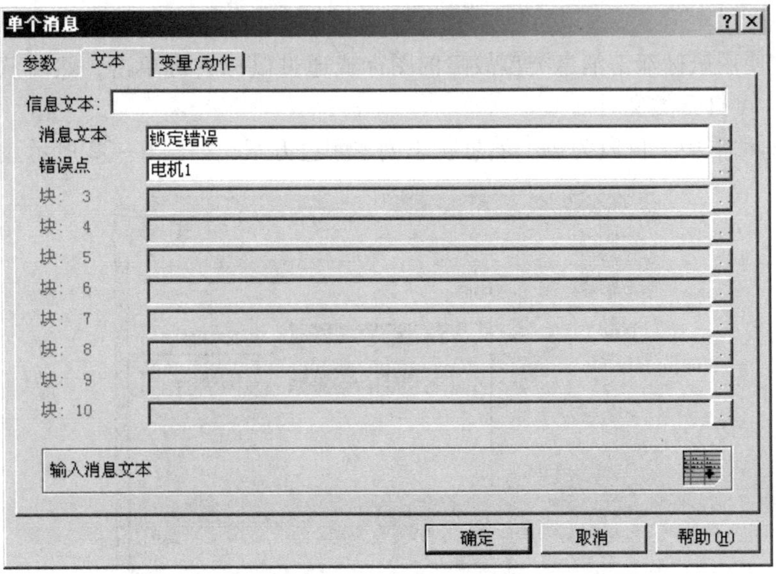

图 6 - 29　单个消息文本对话框

3）以上创建的消息是监控 4 台电动机的第一台，必须为第一台电动机创建超过两行的消息行。按照步骤 2)、步骤 3)所描述的那样进行设置，但要修改消息位、确认位与状态位。

4)对于另外 3 个电动机，可以分别创建三个消息行。

此处必须对消息变量、确认变量和状态变量，以及用语出错点的文本进行修改，如图 6-30 所示。

	编号	等级	类型	消息变量	消息位	状态变量	状态位
	1	错误	故障	U16i_ex_alg_00	0	U16i_ex_alg_02	0
	2	错误	报警	U16i_ex_alg_00	1	U16i_ex_alg_02	1
	3	错误	报警	U16i_ex_alg_00	2	U16i_ex_alg_02	2
	4	错误	报警	U16i_ex_alg_03	0	U16i_ex_alg_05	0
	5	错误	报警	U16i_ex_alg_03	1	U16i_ex_alg_05	1
	6	错误	报警	U16i_ex_alg_03	2	U16i_ex_alg_05	2
	7	错误	报警	U16i_ex_alg_06	0	U16i_ex_alg_08	0
	8	错误	报警	U16i_ex_alg_06	1	U16i_ex_alg_08	1
	9	错误	报警	U16i_ex_alg_06	2	U16i_ex_alg_08	2
	10	错误	报警	U16i_ex_alg_09	0	U16i_ex_alg_11	0
	11	错误	报警	U16i_ex_alg_09	1	U16i_ex_alg_11	1
▶	12	错误	报警	U16i_ex_alg_09	2	U16i_ex_alg_11	2

图 6-30　创建其他消息行

(6)对消息颜色方案的组态。

1)所组态的单个消息等级为错误，消息类型为故障。

通过鼠标单击消息等级条目，可将所有可用的消息等级显示在右边框中；通过使用鼠标双击消息等级错误的图标，可显示所有与该等级相关的消息类型，如图 6-31 所示。

错误	系统，要求确认	系统，不带确认		报警	故障	警告
	(a)				(b)	

图 6-31　消息等级与消息类型

(a) 消息等级；(b) 消息类型

2)通过使用鼠标双击消息类型故障的图标或通过鼠标右键单击，然后从弹出式菜单中选择属性，可打开类型对话框。

在类型对话框中，可以为每个消息状态创建颜色方案，如图 6-32 所示。

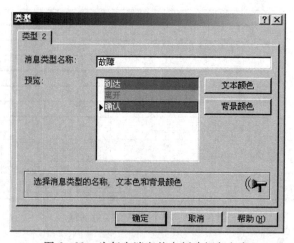

图 6-32　为每个消息状态创建颜色方案

在本例中，使用了下列颜色方案：

到达：文本颜色 = 黄色，背景色 = 橙色

消失：文本颜色 = 橙色，背景色 = 淡灰色

确认：文本颜色 = 白色，背景色 = 橙色

3）在报警记录中进行的组态，可通过文件→保存菜单来保存。

6.2.2.2　组态 WinCC 报警显示

（1）创建一个新的画面，画面名称为 NewPdl2. Pdl。

（2）各个电动机可通过标准对象→圆、标准对象→静态文本、标准对象→多边形来显示。

当发生错误或该消息被确认时，电动机将修改其颜色方案。该颜色方案对应于消息状态的到达、消失和确认。

为此，在"属性→颜色→字体颜色"处，为静态文本创建一个 C 动作，该动作将根据电动机的状态变量的当前状态来修改字体颜色。

同样，在"属性→颜色→背景色"处，为圆创建一个 C 动作来完成同样的任务。

（3）通过 Windows 对象→复选框，对发生在电动机处的错误进行模拟。

在"属性→几何图形→方框数"中输入 3。

在"属性→输出/输入→所选方框"处，创建一个与电动机的相关消息变量的变量连接。

（4）为了显示在报警记录中组态的消息，使用了一个 WinCC 报警控件。从对象选项板的控件菜单中选择它，然后将其置于画面中，如图 6 - 33 所示。

图 6 - 33　在对象选项板中选择 WinCC 报警控件

（5）将控件置于画面之中，就会自动打开其组态对话框，单击"确定"关闭对话框。打开控件的"属性"对话框，可通过双击鼠标左键打开。在常规信息标签中，使用"选择"按钮来选择在报警记录中创建的将由控件显示的单个信息，如图 6 - 34 所示。

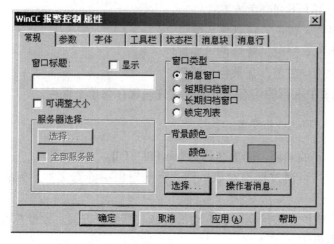

图 6 – 34　WinCC 报警控件常规标签的对话框

（6）通过鼠标单击系统块编号，将在右边窗口中显示两个复选框。通过双击鼠标左键，在打开的对话框中，将起始值修改为 1，终止值修改为 12。也就是说，控件只能显示编号 1～12 的单个信息，如图 6 – 35 所示。

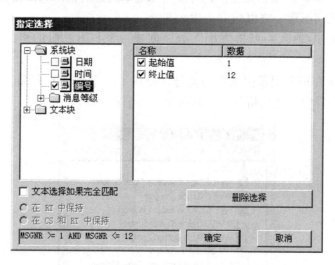

图 6 – 35　指定选择

（7）在工具栏标签中，选择将在运行系统中显示的按钮。在本例中，所需要的按钮如下：单个确认、组确认、自动滚动开关、列表开始、列表结束、下一个消息以及前一个消息，如图 6 – 36 所示。

（8）在消息块标签中，选择以后将要显示在消息行中的列。在本例中，使用鼠标单击在类型域中选择系统块。在右边窗口，选择日期、时间和编号。对于用户文本块条目，选择消息文本与出错点，如图 6 – 37 所示。

（9）在消息行标签中，将先前所选择的消息块分配给消息行。可用的消息块域将列出可用的列。通过按下“≫”按钮，可一次将窗口中列出的所有消息块分配给消息行。单击“确定”退出属性对话框。

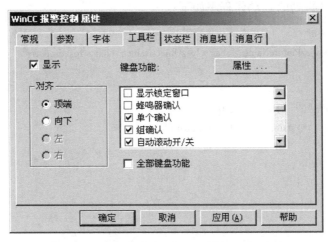

图 6 - 36 WinCC 报警控件工具栏标签的对话框

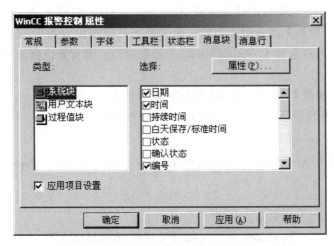

图 6 - 37 WinCC 报警控件消息块标签的对话框

（10）激活报警记录运行系统。在 WinCC 资源管理器中，用鼠标右键单击"计算机条目"，然后从弹出式菜单中选择属性来打开"计算机列表属性"对话框。单击"属性"按钮来打开本地计算机的属性对话框。在启动标签中，选择要激活的运行系统程序，必须选择报警记录运行系统复选框，如图 6 - 38 所示。通过单击"确定"可关闭"计算机属性"和"计算机列表属性"对话框。

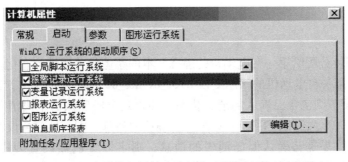

图 6 - 38 在计算机属性中选择启动报警记录运行系统

（11）圆（圈 1）处的 C 动作程序如下：

```
#include" apdefap. h"
long_main（char * lpszPictureName，char * lpszObjectName，char * lpszProperty
{
DWORD state;
state = GetTagDWord（" U16i_ex_alg_02"）;
if（（state&1）||（state&2）||（state&4））
return 0x80FF;
else
return 0xFFFFFF;
}
```

说明：

该 C 动作将分配给第一台电动机的圆的背景色属性动态化。

读取分配给第一台电动机的状态变量 U16i_ex_alg_02。如果该变量的低字节包含有消息状态到达/消失，即如果该变量的第一、第二或第三位被设置为 1，则消息就是未决的，圆的背景色被设置为橙色（十六进制 80FF）。如果消失，则背景色将被设置为白色（十六进制 FFFFFF）。

一旦改变状态变量 U16i_ex_alg_02 即触发该 C 动作。

（12）静态文本（静态文本 1）处的 C 动作程序如下：

```
#include" apdefap. h"
long_main（char * lpszpictureName，char * lpszobjectName，char * lpszPropertyName）
{
DWORD state;
state = GetTagDWord（" U16i_ex_alg_02"）;
if（（（state&1）&&（state&256）||（state&2）&&（state&512））||
        （（state&4）&&（state&1024）））
return 0xFFFF;
else if（（state&1）||（state&2）||（state&4））
return 0xFFFFFF;
else if（（state&256）||（state&512）||（state&1024））
return 0x80FF;
else return 0x800000;
}
```

说明：

该 C 动作将使分配给第一台电动机的静态文本的字体颜色属性动态化。

读取分配给第一台电动机的状态变量 U16i_ex_alg_02。该变量的低字节包含消息状态到达/消失，高字节则包含已确认的消息状态。如果是未经确认的未决消息，则字体颜色将被设置为黄色（十六进制 FFFF）；如果是已确认的消息，则字体颜色设置为白色（十六进制 FFFFFF）；如果是已确认但已消失的消息，则字体颜色被设置为橙色（十六进制 80FF）。在通常情况下，字体颜色为深蓝色（十六进制 800000）。

一旦改变状态变量 U16i_ex_alg_02 即触发该 C 动作。

（13）常规应用的注意事项是在进行常规应用之前，必须完成下述修改：

必须对所需消息块进行修改，以满足用户需求；

必须将 WinCC 报警控制修改为所期望的显示类型；

必须修改事件、状态和确认变量以及它们的位，以满足用户需求。

6.2.2.3　消息窗口

（1）任务定义。通过消息窗口监控多个过程。如果消息到达，工具栏上的按钮将被允许跳转到产生错误的窗口。

使用报警记录的标准工具创建消息窗口，这时将使用标准工具栏和标准状态栏。

（2）概念的实现。本例将使用前例中所创建的消息和画面。如果按下工具栏上的报警回路按钮，则需要一个项目函数执行画面切换。

可使用 WinCC 报警控件在图形编辑器中创建消息窗口，无需其他对象。

（3）实例的实现。

1）从 WinCC 资源管理器中打开"报警器记录编辑器"。

2）对于每一个单个消息，必须设置报警回路。创建一个函数，该函数可以直接将画面切换至消息的对应画面。在默认状态下，可将 OpenPicture 设置为执行画面切换的函数。

然而，在本例中，必须创建独立的函数，以在画面窗口中执行画面的切换。该函数的参数调用由报警记录进行预定义。在本例中，在全局脚本编辑器中要事先创建 ALGLoopln-Alarm 项目函数。

3）在报警记录的表格窗口中，用鼠标双击"报警回路"列表，以便打开所选择的单个消息的报警回路对话框，如图 6 – 39 所示。

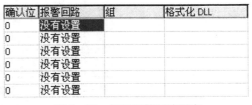

4）将使用函数 ALGLooplnAlarm 作为函数名称。画面 NewPdl2. Pdl 将用作画面名称/调用参数，如图 6 – 40 所示。

图 6 – 39　打开报警回路列表

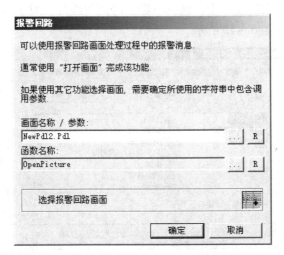

图 6 – 40　"报警回路"对话框

5）还可以在单个消息对话框的变量/动作标签中的报警回路域处对报警回路函数进行组态。保存在报警记录中所进行的组态。

（4）图形编辑器中的实现。

1）打开图形编辑器的画面。在本例中，它是画面 NewPdl2. Pdl。

2）为了显示在报警记录中组态的消息，可使用 WinCC 报警控件，从对象选项板的控件选择菜单中选择该控件，然后将其置于画面中。

3）将控件置于画面中之后，将会自动打开其组态对话框。通过单击"确定"按钮可以退出组态对话框。

打开控件的属性对话框，通过鼠标双击控件来显示此对话框。

在常规信息标签中，可进行所有的设置，不需要进行选择，因为所有可能出现的单个消息均将显示。

4）在工具栏标签中，选择下列复选框：

单个确认、组确认、自动滚动开/关、报表函数、列表的开始、列表的结束、下一个信息、前一个信息、信息文本、报警回路，如图 6-41 所示。

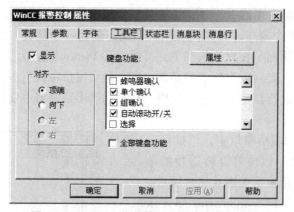

图 6-41　WinCC 报警控制工具栏属性对话框

5）在消息块标签中，选择以后将显示在消息行中的列。在本例中，可使用鼠标在类型域中选择系统块。在右边窗口中，选择日期、时间与编号。对于用户文本块条目，选择消息文本与出错点，如图 6-42 所示。

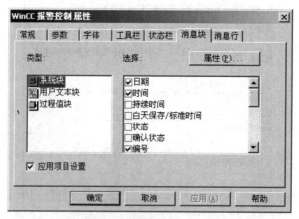

图 6-42　WinCC 报警控制消息块属性对话框

6）在消息行标签中，将先前所选择的消息块分配给消息行。可用的消息块域将列出可用的列。通过按下"→"按钮，可将各个消息块分别添加到消息行。通过"≫"按钮，可一次将窗口中列出的所有消息块分配给消息行。单击"确定"，退出属性对话框。

项目函数 ALGLoopInAlarm：

```
void ALGLoopInAlarm（chart * PictureName）
{
SetPictureName（" ex_0_startpicture_00. pdl"," workspace"，PictureName）
}
```

说明：调用 SetPictureName 函数来完成画面的切换。由于调用参数的数目和类型与指定的不匹配。该函数不能直接在报警记录中使用。

注意：必须对所组态的用于单个消息的报警回路函数进行修改，以满足用户需求。必须对消息窗口的显示类型进行修改，以满足用户的需要。

6.2.2.4　消息归档

（1）任务定义。将消息归档创建一个用于 200 条消息的短期归档。所有消息将在消息窗口内显示。

在消息窗口内，由用户定义的工具栏应包含两个专门的选择按钮，允许用户从前面的例题中显示消息。

（2）概念的实现。本例将使用前例中所创建的消息。此外，还要组态一个消息归档。

可使用 WinCC 报警控件在图形编辑器中创建消息窗口。可使用多个 Windows 对象→按钮、智能对象→状态显示与智能对象→图形对象来执行该工具栏。

如果按下了"选择"按钮，则需要一个项目函数，以便在消息窗口中进行选择。

（3）所需变量的创建。总共创建 3 个二进制变量类型的变量。在本例中，它们是 BINi_ex_alg_00、BINi_ex_alg_01 和 BINi_ex_alg_02 变量。

（4）在报警记录中的实现。

1）从 WinCC 资源管理器中，打开报警记录编辑器。

2）通过鼠标右键打开归档条目，可打开归档参数对话框，如图 6-43 所示。

图 6-43　打开归档参数对话框

3）在该对话框中选择"短期归档激活"复选框，如图 6-44 所示。

图 6-44　分配归档参数对话框

4）在右边窗口中，将显示短期归档图标。通过鼠标右键可打开短期归档的属性对话框。

5）归档将保存在硬盘上。在条目数输入域中，指定 200，不用执行选择，如图 6 - 45 所示。

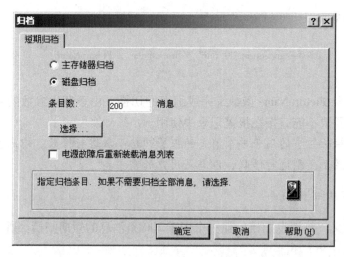

图 6 - 45　选择磁盘归档

（5）图形编辑器中的实现。

1）打开图形编辑器并创建一个新的画面。

2）将控件置于画面之中后，将会自动显示其组态对话框。

输入窗口标题，可自己定义。显示复选框保持未选择状态，在后面创建的 C 动作中，此窗口标题用于注明相应的控件。

工具栏与状态栏复选框处于未选择状态。

通过单击"确定"按钮可以退出组态对话框，该对话框如图 6 - 46 所示。

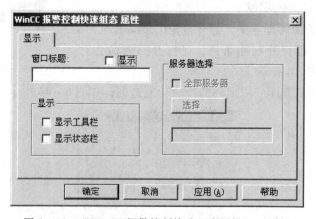

图 6 - 46　"WinCC 报警控制快速组态属性" 对话框

3）打开控件的属性对话框。通过双击鼠标控件来显示此对话框。

在常规信息标签中，可进行所有的设置，无需进行选择，因为所有可能出现的单个消息均将显示。

4）在消息块标签中，选择以后将显示在消息行中的列。在本例中，可使用鼠标在类型域中选择系统块。在右边窗口中，选择日期、时间和编号，对于用户文本块条目，选择消息文本和出错点。

5）在消息行标签中，将先前选择的消息块分配给消息行。可用的消息块域将列出可用的列。通过按下"→"按钮，可将各个消息块分别添加到消息行。通过"≫"按钮，可一次性将窗口中列出的所有消息块分配给消息行。单击"确定"退出属性对话框。

6）对于工具栏标签，可组态多个按钮，用于通过特定的标准函数模拟单个按钮的按下动作。

7）组态一个用于调用选择对话框的按钮 和一个用于调用信息文本对话框的按钮 。相关的标准函数是：

ACX_OnBtnlnfo（）　ACX_OnBtnSelect（）

8）可使用状态显示来代替具有打开和关闭自动滚动功能的按钮 。在本例中，使用对象状态显示 3。在"属性→状态→当前状态"处，创建一个至 BINi_ex_alg_00 变量的变量连接。该变量包含了有关打开还是关闭自动滚动功能的信息。在"事件→鼠标→按下左键"处，创建一个 C 动作，用于对 BINi_ex_alg_00 变量的状态求反，并调用标准函数 ACX_OnBtnScroll（），在打开画面时，BINi_ex_alg_00 变量设置为 0。这是因为如果重新选择消息窗口，自动滚动功能被转换。

9）如果自动滚动关闭，则通过 4 个特定的按钮 实现消息窗口中的浏览。使用下列标准函数，可使这些按钮替代标准工具上的相应按钮：

ACX_OnBtnMsgFirst（）

ACX_OnBtnMsgLast（）

ACX_OnBtnMsgNext（）

ACX_OnBtnMsgPrev（）

当打开自动滚动时，通过将智能对象→图形对象放置在这些按钮上来使这些按钮不可操作。可通过"属性→其他→显示"处，与 BINi_ex_alg_00 变量的变量连接以完成此操作。

10）通过两个状态显示按钮（如 ），可实现显示类型消息窗口与短期归档窗口之间的切换。消息窗口的当前状态存储在 BINi_ex_alg_01 变量中，由于该消息窗口在重新打开时将作为短期归档窗口显示，所以在打开画面时该变量必须设置为 0。

对于状态显示 1，在"属性→状态→当前状态"处，创建一个与 BINi_ex_alg_01 变量的变量连接。在"属性→其他→操作员控制允许"处，创建一个动态对话框，它可使对象只有在消息窗口显示短期归档时才能操作，也就是说 BINi_ex_alg_01 变量具有状态 0。在"事件→鼠标→按下左键"处，创建一个 C 动作，用于模拟在工具栏上按下相关按钮，并对 BINi_ex_alg_01 变量取反。采用 ACX_OnBtnMsgWin（）、ACX_OnBtnArcShort（）。

11）通过另两个按钮（如 ），在消息窗口中进行直接选择。可选择查看与电动机或容器相关的消息。可通过在全局脚本编辑器中创建的项目函数来完成该选择。消息编号（所显示的消息位于其中）将被传递给函数，在本例中，该函数为 SetMsgNrSelection。

用于设置选择的项目函数：

```
BOOL SetMsgNrSelection （DWORD dvFrom, DWORD dvTo, LPSTR MsgTem）
  {
    PCMN_ERROR pError;
    BOOL fRet;
    MSG_FILTER_STRUCT Filter;
    memset （&Filter, \ 0, sizeof （MSG_FILTER_STRUCT））;
    strcPy （Filter. szFilterName MsgTem）;
    Filter. dwFilter = MSG_FILTER_NR_PROM | MSG_FILTER_NR_TO;
    Filter. dwMsgNr ［0］ = dwFrom;
    Filter. dwMsgNr ［0］ = dwTo;
    fRet = MSRTSetMsgWinFilter （&Filter, pError）;
  if （fRet = = FALSE）
  {
    printf （" Error MSRTSetMsgWinFilter \ r \ n"）;
        return FALSE;
    }
    else
        return TRUE;
  }
```

说明:

为已创建的文件夹 Filter 过滤器结构保留存储空间。

将数值分配给与该应用相关的过滤器结构成员。对于 szFilterName，必须使用与过滤器有关的消息窗口模板名称。在 dwMsgNr 数组中，输入所选择的消息编号的开始值和结束值。这些数值在函数调用时被作为传递参数提供。通过将过滤器结构识别为编号过滤器的方式来设置 dwFilter 开关。

调用 API 函数 MSRTSetMsgWinFilter，该函数可将已创建的过滤器应用到所选择的消息窗口模板中。

学习情景7 组态软件网络操作系统

本情境主要介绍组态软件网络操作系统，包括多客户机系统、分布式控制系统、冗余控制系统。

任务7.1 多客户机系统

7.1.1 任务分析

多客户机是指拥有单独的组态数据（例如本地画面、脚本和变量）的一种客户机。SIMATIC WinCC V5.0 以上版本的体系结构允许将多客户机连接至网络上所有可用的服务器上。通过这些连接，可实现功能分配（单独的过程数据、消息与归档服务器），或者负责分配（多种过程数据、消息与归档服务器）。

7.1.2 相关知识

7.1.2.1 多客户机的应用

多客户机是一个 WinCC 项目，在其中可对多台服务器的数据进行访问。多客户机有其自己的项目，它独立于服务器。在服务器计算机上进行服务器的组态，在多客户计算机上进行多客户机的组态。客户机以及多客户机可同时对一台服务器进行访问。将访问一台服务器的站、客户机和多客户机的最大数目限制为16。

在运行系统中，多客户机最多可同时对6台服务器进行访问。例如，在一个多客户机的画面中，可看到6台不同服务器的数据。通过画面切换，多客户机可访问6台不同的服务器。此外，可对项目到多服务器的功能分布或技术分布进行组态。

多客户机项目只能组态自己的数据，而不能组态服务器项目的数据。但是，它可以访问服务器上的数据（提供所谓的服务器的视图）。在组态阶段，需要这些数据包来使多客户机项目能够利用一个或多个服务器的相关数据。这些相关数据是：

图形系统：画面；数据管理器：变量名称/变量类型；报警系统：消息服务器的"是/否"；归档系统：具有相应归档变量的归档；文本库：文本 ID；组显示：服务器的"是/否"；测量点列表：服务器的"是/否"；画面目录管理器：服务器的"是/否"、ID/文本。为了在组态客户机项目期间连接这些组态数据，可扩充现有的组态对话框。

1）服务器将完成与过程的连接、数据的存储、过程数据的处理。服务器上的所有项目数据如画面、变量和归档均可供客户机使用。也可用一个冗余的服务器来代替服务器。

2）多客户机最多可访问6台服务器中的数据。每一台客户机可对过程数据进行控制和监视。

7.1.2.2　服务器数据（数据包）

数据包用于向多客户机的组态者提供对一台或多台 WinCC 服务器的数据引用，并在多客户机项目中使用这些数据引用。此外，数据包也用于对名称服务（NS）进行组态。

数据包包含了服务器项目的对象名称，按对象类型（变量名称、归档名称、画面名称等）进行排序。名称的存储是服务器指定的，但仍使用统一格式来执行。这些文件从服务器项目导出，于是，可将数据包导入到多客户机项目中，用户负责对数据进行更新。

服务器数据属性是指通过 WinCC 服务器上的数据包属性，预先组态了用于多客户机的名称。

7.1.2.3　WinCC 多客户机项目中数据包

在一个 WinCC 多客户机项目中，有下列菜单条目可供使用：装载服务器数据、更新服务器数据、删除服务器数据、服务器数据属性。

（1）装载服务器数据。通过服务器数据→装载…和一个文件打开对话框可实现数据的导入，用户可从中选择一个数据包。这样，可将数据包复制给项目文件夹。

随后对用于该多客户机项目的名称服务器进行组态。如果此时还不存在具有该符号计算机上名称的任何条目，则该数据包将作为新数据包进行记录，并在数据包条目下，有下列信息显示：具有符号计算机名称的服务器项目正在运行，数据包的名称（Server_symbolic computer name. pck），创建日期。

如果名称服务器已知道数据包的符号计算机上名称的条目，则在导入数据包时，可使用下列选项：取消输入、重新命名符号计算机名称或使用新的数据来覆盖名称服务器中的现有符号计算机上名称。

（2）更新服务器数据。通过该菜单条目，可删除所有导入的数据包。

（3）服务器数据属性。通过该菜单条目，可指定优先使用的服务器，或在冗余系统中，还指定其冗余伙伴。

注意：为了在运行项目时不出现问题，必须首先在两台服务器计算机上的服务器项目中生成数据包。随后，在数据包的属性对话框中，将第一个服务器项目的符号计算机名称重新命名为 Server_1，或将第二个服务器项目的相应名称重新命名为 Server_2。只有这时，才将服务器的数据包装载到多客户机项目中。

7.1.2.4　Project_MultiClient_Server 项目的创建

本项目是基于炉温控制的模拟过程，在两台服务器上运行。在图形编辑器、变量记录、报警记录和全局脚本编辑器中进行组态。

（1）创建项目。创建多客户机项目 Project_MultiClient_Server 服务器项目的步骤如下：

1）创建新的 WinCC 项目。通过"开始"→"Simatic"→"WinCC"→"视窗控制中心"来启动 WinCC 资源管理器。

2）在打开的 WinCC 资源管理器窗口中，通过菜单"文件"→"新建"，将打开用来指定新的 WinCC 项目属性的对话框。将本例项目创建为多用户项目。通过单击"确定"退出对话框。

（2）创建变量。在本例中，创建三个名称如下的内部变量：变量 kz_value_00 对应于温度的实际值；变量 kz_Maxvalue_00 对应于温度的设定值；变量 kz1_value_00 对应于加热量。

（3）创建过程值归档。创建过程值归档的步骤如下：

1）打开变量记录编辑器。

2）过程值归档的创建。通过鼠标右键单击"归档"来启动归档向导。

3）根据归档向导提示将归档命名为 ProcessValueArchive_00，指定变量 kz_value_00 和 kz_Maxvalue_00 为归档变量。

4）保存后退出变量记录编辑器。

（4）组态报警记录。组态报警记录的步骤如下：

1）打开报警记录编辑器。

2）单个消息的创建。在报警记录编辑器的底部窗口中，显示已经组态的消息。单击鼠标右键，在弹出的菜单中选择"添加新行"，可添加新的行。在本例中，需要两条不同的消息，必须对错误类型、消息文本和出错点进行相应修改。

3）对限制值监控的组态。如果限制值监控（模拟报警）条目没有显示，则必须首先将其装载。可通过报警记录中的"工具"→"加载项"菜单完成该操作。在所显示的对话框中，必须选择限制值监控（模拟报警）复选框。

4）通过鼠标右键单击限制值监控条目，然后选择"新建…"来打开变量的属性对话框。在该对话框中，可设置一个用于限制值监控的新变量。

5）在"变量"对话框中，通过单击▣打开一个新的对话框。

6）在该对话框左边的窗口中，选择内部变量条目。右边的窗口将列出相应的变量，选择所期望的变量。在本例中它就是变量 kz_value_00。按下"确定"按钮将关闭对话框。

7）同样使用"确定"按钮来关闭变量的属性对话框。于是报警记录的右边窗口将显示要监控的新变量的图标。通过鼠标右键单击 kz_value_00 变量，然后选择"新建…"来打开限制值的属性对话框。在该对话框中，将上限设置为 300，将消息编号设置为 1。按下"确定"按钮关闭对话框。

8）采用先前所描述的步骤，将第二个限制值分配给变量。将上限设置为 700，将消息编号设置为 2。

9）保存后退出报警记录编辑器。

（5）创建全局动作。创建全局动作的步骤如下：

1）打开全局脚本编辑器。

2）创建新的全局动作。通过全局脚本编辑器中的"文件"→"新建动作"菜单来完成。

3）在本例中，编写将 C 函数模拟为趋势的 C 动作。计算设定值温度 dTemp2 和实际温度 dTemp1 之间的差值 dDelta。如果该差值为正，则趋势上升。如果该差值为负，则趋势下降。加热量 nPower 定义温度以多快的速度到达设定值。

4）通过"编辑"→"编译"来编译 C 动作。

5）通过"编辑"→"信息"，打开"描述"对话框。在触发器标签内，本例选择了周期定时器。通过添加按钮，显示更改触发器的对话框。

6）将周期时间设置为 250ms。

7）保存后退出全局脚本编辑器。

（6）组态对象。组态对象的步骤如下：

1）在图形编辑器中创建一个新画面。在本例中，它是画面 mcs_3_chapter_01. PDL。在本画面中，将各种不同的对象连接到过程变量上。

2）再通过 Windows 对象→滚动条对象实现输入变量的模拟。在本例中，它们是滚动条对象 1（kz_maxvalue_00）和滚动条对象 2（kz1_power_value_00）以及代表温度控制的 I/O 域 1（kz_maxvalue_00）。在 I/O 域 1 中，显示设定的温度值，也可以在此处将其更改。在炉中显示输出变量（kz_value_00），它包括对象 I/O 域 2 和棒图 1。将这些对象的更新设置为"根据变化"。

（7）组态趋势窗口。组态趋势窗口的步骤如下：

1）在图形编辑器中另外创建一个画面。本例中，它就是画面 mcs_3_chapter_02. PDL。在该画面中，使用趋势窗口显示两个温度值。

2）通过控件"WinCC 在线趋势控件"创建趋势控件。在本例中，选择对象 TlgOnline-Trend1。在打开的"WinCC 在线趋势控件"组态对话框中，通过单击"＋"按钮在趋势标签中添加一条新趋势。趋势 1 重命名为 Tmax，趋势 2 重命名为 T。在归档/变量选择域内，通过"选择"按钮打开所期望归档变量的对话框。

3）在该对话框中，将 Tmax 与变量 kz_maxvalue_value_00 相连接，将 T 与变量 kz_maxvalue 相连接。

（8）组态表格窗口。组态表格窗口的步骤如下：

1）在同一画面（mcs_3_chapter_02. PDL）中，应用表格窗口显示两个温度值。

2）通过控件"WinCC 在线表格控件"创建表格控件。在本例中，这就是对象 TlgOnlineTable1。在打开的"WinCC 在线表格控件"组态对话框的列标签内，通过单击"＋"按钮添加新列。列 1 重命名为 Tmax，列 2 重命名为 T。在归档/变量选择域内，通过"选择"按钮打开选择所期望归档变量的对话框。

3）在该对话框中，将 Tmax 与变量 kz_maxvalue_value_00 相连接，将 T 与变量 kz_maxvalue 相连接。

（9）组态消息窗口。组态消息窗口的步骤如下：

1）在图形编辑器中另外创建一个画面。在本例中，它就是画面 mcs_3_chapter_03. PDL。在该画面中，利用消息窗口输出所组态的消息。

2）通过控件"WinCC 报警控件"创建一个报警控件。在打开的"WinCC 报警控件快速组态"对话框中选择对象 CCAlgWinCrul1。按下"确定"关闭该对话框。

（10）设置 WinCC 运行系统启动属性。设置 WinCC 运行系统启动属性的步骤如下：

1）通过鼠标右键单击 WinCC 资源管理器，将在左窗口显示计算机条目，在右窗口显示计算机名称。

2）通过鼠标右键单击计算机名称，在弹出的菜单中选择"属性"，将打开"计算机属性"对话框。在启动标签中完成所需要的设置后，单击"确定"按钮关闭对话框。

（11）生成服务器数据。生成服务器数据的步骤如下：

1）通过鼠标右键单击 WinCC 资源管理器左边的"服务器数据"，在弹出的菜单中选择"创建…"来生成服务器数据。将显示一消息，声明服务器数据已成功生成。用"确定"按钮确认该对话框。随后，在 WinCC 资源管理器的右边将显示所生成的程序包。

2）通过鼠标右键单击新生成的程序包，在弹出的菜单中选择"属性"，将显示对话框程序包属性。在本例中，将符号计算机名称重命名为 Server_1。按下"确定"按钮关闭对话框。

3）采用先前所描述的步骤，在第二台服务器上生成服务器数据，并将它的符号计算机名称重命名为 Server_2。

7.1.2.5 Project_MultiClient_Client 项目的创建

本项目引用两个先前组态的服务器的数据。多客户机项目只能组态其自身的数据，而不能组态服务器项目的数据。但是它可以引用服务器项目上的数据（提供所谓的服务器的视图）。在组态阶段，需要服务器数据（数据包）来使一台或多台服务器的相关数据能被多客户机项目所使用。多客户机项目拥有其自己的画面，但是也可以显示一台或多台服务器的画面。

创建多客户机项目 Project_MultiClient_Client 的步骤如下：

（1）建立多客户机项目。

1）创建新的 WinCC 项目。

2）通过"开始"→"Simatic"→"WinCC"→"视图控制中心"来启动 WinCC 资源管理器。

3）在打开的"WinCC 资源管理器"窗口中，通过菜单"文件"→"新建"，将打开用来指定新的 WinCC 项目属性的对话框。将本例项目创建为多客户机项目。通过单击"确定"退出对话框。

（2）装载服务器数据。

1）通过鼠标右键单击 WinCC 资源管理器左侧的"服务器数据"，在弹出的菜单中选择"装载"，将显示"打开"对话框。

2）通过网上邻居条目选择服务器计算机。数据包文件位于服务器上的下列文件夹中：Project_MultiClient_Server→服务器名称→数据包，选择该文件，并通过"打开"按钮将其载入。

3）将显示一个用于确认成功装载服务器数据的对话框。单击"确定"按钮关闭该对话框。

4）按照刚才所描述的步骤，装载第二个服务器的数据包文件。两个已装载的数据包都将显示在 WinCC 资源管理器的右边窗口中。

（3）组态服务器的视图。

1）在图形编辑器中创建一个新画面。在本例中，它是画面 chpter_01. PDL。在该画面中，服务器上所组态的画面用画面窗口来显示。

2）组态一个智能对象→画面窗口。在其"对象属性"对话框中，选择属性→其他→画面名称来打开"画面名称"对话框。在该对话框中，可以指定要在画面窗口中显示的画面。为了选择服务器画面，必须首先在左边窗口中选择期望的服务器。随后，与该服务器相关的画面文件将显示在右边窗口中，选择期望的画面。在本例中，它是 Server_1 的画面

chapter_01a. PDL。单击"确定"按钮关闭对话框。

3）组态另一个智能对象→画面窗口。在该画面窗口中，显示 Server_2 的画面 chapter _01a. PDL。

4）按照步骤1）～3），组态另两个画面。在这些画面中，分别显示两台服务器的 chapter_02a. PDL 与 chapter_03a. PDL 画面。

（4）组态对象。

1）在图形编辑器中另外创建一个画面。在本例中，它是画面 chapter_11a. PDL。在该画面中，不同的对象与 Server_1 的过程变量相连。

2）组态一个智能对象→I/O 域。在本例中，它是对象 I/O 域1。在打开的组态对话框中，通过单击按钮 来打开"选择变量"对话框。

3）在该对话框的左边窗口中，选择所期望的服务器的内部变量条目。右边窗口将列出相应的变量。选择所期望的变量。在本例中，它是 Server_1 的变量 kz_maxvalue_00。通过"确定"按钮关闭对话框。

4）在 I/O 域对话框中将"更新"设置为"一旦改变"。单击"确定"退出组态对话框。

5）组态其他对象（I/O 域、滚动条对象、棒图）来显示服务器的其余变量。

（5）组态趋势窗口。

1）在图形编辑器中另外创建一个画面。在本例中，它是画面 chapter_12a. PDL。在该画面中，用趋势窗口显示 Sever_1 的两个温度值。

2）通过控件"WinCC 在线趋势控件"创建一个趋势控件。在本例中，它是对象 Tlg-OnlineTrend1。在打开的"WinCC 在线趋势控件"组态对话框的趋势标签中，通过单击"＋"按钮添加新趋势。将趋势1重命名为 Tmax，将趋势2重命名为 T。在归档/变量选择域内，通过"选择"按钮打开所期望归档变量的对话框。

3）通过此对话框，可以从数据包导入的服务器的数据中选择服务器/归档/归档变量。在本例中，将 Tmax 与 Server_1 的变量 kz_temperature_value_00 相连，将 T 变量与 kz_temperature_maxvalue 相连。

4）按照刚才所描述的步骤，另外再组态一个 WinCC 在线趋势控件。该控件与 Server _2 的变量相连。

（6）组态表格窗口。

1）在同一画面（chapter_12a. PDL）中用表格窗口显示 Server_1 的两个温度值。

2）通过控件"WinCC 在线表格控件"创建一个表格控件。在本例中，它是对象 Tlg-OnlineTable1。在打开的"WinCC 在线表格控件"组态对话框的列标签内，通过单击"＋"按钮添加新列。将列1重命名为 Tmax，将列2重命名为 T。在归档/变量选择域内，通过"选择"按钮打开所期望归档变量的对话框。

3）通过此对话框，可以从由数据包导入的服务器数据中选择服务器/归档变量。在本例中，将 Tmax 与 Server_1 的变量 kz_temperature_maxvalue_value_00 相连，将 T 变量与 kz _temperature_maxvalue 相连。

4）按照刚才所描述的步骤，另外再组态一个 WinCC 在线表格控件。该控件与 Server _2 的变量相连。

（7）组态消息窗口。

1）在图形编辑器中另外创建一个画面。在本例中，它是画面 chapter_13. PDL。在该画面中，用消息窗口输出在 Server_1 上组态的消息。

2）通过控件"WinCC 报警控件"创建一个报警控件。在本例中，它是对象 CCAlg-WinCtrl1。在打开的"WinCC 报警控件快速组态"对话框中，通过"选择"按钮，访问服务器选择对话框。

3）在本例中，选择 Server_1，并通过"确定"按钮关闭对话框。

4）按照刚才所描述的步骤，组态一个 WinCC 报警控件。该控件与 Server_2 相连。

（8）设置 WinCC 运行系统启动属性。

1）通过鼠标右键单击 WinCC 资源管理器，将在左窗口显示计算机条目，在右窗口显示计算机名称。单击鼠标右键，在弹出的菜单中选择"属性"，将打开"计算机属性"对话框。在启动标签中进行设置。

2）在多客户机项目中，设置图形运行系统属性时，不能选择报警记录运行系统与变量记录运行系统属性。通过单击"确定"退出对话框。

任务 7.2　分布式服务器

7.2.1　任务分析

在 WinCC 中可以组态分布式系统，即由称之为多客户机的系统对 2 ~ 6 个服务器进行控制与操作。通过多客户机完成分布，可采用这种方法：在多客户机的画面中包含对 WinCC 服务器对象的引用。这些对象可以是变量、消息、画面或归档。分布式系统的优点在于减轻了服务器的负载。

在本例中，显示了一个服务器项目和一个多客户机项目。于是，可在三台独立的计算机上启动服务器项目，每台计算机完成不同的功能。多客户机则获取相应服务器上的数据。

7.2.2　相关知识

7.2.2.1　Project_DisServer_Server 项目的创建

本项目以炉温控制的模拟为基础，在三台服务器上运行。每台服务器在运行系统中具有不同的启动属性，从而可完成不同的任务。在图形编辑器、变量记录、报警记录和全局脚本编辑器中进行组态。以下详细描述了创建多客户机项目 Project_DisServer_Server 所需的步骤。

（1）创建服务器项目。

1）创建新的 WinCC 项目。通过"开始"→"Simatic"→"WinCC"→"视窗控制中心"来启动 WinCC 资源管理器。

2）在打开的 WinCC 资源管理器窗口中，通过菜单"文件"→"新建"，将打开用于指定新的 WinCC 项目属性的对话框。将本例项目创建为多用户项目。通过单击"确定"退出对话框。

（2）创建变量。在本例中，创建三个名称如下的内部变量，在对炉温控制进行模拟时需要这些变量：变量 kz_temperature_value_00 对应于温度的实际值；变量 kz_temperature_max-value_00 对应于温度的设定值；变量 kz1_Power – value_00 对应于加热量。

（3）创建过程值归档。

1）打开变量记录编辑器。

2）过程值归档的创建。通过鼠标右键单击"归档"来启动归档向导。

3）根据归档向导提示将归档命名为 ProcessValueArchive_00。将变量 kz_temp erature_value_00 和 kz_temperature_maxvalue_00 指定为归档变量。

4）保存后退出变量记录编辑器。

（4）组态报警记录。

1）打开报警记录编辑器。

2）单个消息的创建。在报警记录编辑器的底部窗口中，显示已经组态的消息。在本例中，需要两条不同的消息。必须对错误类型、消息文本和出错点进行相应修改。

3）对限制值监控的组态。如果限制值监控（模拟报警）条目没有显示，则必须首先将其装载。可通过报警记录中的"工具"→"加载项"菜单完成该操作。在所显示的对话框中，必须选择限制值监控（模拟报警）复选框。单击"确定"按钮关闭对话框。

4）通过鼠标右键单击限制值监控条目，然后选择"新建…"来访问变量的属性对话框。在该对话框中，可设置一个用于限制值监控的新变量。

5）通过单击按钮可打开"选择变量"对话框。

6）在该对话框左边的窗口中，选择内部变量条目，右边窗口将列出相应的变量，并选择所期望的变量。在本例中，它就是变量 kz_temperature_value_00。按下"确定"按钮将关闭对话框。

7）同样使用"确定"按钮来关闭变量的属性对话框。于是报警记录的右边窗口将显示要监控的新变量的图标。通过鼠标右键单击 kz_temperature_value_00 变量，在弹出的菜单中选择"新建…"，访问限制值的属性对话框。在该对话框中，可以将新的限制值分配给变量。在本例中，将上限设置为 300，将消息编号设置为 1。按下"确定"按钮将关闭对话框。

8）采用先前所描述的步骤，将第二个限制值分配给变量。此时，将上限设置为 700，将消息编号设置为 2。

9）保存后退出报警记录编辑器。

（5）创建全局动作。

1）打开全局脚本编辑器。

2）创建新的全局动作。这可通过全局脚本编辑器中"文件"→"新建动作"菜单来完成。

3）在本例中，编写将 C 函数模拟为趋势的 C 动作。计算设定值温度 dTemp2 和实际温度 dTemp1 之间的差值 dDelta。如果该差值为正，则趋势上升。如果该差值为负，则趋势下降。加热量 nPower 定义温度以多快的速度达到设定值。

4）通过"编辑"→"编译"，对 C 动作进行编译。

5）通过"编辑"→"信息"，打开描述对话框。选择触发器标签。在本例中，选择了周期定时器。通过添加按钮，显示更改触发器的对话框。

6）将周期时间设置为 250ms。按下"确定"关闭两个对话框。

7）保存后退出全局脚本编辑器。

（6）图形编辑器。

1）在图形编辑器中创建一个新画面。在本例中，它是画面 kz3_chapter_01. PDL。在本画面中，将各种不同的对象连接到过程变量上。

2）可通过 Windows 对象→滚动条对象实现输入变量的模拟。在本例中，它们是滚动条对象 1（ktemperature_maxvalue_00）和滚动条对象 2（U08i_power_value_00）以及代表温度控制的 I/O 域 1（kz_temperature_maxvalue_00）。在 I/O 域 1 中，显示设定的温度值，也可以在此处将其更改。在炉中显示输出变量（kz_temperature_value_00）。它包括对象 I/O 域 2 和棒图 1。将这些对象的更新设置为"根据变化"。

（7）组态趋势窗口。

1）在图形编辑器中另外创建一个画面。例如它是画面 kz_chapter_02. PDL。在该画面中，使用趋势窗口显示两个温度值。

2）通过控件"WinCC 在线趋势控件"创建趋势控件。在本例中，这就是对象 TlgOnlineTrend1。在打开的"WinCC 在线趋势控件"组态对话框中，通过单击"＋"按钮在趋势标签中添加一条新趋势。趋势 1 重命名为 Tmax，趋势 2 重命名为 T。在归档/变量选择域内，通过"选择"按钮打开所期望归档变量的对话框。

3）该对话框允许选择归档/归档变量。在本例中，将 Tmax 与变量 kz_temperature_value_00 相连接；将 T 与变量 kz_temperature_max value_00 相连接。

（8）组态表格窗口。

1）在同一画面（kz_chapter_02. PDL）中，使用表格窗口显示两个温度值。

2）通过控件"WinCC 在线表格控件"创建表格控件。在本例中，这就是对象 TlgOnlineTable1。在打开的"WinCC 在线表格控件"组态对话框的列标签内，通过单击"＋"按钮添加新列。列 1 重命名为 Tmax，列 2 重命名为 T。在归档/变量选择域内，通过"选择"按钮打开所期望归档变量的对话框。

3）该对话框允许选择归档变量。在本例中，将 Tmax 与变量 kz_temperature_value_00 相连接；将 T 与变量 kz_temperature_max value_00 相连接。

（9）组态消息窗口。

1）在图形编辑器中另外创建一个画面。在该画面中，使用消息窗口输出所组态的消息。在本例中，这就是 kz_chapter_03. PDL 画面。

2）通过控件"WinCC 报警控件"创建报警控件。在本例中，这就是对象 CCAlgWinCtrl1。在打开的"WinCC 报警控件快速组态"对话框中完成设置后，关闭对话框。

（10）生成服务器数据。生成用于变量记录服务器的服务器数据的步骤如下：

1）通过鼠标右键单击 WinCC 资源管理器左边窗口中的"服务器数据"，在弹出的菜单中选择"创新…"来生成服务器数据。将显示一消息"The server date has been generated successfully."，说明服务器数据已成功生成。该对话框以"确定"按钮来确认，随后，所生成的程序包将显示在 WinCC 资源管理器的右边窗口中。

2）通过鼠标右键单击新生成的程序包，在弹出的菜单中选择"属性"，将打开"程序包属性"对话框。在本例中将符号计算机名称重新命名为 Server_TagLogging。按下"确定"按钮将关闭对话框。

3）按照上面的步骤，生成其余两个服务器上的服务器数据。在报警记录服务器上，将符号计算机名称重新命名为 Server_AlarmLogging；而在数据服务器上，则命名为 Server_Data。

7.2.2.2　Project_DisServer_Client 项目的创建

该项目引用了先前所组态的三台服务器 Server_Data、Server_TagLogging 和 Server_AlarmLogging 的数据。以下详细描述了创建多客户机项目 Project_DisSer ver_Client 所需的步骤。

（1）创建多客户机项目。

1）创建新的 WinCC 项目。通过"开始"→"Simatic"→"WinCC"→"视窗控制中心"来启动 WinCC 资源管理器。

2）在打开的 WinCC 资源管理器窗口中，通过菜单"文件"→"新建"，将打开用来指定新的 WinCC 项目属性的对话框。将本例项目创建为多客户机项目。通过单击"确定"退出对话框。

（2）装载服务器数据。

1）通过鼠标右键单击 WinCC 资源管理器左侧的"服务器数据"，在弹出的菜单中选择"装载"，将显示"打开"对话框。

2）从网上邻居中，选择服务器计算机。数据包文件位于服务器上的下拉文件夹中：项目名称→变量记录服务器的名称→数据包，选择该文件，并通过"打开"按钮将其载入。

3）将显示一个用于确认成功装载服务器数据的对话框。单击"确定"按钮关闭该对话框。

4）按照刚才所描述的步骤，装载其余两个服务器的数据包文件。所装载的数据包将显示在 WinCC 资源管理器的右边窗口中。

（3）图形编辑器。在多客户机项目中，没有创建任何变量，也就是说，它使用服务器的变量进行工作。趋势和表格窗口与变量记录服务器上的归档变量相连，而消息窗口则使用报警记录服务器上的变量进行工作。其余对象（I/O 域、滚动条对象等）则与数据服务器上的变量相连。

（4）对象的组态。

1）在图形编辑器中创建一个新画面。在本例中，它是画面 kzz_chapter_01. PDL。在该画面中，各种不同的对象均与 Server_Data 的过程变量相连。

2）组态一个智能对象，选择 I/O 域。在本例中，它是对象 I/O 域 1。在打开的组态对话框中，通过单击◻按钮来打开"选择变量"对话框。

3）在左边窗口中，选择所期望服务器的内部变量条目。右边的窗口将列出相应的变量，并选择所期望的变量。在本例中，这就是 Server_Data 的 kz_temperature_maxvalue_00 变量。按下"确定"按钮将关闭对话框。

4）在 I/O 域对话框中将"更新"设置为"一旦改变"。通过单击"确定"按钮可以退出组态对话框。

5）组态附加对象（I/O 域、滚动条对象、棒图），以便显示服务器的其余变量。

（5）组态趋势窗口。

1）在图形编辑器中另外创建一个画面。在本例中，它是画面 kz_chapter_02.PDL。在该画面中，使用趋势窗口显示 Sever_TagLogging 的两个温度值。

2）通过控件"WinCC 在线趋势控件"创建趋势控件。在本例中，这就是对象 TlgOnlineTrend1。在打开的"WinCC 在线趋势控件"组态对话框中，通过单击"＋"按钮在趋势标签中添加一条新趋势。趋势 1 重命名为 Tmax，趋势 2 重命名为 T。在归档/变量选择域内，通过"选择"按钮打开所期望归档变量的对话框。

3）从该对话框中，可从数据包所导入的服务器数据里选择服务器/归档/归档变量。在本例中，将 Tmax 与 kz_temperature_value_00 变量相连接；将 T 与 Server_TagLogging 的 kz_temperature_maxvalue_00 变量相连接。

（6）组态表格窗口。

1）在同一画面（kz_chapter_02.PDL）中，使用表格窗口显示 Server_TagLogging 的两个温度值。

2）通过控件"WinCC 在线表格控件"创建表格控件。在本例中，这就是对象 TlgOnlineTable1。在打开的"WinCC 在线表格控件"组态对话框的列标签内，通过单击"＋"按钮添加新列。列 1 重命名为 Tmax，列 2 重命名为 T。在归档/变量选择域内，通过"选择"按钮打开所期望归档变量的对话框。

3）在该对话框中，可从由数据包所导入的服务器数据里选择服务器/归档/归档变量。在本例中，将 Tmax 与 kz_temperature_value_00 变量相连接；将 T 与 Server_TagLogging 的 G32i_temperature_maxvalue_00 变量相连接。

（7）组态消息窗口。

1）在图形编辑器中另外创建一个画面。在该画面中，使用消息窗口输出在 Server_AlarmLogging 上显示组态的消息。在本例中，这就是 dsc_3_chapter_03.PDL 画面。

2）通过控件"WinCC 报警控件"创建报警控件。在本例中，这就是对象 CCAlgWinCtul1。在打开的"WinCC 报警控件快速组态"对话框中，通过"选择"按钮，可访问服务器选择对话框。

3）在本例中，选择 Server_AlarmLogging。然后按下"确定"按钮，关闭该对话框。

任务 7.3　冗余控制

7.3.1　任务分析

通过运行两台相互并行连接的服务器 PC，WinCC 冗余可显著提高 WinCC 和设备的利用率。为了尽早识别伙伴的故障，服务器在运行系统中互相监控。如果两台服务器计算机中有一台出现故障，则客户机将自动从出现故障的服务器切换到一台仍正常工作的服务器上。因此，所有客户机将仍然可以对过程进行监控和操作。在出现故障期间，仍在运行的服务器将继续对 WinCC 项目的所有消息和过程数据进行归档。当发生过故障的服务器在线返回后，所有消息的内容、过程值以及用户归档将自动复制给已返回的服务器。这样，可将发生故障的服务器上的归档数据缺口填上。该过程也可称之为同步。

WinCC 冗余选项提供的功能如下：在发生故障的服务器返回之后，消息、过程值以及用户归档将自动同步；在过程连接错误更正之后，消息和过程值归档将自动同步；消息归档的在线同步在一定数值范围（本地服务器的消息）内进行归档；用户归档在线同步；在冗余服务器之间客户机自动或者手动切换到项目切换器；将项目复制到冗余伙伴服务器的项目复制器。

7.3.2　相关知识

7.3.2.1　冗余的操作

（1）正常操作时的 WinCC 归档。正常操作时，在运行中过程数据服务器全部并行运行。每个服务器站都具有单独的过程连接以及自己的数据归档。将 PLC 的过程和消息发送给两台冗余服务器，并由它们进行相应的处理。

服务器在运行中相互进行监控，以便尽早识别伙伴的故障，并发出过程控制消息。在一定编号范围内的用户归档和消息可以连续在线同步。两个服务器具有同等的权限，工作中相互独立并且均可供用户使用。如果有一个服务器发生故障，总是会有一个相同的冗余服务器可用。为了达到设备状态监控和归档同步的目的，冗余服务器站之间通过终端总线进行通信。对于网络，使用具有 TCP/IP 或 NetBEUl 协议的 PC LAN。

（2）服务器故障。如果服务器中有一台发生故障，则另一台仍在工作的服务器将继续接收和归档来自 PLC 的过程值与消息。这样就可以保证数据的完整性。

客户机自动从出现故障的服务器切换到冗余伙伴服务器上。在极短的切换时间之后，所有操作站将可以继续使用。

（3）触发客户机切换的因素。在服务器出现故障期间，系统将自动执行客户机从标准服务器到伙伴服务器的切换。与服务器的网络连接出错、服务器故障均可触发客户机的切换。

（4）返回后触发归档同步的因素。一旦纠正了过程连接出错，可关闭过程连接监控，与伙伴服务器的网络连接出错、服务器故障、项目未激活、项目未打开等错误，就实现了触发服务器之间的归档同步。

（5）返回后同步。在出现故障的服务器返回在线之后，冗余服务器将执行故障期间的归档同步。通过将丢失的数据传送至出现故障的服务器，以消除故障所引起的归档差别。这样，两个同样的服务器又可使用。

实现消息归档、过程值归档以及用户归档的同步，在故障所引起的时间延迟之后，发生故障的服务器将接收其数据。不同归档类型同步顺序为：消息归档，过程值归档，用户归档，归档同步作为后台功能来实现，与 WinCC 的过程控制和归档同时运行。这样可以保证设备的连续控制和监控。

注意：与冗余一起应用"存储"选项可能会引起下列问题：如果在服务器发生故障期间，"存储"从第二台服务器中导出并删除数据，则不能再使用该数据同步。如果"存储"导出了尚未同步的故障期间的数据，则归档同步将不能消除所导出数据中的差别。为了避免数据丢失，在归档同步期间不要激活"存储"选项。

（6）过程连接出错后的同步。如果运行期间一台服务器与一台或多台 PLC 之间产生网络错误，则在更正错误之后自动启动同步（如果已组态的话）。

在线同步（可选）：对于一定编号范围内的用户归档及报警记录消息，可执行服务器与服务器之间的直接同步（在线同步）。

（7）数据和消息归档。在两个冗余服务器上必须组态功能完全相同的变量记录和报警记录。功能完全相同的组态意味着：完全相同的归档，允许以附加测量点和归档的形式对其进行扩展。这些扩展将不会同步，而必须在伙伴服务器上对其进行手动更新。

WinCC 使下列归档同步：位于硬盘上的归档，即过程值归档、压缩归档和消息归档。还可使短期以及顺序归档同步。然而，对主存储器归档不进行任何同步。对于消息归档的在线同步，必须在报警记录系统中组态短期归档。

（8）用户归档。对于用户归档，要求两台服务器上的结构相同。对于要同步的用户归档的组态，在域/记录结构及其属性方面必须完全相同。

7.3.2.2　冗余用户归档

用户归档可以通过运算、独立程序、PLC 或者其他函数进行编辑。

（1）同时编辑用户归档。在将记录并行地添加给相互冗余的用户归档时，必须注意，由于运行系统的原因，记录的添加顺序可能发生变化。即使在服务器返回后完成同步之前，也可能将附加的记录添加到先前发生故障的服务器中。在在线同步期间，也会占用一些时间，直到已在冗余归档中对记录实现了同步。两台计算机上的归档组态必须完全相同。因此，应该使用项目复制器。如果归档不相同，则显示系统消息"用于所有用户归档的同步未准备好"。

（2）唯一键。为了将一个归档的记录清除、分配到冗余归档记录，需要唯一的操作键域。在该域中具有相同内容的记录可互相进行同步。该域必须包含唯一值的属性，以避免在同一归档中存在具有相同内容的两个记录。这可以通过记录号码完成，这个号码总是记录的一部分，并且不能另外进行组态（记录编号总是唯一的）。如果使用这个记录编号，则应该没有任何其他的域包含有这个唯一值属性。归档域已为其分配了唯一值属性。如果使用这个域，而不是使用记录编号，则它必须是唯一包含唯一值属性的域。例如：配方名称（文本类型）、配方编号（整型）、插入日期/创建日期（日期类型）。

（3）最后访问的域。在归档属性的组态期间必须选择这个域，因为时间标志作为同步标准使用。在同步进行期间，带有较新时间标记的数据记录将覆盖较旧的记录，这样可使大多数当前的记录得到保持。在同时进行编辑时或在同步期间进行修改时，必须注意这点。

最后修改的日期由系统自动输入。在记录导入期间，csv 文件中所包含的修改日期将不做修改地接受。

如果提供数据的服务器关机或者在完成全部记录的在线同步前出现故障，则在下次启动运行系统期间，每个归档只有最后 50 个记录可进行同步。如果退出 WinCC 运行系统，并在 10s 内重新启动（通常只对小项目才可能），那么不将其识别为故障，且一旦返回则不执行同步。在发生连接错误的情况下，在线同步可将多达 10 条的记录存储到冗余服务器中，并在与伙伴重新建立连接之后，在实际同步激活之前，立即对其进行同步。

7.3.2.3　Project_Redundancy_Server 项目的创建

本项目基于炉温控制的模拟，并在两台服务器上运行。在图形编辑器、变量记录、报警记录和全局脚本编辑器中进行组态。下面将详细描述创建 Project_Redunda ncy_Server 项目所必需的步骤。

（1）创建服务器项目。

1）创建新的 WinCC 项目通过"开始"→"Simatic"→"WinCC"→"视窗控制中心"来启动 WinCC 资源管理器。

2）在打开的"WinCC 资源管理器"窗口中，通过菜单"文件"→"新建"，将打开用于指定新 WinCC 项目属性的对话框，将本例项目创建为多用户项目。通过单击"确定"退出对话框。

（2）创建变量。在本例中，创建三个名称如下的内部变量：变量 kz_temperature_value_00 对应于温度的实际值；变量 kz_temperature_maxvalue_00 对应于温度的设定值；变量 kz1_power_value_00 对应于加热量。

（3）创建过程值归档。

1）打开变量记录编辑器。

2）创建过程值归档。通过鼠标右键单击"归档"来启动归档向导。

3）根据归档向导提示将归档命名为 ProcessValueArchive_00，指定变量 kz_temperature_value_00 和 kz_temperature_maxvalue_00 为归档变量。

4）保存后退出变量记录编辑器。

（4）组态报警记录。

1）打开报警记录编辑器。

2）单个消息的创建。在报警记录编辑器的底部窗口中，显示已经组态的消息。在本例中，需要两条不同的消息。错误类型、消息文本和出错点必须进行相应的修改。

3）限制监控的组态。如果限制值监控（模拟报警）条目没有显示，则首先必须将其装载。可通过报警记录中的"工具"→"加载"项菜单完成该操作。在所显示的对话框中，选择用于限制值监控（模拟报警）的复选框。单击"确定"按钮关闭对话框。

4）通过鼠标右键单击限制值监控条目，然后选择"新建…"来访问变量的属性对话框。在该对话框中，可设置一个用于限制值监控的新变量。

5）通过单击按钮█可打开"选择变量"对话框。

6）在该对话框左边的窗口中，选择内部变量条目。右边的窗口将列出相应的变量，选择所期望的变量。在本例中，它就是变量 kz_temperature_value_00。按下"确定"按钮关闭对话框。

7）同样使用"确定"按钮关闭变量的属性对话框。于是报警记录的右边窗口将显示要监控的新变量的图标。右击 kz_temperature_value_00 变量，选择"新建…"，将打开限制值的属性对话框。在该对话框中，可以将新的限制值分配给变量。在本例中，将上限设置为 300，将消息编号设置为 1，按下"确定"按钮关闭对话框。

8）按照上面所描述的步骤，将第二个限制值分配给变量。将上限设置为 700，将消息编号设置为 2。

9) 创建 WinCC 系统消息。通过 "选项" → "WinCC 系统消息" 菜单,访问 WinCC 系统消息对话框。通过 "创建" 按钮,将生成这些 WinCC 系统消息。使用 "确定" 按钮关闭对话框。

10) 激活短期和长期归档。右击 "归档" → "添加/删除",将打开归档参数分配对话框。在该对话框中,激活短期归档和长期归档 (顺序归档)。按下 "确定" 按钮关闭对话框。

11) 保存后退出报警记录编辑器。

(5) 创建全局动作。

1) 打开全局脚本编辑器。

2) 创建新的全局动作。这可通过全局脚本编辑器中的 "文件" → "新建动作" 菜单来完成。

3) 在本例中,编写将 C 函数模拟为趋势的 C 动作。计算设定温度 dTemp2 和实际温度 dTemp1 之间的差值 dDelta。如果该差值为正,则趋势上升;如果该差值为负,则趋势下降。加热量 nPower 定义温度以多快的速度达到设定值。

4) 通过 "编辑" → "编译" 来编译 C 动作。

5) 通过 "编辑" → "信息",打开 "描述" 对话框。在触发器标签内,本例选择周期定时器。通过添加按钮,显示更改触发器的对话框。

6) 将周期时间设置为 250ms。两个对话框都用 "确定" 按钮关闭。

7) 保存后退出全局脚本编辑器。

(6) 组态对象。

1) 在图形编辑器中创建一个画面。在本例中,它是画面 kz_chapter_01. PDL。在该画面中,将各种不同的对象与过程变量相连。

2) 各用一个 Windows 对象→滚动对象来实现输入变量的模拟。在本例中,它们是滑块对象 1 (kz_temperature_maxvalue_00) 和滚动条对象 2 (kz_power_value_00) 以及代表温度控制的 I/O 域 1 (kz_temperature_maxvalue_00)。在 I/O 域 1 中,显示设定的温度值,并且在此可以对其进行修改。在炉中显示输出变量 (kz_temperature_value_00)。它包括对象 I/O 域 2 和棒图 1。将这些对象的更新设置为 "根据变化"。

(7) 组态趋势窗口。

1) 在图形编辑器中创建另一个画面。在本例中,它就是画面 kz_chapter_02. PDL。在该画面中,使用趋势窗口显示两个温度值。

2) 通过控件 "WinCC 在线趋势控件" 创建趋势控件。在本例中,它就是对象 TlgOn-lineTrend1。在打开的 "WinCC 在线趋势控件" 组态对话框的趋势标签中,通过单击 " + " 按钮添加一条新趋势。将趋势 1 重命名为 Tmax,将趋势 2 重命名为 T。在归档/变量选择域内通过选择按钮打开选择所期望归档变量的对话框。

3) 显示归档/变量选择对话框。该对话框允许选择归档/归档变量。在本例中,将 Tmax 与变量 kz_temperature_value_00 相连接,将 T 与变量 kz_temperature_maxvalue 相连接。

(8) 组态表格窗口。

1) 在同一画面 (red_3_chapter_02. PDL) 中,使用表格窗口显示两个温度值。

2) 通过控件 "WinCC 在线表格控件" 创建表格控件。在本例中,它就是对象 TlgOn-

lineTable。在打开的"WinCC 在线表格控件"组态对话框的列标签内，通过单击"＋"按钮添加新列。将列 1 重命名为 Tmax，将列 2 重命名 T。在归档/变量选择域内，通过"选择"按钮打开所期望归档变量的对话框。

3）该对话框允许选择归档/归档变量。在本例中，将 Tmax 与变量 kz_temperature_value_00 相连接，将 T 与变量 kz_temperature_maxvalue_00 相连接。

（9）组态消息窗口。

1）在图形编辑器中另外创建一个画面。在本例中，它是画面 red_3_chapter_03. PDL。在该画面中，利用消息窗口输出所组态的消息。

2）通过控件"WinCC 报警控件"创建一个 WinCC 报警控件。在本例中，它就是对象 CCAlgWinCtrl1。在打开的"WinCC 报警控件快速组态"对话框中完成设置后，用"确定"按钮关闭该对话框。

3）按照刚才所描述的步骤，另外再组态一个 WinCC 报警控件。在本例中，它是 CCAlgWinCtrl2 对象。

4）打开 WinCC 报警控件属性对话框，在窗口类型下的常规信息标签中，选择 short_Term Archive Window。通过"选择"按钮，进入 Define Selection 对话框。

5）在所显示的对话框中，可指定要显示的消息。单击"确定"按钮关闭对话框。

6）在参数标签中，激活自动滚动。通过单击"确定"退出对话框。

（10）创建冗余。

1）通过鼠标右键单击 WinCC 资源管理器左边窗口上的"冗余"→"打开"，打开"冗余"对话框。

2）在常规标签中，将冗余伙伴服务器的名称输入到冗余伙伴服务器域中。通过"搜索"按钮，显示选择冗余伙伴对话框，它用于搜索相应的计算机。选择"激活冗余"复选框。在可选设置域中，选择所有的复选框。通过单击"确定"退出对话框。

（11）设置服务器的 WinCC 运行系统启动属性。

1）通过鼠标右键单击 WinCC 资源管理器，将在左窗口显示计算机条目，在右窗口中显示计算机名称。

2）通过鼠标右键单击计算机名称，在弹出的菜单中选择"属性"，将打开"计算机属性"对话框。在启动标签中完成设置后，通过单击"确定"退出该对话框。

（12）添加客户机。

1）通过鼠标右键单击 WinCC 资源管理器左边对话框内的"计算机"，在弹出的菜单中选择添加新计算机，将打开"计算机属性"对话框。

2）在常规信息标签中的计算机名称下，指定相应客户机计算机的名称。将客户机指定为计算机类型。

3）在启动标签中完成设置后，通过单击"确定"退出对话框。

（13）复制项目。在两台服务器上，必须组态功能完全相同的项目。WinCC 项目复制器使得可以将与项目相关的所有数据复制到冗余服务器中。WinCC 项目复制器自动创建冗余伙伴项目。将所有相关的项目数据（画面、脚本、归档等）复制给目标计算机并完成所有的设置，以使目标计算机可作为冗余服务器。

1）打开 WinCC 项目复制器。通过"开始"→"Simatic"→"WinCC"→"工具"

→"项目复制器"来启动它。

2）在打开的"WinCC 冗余项目复制器"对话框中，在选择要复制的源项目输入域中，选择源项目。在将用于冗余伙伴的复制项目存储在域中，指定包含目标项目文件夹的目标计算机。通过"复制"按钮，启动复制过程。

3）在完成复制过程之后，显示关于项目复制器的注意事项对话框。用"确定"按钮关闭该对话框。

（14）在客户机上设置项目切换器。

1）在客户机计算机上打开 WinCC。通过"开始"→"Simatic"→"WinCC"→"视窗控制中心"来启动 WinCC 资源管理器。

2）在打开的 WinCC 资源管理器窗口中，通过"文件"→"打开"菜单，显示"打开"对话框，用于选择一个 WinCC 项目。在"网上邻居"中，选择已经组态的服务器项目 Project_Redundancy_Server 的计算机。文件夹 WinCC5.0_Project_Project_Redund ancy_Server 包含文件 Project_Redundancy_Server. mcp。选择该文件，并通过"打开"按钮将其打开。

3）打开 WinCC 项目切换器。通过"开始"→"Simatic"→"WinCC"→"工具"→"项目切换器"来启动它。在选择默认项目输入域中，指定默认情况下客户机与其相连接的相关服务器的默认项目。此时搜索按钮将有助于项目选择。在选择伙伴项目输入域中，指定相关服务器的默认项目，当出现故障时要切换至该项目。此时搜索按钮将有助于项目选择。选择激活项目切换器复选框，然后选择自动切换条目。通过单击"确定"退出对话框。

学习情景8 组态软件在恒压智能供水监控系统中的应用

本情景主要介绍 WinCC 在恒压智能供水监控系统中的 HMI 及动态化。

8.1 任务分析

根据供水监控系统要求要完成的 WinCC 组态画面结构如图 8 – 1 所示。

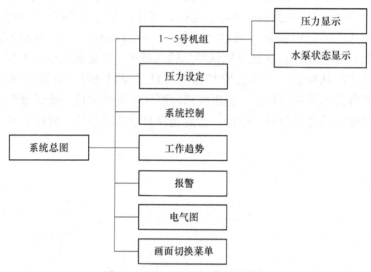

图 8 – 1 WinCC 的组态画面结构

8.2 相关知识

WinCC 组态监控的实现：

（1）制作控制系统的欢迎画面如图 8 – 2 所示。

（2）WinCC 组态程序画面并动态化。点击欢迎画面，进入系统总图画面。系统总图画面模拟了整个供水系统，在这里可以看到系统压力，流量，水流方向等，还可以显示出系统元件的状态，如电磁阀的开闭以及电机的运行状态。如图 8 – 3 所示。此画面上部和右部为公共区，公共区可分为以下几个部分。

1）画面切换菜单。画面切换菜单如图 8 – 4 所示。点击不同的按钮，可以切换到相应的画面，点击"退出"按钮退出 WinCC 运行系统。

2）压力显示。右上角的压力表显示当前系统压力，如图 8 – 5 所示。

3）系统控制。右下角为系统控制面板，如图 8 – 6 所示。当系统工作在自动模式下，通过这里设定系统压力、启动停止系统和故障复位。面板上部显示系统信息。

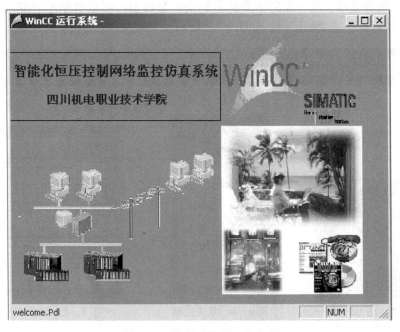

图 8－2　控制系统的欢迎画面

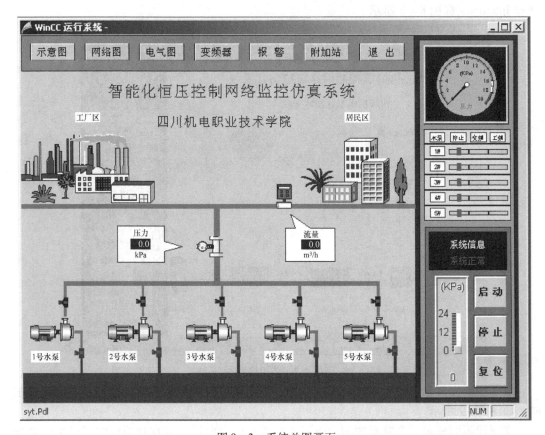

图 8－3　系统总图画面

　　4）水泵状态显示。压力表的下面显示的是水泵状态，可以清楚地看到水泵电机是否启动，是工频运行还是变频运行。如图 8 - 7 所示。

图 8 - 4　画面切换菜单

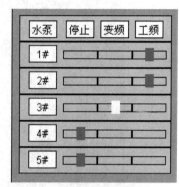

图 8 - 5　压力显示　　　　图 8 - 6　系统控制　　　　图 8 - 7　水泵状态显示

　　网络图画面显示了系统的网络拓扑结构简图，包括现场总线 PROFIBUS DP，工业以太网和 Internet。如图 8 - 8 所示。

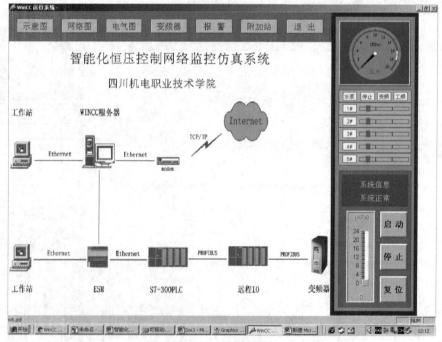

图 8 - 8　网络图画面

　　电气图画面显示了整个系统的电气结构，从这里可以清楚地看到元器件状态和电流流向。如图 8 - 9 所示。

　　变频器画面显示了变频器频率、电压、电流及压力曲线，更直观地反映了整个变频器状态以及频率与压力的关系。如图 8 - 10 所示。

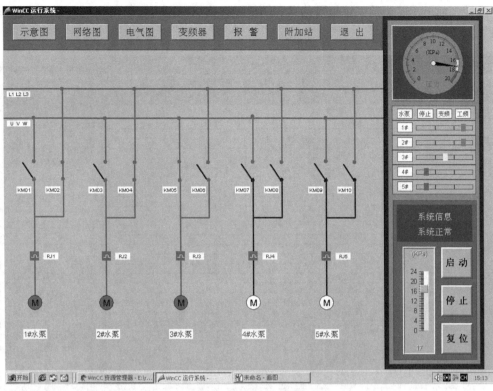

图 8-9 电气图画面

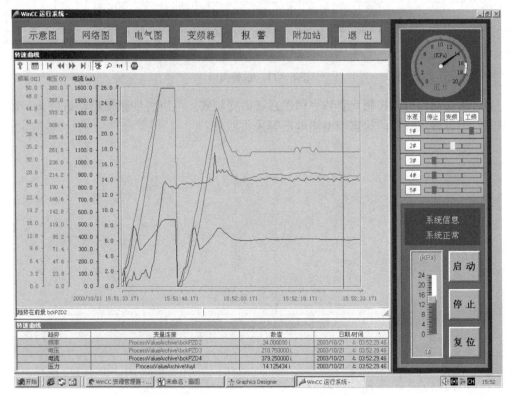

图 8-10 频率、电压、电流及压力曲线画面

　　报警画面显示了当前系统报警信息和历史报警信息，通过报警说明信息可以快速排除故障。如图8-11所示。

图8-11　报警画面

　　通过附加画面可以控制6套数字调速系统的变频器。可以将变频器启动或停止，改变频率等，还可将变频器的状态如电流电压等采集回来。

参 考 文 献

［1］王光福.电气自动化控制技术实训教程［M］.成都：电子科技大学出版社，2008.

［2］许志军.工业组态软件及其应用［M］.北京：机械工业出版社，2005.

冶金工业出版社部分图书推荐

书　名	作　者	定价(元)
Micro850 PLC、变频器及触摸屏综合应用技术	姜　磊	49.00
实用电工技术	邓玉娟　祝惠一　徐建亮　李东方	49.00
Python 程序设计基础项目化教程	邱鹏瑞　王　旭	39.00
计算机算法	刘汉英	39.90
SuperMap 城镇土地调查数据库系统教程	陆妍玲　李景文　刘立龙	32.00
自动检测和过程控制（第5版）	刘玉长　黄学章　宋彦坡	59.00
智能生产线技术及应用	尹凌鹏　刘俊杰　李雨健	49.00
机械制图	孙如军　李　泽　孙　莉　张维友	49.00
SolidWorks 实用教程 30 例	陈智琴	29.00
机械工程安装与管理——BIM 技术应用	邓祥伟　张德操	39.00
电气控制与 PLC 应用技术	郝　冰　杨　艳　赵国华	49.00
智能控制理论与应用	李鸿儒　尤富强	69.90
Java 程序设计实例教程	毛　弋　夏先玉	48.00
虚拟现实技术及应用	杨　庆　陈　钧	49.90
电机与电气控制技术项目式教程	陈　伟	39.80
电力电子技术项目式教程	张诗淋　杨　悦　李　鹤　赵新亚	49.90
电子线路 CAD 项目化教程——基于 Altium Designer 20 平台	刘旭飞　刘金亭	59.00
5G 基站建设与维护	龚猷龙　徐栋梁	59.00
自动控制原理及应用项目式教程	汪　勤	39.80
传感器技术与应用项目式教程	牛百齐	59.00
C 语言程序设计	刘　丹　许　晖　孙　媛	48.00
Windows Server 2012 R2 实训教程	李慧平	49.80
物联网技术与应用——智慧农业项目实训指导	马洪凯　白儒春	49.90
Electrical Control and PLC Application 电气控制与 PLC 应用	王治学	58.00
CNC Machining Technology 数控加工技术	王晓霞	59.00
Mechatronics Innovation & Intelligent Application Technology 机电创新智能应用技术	李　蕊	59.00
Professional Skill Training of Maintenance Electrician 维修电工职业技能训练	葛慧杰　陈宝玲	52.00
现代企业管理（第3版）	李　鹰　李宗妮	49.00
冶金专业英语（第3版）	侯向东	49.00
电弧炉炼钢生产（第2版）	董中奇　王　杨　张保玉	49.00
转炉炼钢操作与控制（第2版）	李　荣　史学红	58.00
金属塑性变形技术应用	孙　颖　张慧云　郑留伟　赵晓青	49.00
新编金工实习（数字资源版）	韦健毫	36.00
化学分析技术（第2版）	乔仙蓉	46.00
金属塑性成形理论（第2版）	徐　春　阳　辉　张　弛	49.00
金属压力加工原理（第2版）	魏立群	48.00
现代冶金工艺学——有色金属冶金卷	王兆文　谢　锋	68.00